数据缺失下流域模拟方法研究

盛　虎　郭怀成　著

科 学 出 版 社
北　京

内 容 简 介

本书主要针对流域模拟过程中的数据缺失问题，研究了基于模拟的流域数据反演方法和基于统计的缺失数据多重插补方法的原理及适用范围，提出了贝叶斯框架下这两类方法嵌套与统一的本质。在此基础上，针对滇池流域主要入湖河流 TN、TP 负荷估算问题，分别开展缺失数据下流域降雨模拟、水文模拟和负荷估算，得到了不同时间尺度下滇池流域主要河流入湖径流量和 TN、TP 污染负荷量的期望值及其不确定性范围，实现了模拟与统计方法在数据缺失下流域模拟过程中的嵌套与统一。

本书适合流域气象、水文、水质、统计、规划、管理等研究方向的研究人员和高校高年级本科生及研究生参考阅读。

图书在版编目(CIP)数据

数据缺失下流域模拟方法研究/盛虎，郭怀成著 .—北京：科学出版社，2015. 3

ISBN 978-7-03-043833-1

Ⅰ. 数… Ⅱ. ①盛…②郭… Ⅲ. 流域模型-水文模拟-模拟方法-方法研究 Ⅳ. P344

中国版本图书馆 CIP 数据核字（2015）第 053477 号

责任编辑：李 敏 吕彩霞 / 责任校对：钟 洋
责任印制：徐晓晨 / 封面设计：无极书装

科学出版社出版
北京东黄城根北街 16 号
邮政编码：100717
http://www.sciencep.com

北京教图印刷有限公司 印刷
科学出版社发行 各地新华书店经销

*

2015 年 3 月第 一 版 开本：720×1000 1/16
2016 年 1 月第三次印刷 印张：14 1/2
字数：290 000

定价：120. 00 元

（如有印装质量问题，我社负责调换）

前　　言

数据缺失是我们在进行科学实证研究过程中经常会遇到的问题，尤其是在流域模拟的过程中。流域模拟往往需要大量的观测数据，包括气象、水文、水质、土壤、高程、土地利用覆盖等自然属性数据和人口、经济、污染排放等社会经济发展数据。这些数据不可能完全是在同一口径下同一个时空尺度下获得的，并且可能因为各种主观和客观的原因使得数据存在系统性或者随机性的缺失。当某些数据存在大量缺失时，我们就很难通过流域模拟来实现我们的研究目的。事实上，流域模拟本身就是一个由已知推求未知的过程，它能够将我们已知的信息（观测数据）与我们的知识（模型结构）和经验（模型参数）有效地结合起来，从而得到我们所关心的结果（模型输出）。那么，对未知的观测数据的推求也与之同出一辙。如果我们能够采用其他模拟模型来模拟出我们所关注的模拟模型的输入条件，这时缺失的观测数据也就很自然地被"弥补"了。当然，这样处理的一个前提条件是我们总能够找到一个不含数据缺失的模拟模型，但这是很难满足的。可见仅仅依靠模拟模型自身是无法彻底解决流域模拟中的数据缺失问题的。为此，本书着重探讨了缺失数据的统计处理方法，这种方法不需要某种特定的模型结构，只需在一定的统计假设（如多元正态分布等）下就能够对缺失数据进行插补，因而在处理上十分灵活。但是，完全抛开模拟模型仅仅通过统计方法来实现缺失数据的插补就会丧失我们已有知识所包含的信息，放大系统输出的不确定性甚至造成系统的偏差。对于复杂系统，在机理尚不明确时，由于没有更好的办法只能用这样的方式处理，但对于简单系统，部分机理比较明确时，这种不确定性的放大就显得没有必要了。因此，本书尝试着将基于模拟和基于统计的缺失数据处理方法进行结合，用来解决数据缺失下滇池流域主要入湖河流不同时空尺度下 TN、TP 污染负荷估算问题。

入湖河流是衔接湖泊流域陆域复合生态系统和湖泊水生生态系统的纽带，改善湖泊水质和恢复湖泊水生态系统的根本手段是控制由入湖河流传输到湖泊的污染负荷量，那么入湖河流污染负荷估算就是其中一个重要问题。为解决入湖河流污染负荷估算中的数据缺失问题，本书首先提出了流域模拟模型的基本表达式及其在流域模拟、估值、预测、决策中的作用，然后确定适用于入湖污染负荷估算的降雨模拟、水文模拟、负荷估算的流域模拟模型体系，接着探讨缺失数据模式、缺失数据机制及缺失数据分析方法，通过比较分析选择了 EMB 算法来进行缺失数据多重插补。随后，本书分三步进行研究：第一步构建数据缺失下滇池流域降雨模拟 GLM 模型，包括：①采用方差膨胀因子大于 5 作为多重共线性的判断标准，对协变量进行初步筛选；②采用 EMB 算法对数据中的缺失值进行多重插补，进而分别采用 Logistic 回归和对数正态线性回归的方法进行降雨事件预报与降雨量估计；③为了提高模拟精度，分别采用 SVM、CART 和 NN 算法来与之对比，结果表明 GLM 是其中模型结构最简单而效果略低于 SVM 的一种方法；④在降雨量估计上，通过 EMB 算法能够得到比 GLM 回归更可靠的降雨量期望值与置信区间。第二步选用以 CMD 为非线性损失模块和以 EXPUH 为线性演算模块的 IHACRES 模型来进行数据缺失下滇池流域入湖河流水文模拟，包括：①利用雨量站点位来构造泰森多边形通过面积加权来确定各个子流域的平均雨量；②以 Nash-Sutcliffe 效率系数为目标函数，将 2001 年作为模型预热期，2002 ~ 2010 年作为模型参数率定期，分别对完全数据和 EMB 插值数据进行参数率定；③以 Nash-Sutcliffe 效率系数大于 0.25 且相对偏差在 50% 以内作为入湖河流能被 IHACRES 模型识别的阈值，对完全数据和插补数据的率定结果进行比较，选出了包括海河和盘龙江在内的 17 条可以被识别的河流；④根据可识别河流的逐日模拟流量和不可识别河流的逐月插值流量，分别计算了月、年时间尺度和流域、河流空间尺度下的总径流量与其置信区间。第三步建立数据缺失下滇池污染负荷估算的 LOADEST 模型，包括：①确立可识别河流日流量和十进制时间两类变量与 TN、TP 瞬时污染负荷之间的回归关系；②计算对数变换下的污染负荷的最小方差无偏估计量及相应的置信区间与预测区间，并反算各条河流 TN、TP 瞬时浓度及其置信区间；③提出一种针对对数正态回归区间估计的升尺度方法及不可识别河流区间估计的简单方法；④实现滇池入湖河流 TN、TP 月总入湖污染负荷、年总入湖污染负荷、各入湖河流污染负荷年均值及其置信区间的估算。

目前，关于数据缺失下流域模拟方面的研究也不少，但很多都是从模型参数的可移植性方面进行探讨的。基于模型输入数据缺失的研究却不多，而且多是一种临时的处理方式，如均值替代或者移动平均等。在数据缺失量比较小的时候其对结果的影响尚不显著，但大量数据存在缺失时就很难保证了。本书提出的将缺失数据的模拟处理方法与统计处理方法相结合的想法，就是对大量输入数据存在缺失时进行流域模拟的一次尝试。当然，限于研究的复杂度，本书仅仅只探讨了入湖污染负荷的估算问题，其他方面的流域模拟也可以尝试，但模型的复杂度往往会是不确定性流域模拟的主要瓶颈。

在研究开展和本书写作的过程中，北京大学的叶文虎教授、清华大学的傅国伟教授与张天柱教授对本书内容和方法提出了宝贵的建议，北京大学的刘永研究员、籍国东教授、梅凤乔老师、王奇老师、周丰老师，北京师范大学的沈珍瑶教授，中国科学院地理科学与资源研究所的李丽娟研究员，清华大学的黄跃飞教授给予了悉心的指导，课题组的全体成员在数据的收集与整理、模型的研究与讨论等方面对本书都提供了大力的支持。在此，对他们的支持和帮助表示由衷的感谢!

本书的出版得到了国家水体污染控制与治理科技重大专项（编号：2008ZX07102）的经费资助。

作 者

2014 年 1 月于燕园

目　　录

1　绪论 ………………………………………………………………………… 1
　1.1　研究背景与目的 ……………………………………………………… 1
　1.2　国内外研究进展 ……………………………………………………… 3
　　1.2.1　流域模拟模型研究进展 ………………………………………… 3
　　1.2.2　缺失数据分析研究进展 ………………………………………… 7
　1.3　研究内容与技术路线 ………………………………………………… 9
　1.4　研究流域概况 ………………………………………………………… 12
　　1.4.1　地理区位与气候条件 …………………………………………… 12
　　1.4.2　土壤与土地覆盖/利用 …………………………………………… 14
　　1.4.3　水系与子流域划分 ……………………………………………… 18
　　1.4.4　社会经济发展状况 ……………………………………………… 25
　1.5　小结 …………………………………………………………………… 28
2　流域模拟中缺失数据处理方法 ……………………………………………… 29
　2.1　流域模拟基本形式 …………………………………………………… 29
　　2.1.1　确定性流域模拟 ………………………………………………… 30
　　2.1.2　不确定性流域模拟 ……………………………………………… 32
　2.2　基于模拟的缺失数据处理方法 ……………………………………… 33
　　2.2.1　流域模拟模型选择 ……………………………………………… 33
　　2.2.2　GLM 降雨模拟模型 ……………………………………………… 34
　　2.2.3　IHACRES 水文模型 ……………………………………………… 39
　　2.2.4　LOADEST 模型 ………………………………………………… 45
　2.3　基于统计的缺失数据处理方法 ……………………………………… 56
　　2.3.1　缺失数据统计分析基本原理 …………………………………… 56
　　2.3.2　多重插补方法 …………………………………………………… 65
　2.4　两种缺失数据处理方法的统一 ……………………………………… 71
　　2.4.1　完全贝叶斯方法图模型 ………………………………………… 71
　　2.4.2　响应变量中含有缺失数据 ……………………………………… 72

2.4.3 解释变量中含有缺失数据 …… 75
2.5 小结 …… 77
3 数据缺失下滇池流域降雨模拟 …… 78
3.1 数据类型与特征 …… 79
3.1.1 降雨量数据分析 …… 82
3.1.2 气象数据分析 …… 84
3.2 模型假设与结构 …… 91
3.2.1 模型基本假设 …… 91
3.2.2 降雨事件模拟模型 …… 91
3.2.3 降雨量估算模型 …… 92
3.3 协变量预处理 …… 92
3.3.1 协变量初选 …… 92
3.3.2 缺失值多重插补 …… 94
3.4 降雨事件模拟 …… 96
3.4.1 Logistic 回归模型拟合 …… 96
3.4.2 与其他方法比较 …… 98
3.5 降雨量估算 …… 101
3.5.1 对数正态回归模型拟合 …… 101
3.5.2 与其他方法比较 …… 103
3.5.3 估算结果改进 …… 104
3.6 小结 …… 109
4 数据缺失下滇池流域水文模拟 …… 112
4.1 数据处理与分析 …… 113
4.1.1 降雨量数据处理 …… 113
4.1.2 流量数据分析 …… 118
4.1.3 缺失流量多重插补 …… 121
4.2 模型率定与比较 …… 125
4.2.1 完全数据率定 …… 125
4.2.2 插补数据率定 …… 128
4.2.3 模型可识别性比较 …… 131
4.2.4 模拟结果综合 …… 137
4.3 模型预测与分析 …… 139
4.3.1 滇池入湖河流月均入湖流量 …… 139

4.3.2 滇池逐月总入湖流量 …… 141
4.3.3 滇池逐年总入湖流量 …… 141
4.3.4 滇池各条入湖河流年均入湖流量 …… 144
4.4 小结 …… 144
5 数据缺失下滇池入湖污染负荷估算 …… 146
5.1 基础数据分析 …… 147
5.1.1 流量数据 …… 147
5.1.2 水质数据 …… 148
5.2 模型选择与参数估计 …… 148
5.2.1 模型选择 …… 149
5.2.2 参数估计 …… 152
5.3 瞬时污染负荷估算 …… 157
5.3.1 滇池入湖河流瞬时负荷估计 …… 157
5.3.2 滇池入湖河流水质反算 …… 162
5.4 升尺度分析 …… 164
5.4.1 月均值及其置信区间 …… 164
5.4.2 年均值及其置信区间 …… 167
5.5 总入湖污染负荷估算 …… 169
5.5.1 月总入湖污染负荷估算 …… 171
5.5.2 年总入湖污染负荷估算 …… 173
5.5.3 各入湖河流污染负荷年均值估算 …… 175
5.6 小结 …… 176
6 结论与展望 …… 177
6.1 研究结论 …… 177
6.1.1 流域模拟中缺失数据处理方法 …… 178
6.1.2 数据缺失下滇池流域降雨模拟 …… 179
6.1.3 数据缺失下滇池流域水文模拟 …… 180
6.1.4 数据缺失下滇池入湖负荷估算 …… 181
6.2 主要研究特色 …… 182
6.3 研究展望 …… 183
参考文献 …… 185
附录 …… 194
1.1 三种经典算法 …… 194

1.1.1 EM 算法 …… 194
1.1.2 Bootstrap 方法 …… 199
1.1.3 MCMC 方法 …… 201
1.2 贝叶斯方法 …… 206
1.2.1 贝叶斯定理 …… 206
1.2.2 贝叶斯图模型 …… 207
1.2.3 贝叶斯统计推断 …… 210
彩图 …… 215

1 绪　论

1.1　研究背景与目的

湖泊水质改善和水生态恢复的一个重要内容就是控制入湖河流污染负荷输入量。入湖河流污染负荷输入量（简称入湖污染负荷量）在不同的时间和空间上具有不同的特性[1]：在时间上，一般雨季的入湖污染负荷量要大于旱季，雨季的入湖污染负荷主要表现为非点源污染负荷，包括农业非点源与城市非点源等；而旱季的入湖污染负荷则主要表现为点源污染负荷，包括生活点源与工业点源等。在空间上，一般人口与工业密集的区域内的河流为典型的点源污染型河流，而以村落和农田为主要土地利用方式的区域内的河流则为典型的非点源污染型河流。不同类型的河流表现出来的污染物类型也不尽相同，对于点源污染型河流，BOD（生化需氧量）、COD（化学需氧量）等有机型污染物一般占主导地位，而对于非点源型河流，N、P 等营养型污染物则一般占主导地位，这与其所排放污染物的类型是十分相关的。随着城市污水处理厂的建设与水质排放标准的提升，BOD、COD 等有机型污染物得到了较好的控制，而 N、P 等营养型污染物的地位则开始凸显。产生这种现象的原因一方面是由于 BOD、COD 等有机型污染物较易控制而 N、P 等营养型污染物较难控制，另一方面是由于 BOD、COD 等有机型污染物在降解的过程中产生了无机型 N、P 等营养型污染物。此时，入湖河流的污染类型就悄无声息地由有机好氧型污染向植物营养型污染转变。对于湖泊而言，N、P 等营养物质的输入恰恰加重了湖泊的富营养化水平，导致湖泊蓝藻水华暴发与有毒藻类的滋生，同时也使得在白天有光照时藻类发生光合作用的条件下湖体的溶解氧呈现出过饱和的状态，而在夜间没有光照时藻类发生呼吸作用的条件下湖体出现低氧问题。这一现象的出现对于湖泊水生生态系统中高等的水生动植物具有毁灭性的打击，从而也导致了湖泊水生生态系统的退化，即从“清水草型”稳态向“浊水藻型”稳态的方向演替。可见，对于湖泊的治理，必须依据“清水产流”机制，从入湖河流污染负荷控制上进行突破。

另外从管理层面上看，湖泊的治理一般以流域为控制单元，分源头控制、途径削减和末端治理三个层面进行。源头控制是治本性方法，需要综合考虑流域社会经济的发展与定位，依据可持续发展的理念，制定流域社会经济发展与水污染控制规划并加以实施。目前我国所倡导的城市环境总体规划正是这一理念的总体体现。途径削减是减缓性方法，主要通过各种工程措施，如污水处理厂建设、截污管道修建、河道整治、河滨带修复、湖滨人工或自然湿地建设与恢复等，用来降低入湖污染负荷量以减轻湖泊治理的负担。末端治理则是治标性方法，主要是通过直接控制湖体污染物浓度的工程措施，如底泥疏浚、清水冲洗、藻类抽吸、耐污性植物种植、人工浮床等，来降低湖泊富营养化程度。这三个控制层面中，源头控制与途径削减是在流域陆地上进行的，而末端治理则是在湖体中进行的，陆地与湖体的连接部分就是入湖河流与湖滨带。因此，入湖河流污染负荷控制起到了承上启下的作用，对于流域陆地污染负荷控制而言，入湖河流污染负荷量是其控制成效的检验，而对于湖体污染物浓度控制而言，入湖河流污染负荷量是其控制成效的保障。

那么，入湖河流污染负荷量估算就成为湖泊治理过程中的一个重要问题，在这个问题上 N、P 等营养型污染物的估算尤为重要。这主要包括两方面的原因：一方面，在管理上需要得到一个定量的数值来评估流域 N、P 负荷的削减效果及湖泊水质和富营养化状态改善的潜力；另一方面，它也是进行复杂的分布式流域模拟模型参数估值的重要基础，同时也是湖体水质水动力模拟模型的输入条件。对于入湖河流污染负荷量估算，如果不考虑流域的气象条件、地形地貌、土地利用方式、河网分布、污染物排放类型、农业施肥状况、人口与经济结构等诸多因素，单看其计算公式似乎很简单，只需要有入湖河流的流量与某种污染物浓度的观测数据，就可以通过二者的乘积计算出该污染物的瞬时入湖污染负荷量。如果假定瞬时入湖污染负荷量能够近似代表当天的入湖污染负荷量，那么对每天的入湖污染负荷量进行逐月或者逐年累加就可以得到一个月或者一年的入湖污染负荷量。事实上，并非所有的入湖河流都有流量或者污染物浓度的观测，而即便有的入湖河流既有流量的观测值也有污染物浓度的观测值，其观测频率也不一定相同。例如，流量的观测可能 1 天 1 次，而污染物浓度的观测可能 1 周甚至 1 月 1 次。另外，流量和污染物浓度的观测可能在时间上不连续或者在空间上不匹配，并且存在部分乃至大量的数据缺失。在这种情况下，入湖污染负荷的估算是十分困难的。此时，只有通过一定的缺失数据处理方法来弥补数据上的不足，提高入湖污染负荷量的计算精度。

为此，本书在对流域模拟模型进行抽象的基础上，提出了基于模拟和统计的流域模拟缺失数据处理方法体系。依据该方法体系，本书以滇池流域入湖污染负荷量估算为研究案例，构建一套以降雨模拟、水文模拟和负荷估算为主线，以缺失数据多重插补为补充的滇池入湖污染负荷量估算模型体系，以实现对缺失数据的插补、对模型未知参数的估计、对模型输出结果的不确定性分析（uncertainty analysis，UA）。最终为流域水质管理提供决策依据，为分布式流域模拟模型参数校准提供数据基础，为湖体水质水动力模拟模型提供输入条件。

1.2　国内外研究进展

湖泊流域入湖污染负荷的估算往往与流域模拟模型是密不可分的，其原因主要是入湖污染负荷量的大小往往受控于人类活动强度及自然降雨径流事件，而我们所观测到的水量和水质数据，仅仅只是这些因素所导致的结果。尽管这些数据是我们用来估算入湖污染负荷量的基础，但是它们只是一个个时空断面上的离散数值，而且还往往受到诸如实验设备的检出限（detection limits）、监测时的自然条件、监测过程中的人为因素等外界干扰而使得数据可靠性和完整性都不能完全保证。所以，通过流域模拟模型来弥补数据缺失的问题是水研究领域的一个重要手段。然而，当数据缺失到已经无法支持流域模拟模型时，基于统计分析的缺失数据处理方法也应该为我们的研究提出一些方法支持。为此，本书主要对流域模拟模型和缺失数据分析的研究进展进行简要论述，并以此作为本书的背景和基础。

1.2.1　流域模拟模型研究进展

流域模拟模型一般包括3个串接的部分，即流域降雨模拟模型、流域水文模拟模型、流域水质模拟模型。由于本书只关注于入湖污染负荷的估算问题，所以流域水质模型只论述其中的负荷估算模型。以下分别对这3类模型的研究进展作简要论述。

1.2.1.1　流域降雨模拟模型

流域降雨模拟一般分为两个阶段：降雨事件模拟与发生降雨事件时的降雨量模拟。降雨事件预报模型一般有3种类型：Markov链模型、时段长度（spelllength）模型和 Generalized Linear Models（GLM）模型。Gabriel 和 Neumann 在 1962 年开发了[2]第一个采用 Markov 链转移概率进行日降雨事件预报的模型，该模型根据已观测的降雨事件的时间序列估算在给定前一天发生降雨事件或者不发生降雨事件时当天发生降雨的概率，然后依据这个概率随机抽取服从 U（0，1）分布的随机数，如果该随机数大于这个概率则判断为下雨，小于则判断为天晴，这样依次就可以生成模拟的降雨事件时间序列[3-6]。时段长度模型则是针对发生连续多天天晴或者连续多天下雨的事件的时段长度，采用截断的几何分布，或者截断的负二项分布，或者两种分布的混合来拟合旱期时段长度和雨期时段长度，根据拟合的分布交替地生成旱期时段长度和雨期时段长度的随机数，以此来生成模拟的降雨事件时间序列[7]。自 Coe 和 Stern 在 1982 年和 1984 年采用 GLM 模型进行降雨事件模拟以来[3,5]，GLM 模型被广泛地应用于各种气象模拟中[8-11]。上面所述的 Markov 链模型也可以看成是 GLM 模型的一个特例。

在建立了降雨事件模拟模型并实现了对降雨事件模拟之后，我们更关心发生降雨事件时降雨量的大小，因为极端降雨事件的发生可能带来严重的自然灾害，或者导致大量的污染物进入水体从而降低水体水质。关于降雨量的估计，目前存在两种不同的观点，一种认为所有发生降雨事件时的降雨量之间是独立同分布（independent identical distribution，i. i. d.）的，另一种认为它们之间存在一定的相关性，因而需要对前一天是否发生降雨事件来分别地进行降雨量估计[12]。Wilks 和 Wilby 指出[13]，第二种观点虽然更加合理，但是在日尺度上计算的结果与第一种观点差异不大，然而其复杂性和计算量却增大了许多，所以采用第一种方法计算也无可厚非。一般日降雨量是高度右偏的，所以可以采用指数分布、Gamma 分布或者混合指数分布来对其进行拟合[13]，同样也可以采用 GLM 来建立降雨量和其他影响因子之间的非线性关系。

此外，还有一种多状态的 Markov 链模型来对降雨事件和降雨量进行同时估计[13]，其主要思路是将连续的雨量数据通过划分区间段从而形成不同的雨量状态，每一个区间段都表示一种雨量状态，这样通过一个多状态的 Markov 链模型就可以直接地对降雨事件与降雨量进行估计。相比 GLM 模型，多状态的 Markov 链模型的主要劣势为有大量的待估参数，因而也需要大量的数据样本进行参数估值。

国内关于降雨量预测的研究主要集中在两个方面：基于改进的多阶段 Markov 链降雨量预测模型[14-16]及基于人工神经网络与遗传算法的降雨量预测模型[17-19]。前者一般可以对日尺度的降雨量进行预测，但预测的结果仅仅只是降雨量的一个区间。后者则一般是对月尺度或者年尺度的降雨量进行预测，当然在月和年尺度的条件下，一般降雨量都是一个连续的数值，处理上难度要低于日尺度下半连续数值。

1.2.1.2　流域水文模拟模型

用于表征机理过程的水文模型主要包括：集总式概念性水文模型（lumped conceptual hydrologic model）、分布式概念性水文模型（distributed conceptual hydrologic model）或半分布式水文模型（semi-distributed hydrologic model）和基于物理过程的分布式水文模型（distributed hydrologic model）。这些模型研究的发展历程如下。

1）流域集总式概念性水文模型将整个流域看作一个水力学特征均匀分布的单元体，对流域表面任何一点上的降雨，其下渗、渗漏等纵向水流运动都是相同且平行的，只考虑水流在单元体内的垂向运动。第一个流域水文模型是 SWM I（Stanford watershed model I），它出现于 1960 年，利用日降雨量，通过简单的下渗曲线函数、单位线和退水函数推求日平均流量过程线。Crawford 和 Linsley 将其改进为 SWM IV（Stanford watershed model IV）[20]，该模型在流域水量平衡的基础上，用准物理关系描述水量交换，并通过对各个水文循环成分进行模拟来反映调蓄和演变过程，从而全面反映流域对降雨的响应。此后，Fleming 于 1975 年在 Stanford 流域模型中加入了融雪模拟模块，将其功能进一步的拓展和改进[21]。除了 SWM 模型外，在这个时期还出现了其他一些集总式水文模型，比较常见的有：日本的 Sugawara 开发的 TANK 模型（将复杂的降雨—径流过程转化为流域蓄水与出流关系进行模拟）[22]，美国陆军兵工团水工中心 LeoR. Beard 等开发的 HEC-1 模型[23]，美国气象局 Sittner 等开发的 API 连续模拟流域水文模型[24]，美国国家环境保护局 Metcalf 和 Eddy 开发的 SWMM 模型[25]，美国气象局水文办公室萨克拉门托预报中心 Burnash、Ferral 和 McGuire 开发的 Sacramento 模型[26]，中国河海大学赵人俊教授开发的新安江模型[27]，以及 Jackman 等开发的流域集总式概念模型 IHACRES（identificatoon of unit hydrographs and component flous from rainfall, evapotranspiration and stream data）模型[28]等。

2）分布式概念性水文模型是为解决流域集总式概念性水文模型忽视了水文过程在水平方向上的空间异质性而提出的。常见的分布式概念性水文模型有[29,30]：1976 年 Bergstrom 开发的 HBV 模型，1979 年 Beven 和 Kirkby 开发的 TOPMODEL 模型，1981 年 Feldman 开发的 HEC-HMS 模型，1983 年 Leavesley 等开发的 PRMS 模型，1993 年 Bicknell 开发的 HSPF（hydrologic simulation program-fortran）模型，1998 年 Arnold 等开发的 SWAT（soil and water assessment tool）模

型等。这些模型由于对数据要求适中，目前已被广泛地应用于流域水文模拟中。

3）基于物理过程的分布式水文模型的研究始于 Freeze 和 Harlan 在 1969 年提出的基于物理过程的分布式水文模型的概念和框架[31]。第一个真正的具有代表性的分布式水文模型是由英国、法国和丹麦的科学家于 1976 年联合开发并于 1986 年发表的 SHE 模型[32,33]。该模型主要的水文过程是用质量、能量和动量偏微分方程的差分形式刻画的，同时也引入了一些独立实验研究得到的经验关系表达式。其空间的异质性体现于在垂直方向上用层来表示流域特性、降水与流域响应等信息，在水平方向上则用正交网格来表示水平差异。SHE 模型有不同的版本[34]，如 Bathurst 等在 1995 年开发的 SHESED 模型、Refsgaard 和 Storm 在 1995 开发的 MIKESHE 模型、Ewen 等在 2000 年开发的 SHETRAN 模型。除了 SHE 系列的模型外，其他的分布式物理水文模型主要有：1987 年 Beven 等开发的 IHDM 模型，1995 年 Todini 开发的 TOPIKAPI 模型等[29]。

1.2.1.3　流域负荷估算模型

流域污染负荷估算一般包括两个方面的内容：污染源负荷量估算与污染负荷通量估算。对于污染源负荷量估算，由于污染源的产生与社会经济的发展是紧密相关的，在无法直接对污染源进行测定时，一般采用经验系数法来进行。例如，王波等根据统计资料，运用输出系数线性模型估算了辽河流域非点源污染负荷[35]；张玉珍等采用竹内俊郎法、物料平衡法、化学分析法来对水产养殖 N、P 污染负荷进行估算[36]；蔡明等考虑降雨因素影响和污染物在迁移过程中损失而对输出系数法进行改进，并将其应用在流域非点源污染负荷估算中[37]。对于污染负荷通量估算，一般采用流域非点源模拟模型进行计算，如 SWAT、HSPF、AnnAGNPS 等。胥彦玲等利用 SWAT 模型估算出了陕西黑河流域营养负荷[38]，何泓杰基于 HSPF 模型对流溪河流域非点源污染负荷估算[39]，洪华生采用 AnnAGNPS 模型在九龙江流域进行农业非点源污染模拟与应用研究[40]。尽管这些非点源污染模型能够很好地解决流域非点源污染负荷的估算问题，但在一些情况下，如计算入湖通量过程中，可能由于实际观测数据比较稀缺而无法准确地对这些非点源模拟模型进行参数估计时，就可以采用一种对数正态线性回归的方法来估算入湖污染负荷量，如李娜等就采用 LOADEST 模型对入湖通量进行对数正态线性回归从而获得了较多地用于入湖污染负荷量估计的数据样本[41]。LOADEST 模型是美国地质调查局（USGS）基于两个非官方的模型 LOADEST2 和 ESTIMATOR 研发得到的一个建立流量对数值和其他辅助变量与污染负荷量的对数值之间的非线性回归关系，并且其主要解决具有删失数据（censored data）的对数正态线性回归过程中回归变量逆变换时会产生偏差的问题[42-45]。尽管LOADEST软件包的相关说明文档中给出了这种对数正态回归逆变换的无偏估计量，但在这个统计量的区间估计上却语焉不详，因此本书在采用LOADEST模型进行入湖通量估算时，对这部分的理论进行了比较详细的探讨。

1.2.2　缺失数据分析研究进展

Little[46]在介绍缺失数据统计分析简史时，将缺失数据处理方法划分成了4个时段：20世纪70年代之前是“前expectation maximization（EM）算法”时代，20世纪70~80年代中期是“最大似然”时代，20世经80年代至今是“贝叶斯和多重插补”时代，20世纪90年代至今是“稳健性问题”时代。其中“前EM算法”时代所研究的缺失数据处理方法为经典缺失数据处理方法或者称为常规缺失数据处理方法。自缺失数据机制（ignorable missingness mechanism）的提出及EM算法对缺失值最大似然估计（MLE）的实现之后，缺失数据处理方法发生了革命性的变化，产生了诸如基于最大似然、贝叶斯、多重插补等方法的现代缺失数据处理方法。之所以说是革命性的，是因为现代缺失数据分析方法能够很好地满足最小化偏差、最大化信息利用、较好地不确定性估计这3个评价标准[47]。常见的缺失数据处理方法及其优缺点和这些方法之间的相互关系分别如表1.1和图1.1所示。从图1.1中可以看出，经典的缺失数据处理方法主要可以分为两大类：删除法和插补法。删除法就是将缺失的数值或者与之相关的数值删除后，对剩下的样本进行统计分析的方法。这种方法往往存在信息损失和统计势的降低等问题。为了解决删除法的问题，插补法通过应用各种统计方法或者人的主观判断将数据样本集中的缺失值插补完全，然后对插补后的数据样本集进行统计分析，这种方法也容易导致额外信息植入数据样本集，使用不慎也会产生矫枉过正的后果，甚至比删除法更加危险。现代的缺失数据处理方法则主要是依据缺失数据产生机制，将参数的最大似然估计建立在仅仅依靠观测数据的基础上。由于直接采用最大似然估计方法在很多时候计算起来并不简单，为解决这个问题而提出的以两步迭代为基础的EM算法便能够很方便地求出参数最大似然估计值的数值解。另外，依据贝叶斯方法提出的data augmentation（DA）算法有着与EM相似的计算过程，但其能够得到缺失值和参数的后验分布，从而估计出由缺失值引起的不确定性，同时也使得多重插补方法开始由理论转向实践。为了解决DA算法对于大样本、多变量、大量缺失数据集处理上的低计算效率，bootstrap-based EM（EMB）算法采用基于Bootstrap重抽样技术的EM算法实现了对DA的很好近似，而 multivariate imputation by chained equation（MICE）算法通过链式方程对每个缺失变量进行逐次插补，也很好地有针对性地对不同类型的缺失数据（如连续、离散或半连续等类型）进行多重插补。与最大似然方法类似，直接采用完全贝叶斯方法（Full Bayesian Approach）也能很好很方便地对缺失数据进行处理，而不必像缺失数据的多重插补方法那样将数据插补与数据分析割裂开来。尽管以上这些方法都有各自的缺陷，但在处理实际问题时却比经典的方法要可靠。

表 1.1　常见缺失数据处理方法比较

Table 1.1　Comparison of common methods for dealing with missing data

处理方法	操作方法	优点	缺点
列表删除（listwise deletion）	删除含有缺失值的所有观测，又称为完全样本分析（complete case analysis）	①简便易行；②对任何统计方法分析都有效；③数据服从 MCAR 假设时，参数估计为无偏估计；④标准误差估计恰当	①可能删掉大量的数据，从而造成统计势的降低；②如果数据服从 MAR 假设而不符合 MCAR 假设，参数估计会有偏
成对删除（pairwise deletion）	删除变量对中含有缺失值的观测，又称为可用样本分析（available case analysis）	①数据服从 MCAR 假设时，参数估计接近于无偏估计；②可以利用所有可用信息	①标准误差的估计不正确；②如果数据服从 MAR 假设而不符合 MCAR 假设，参数估计会有偏；③相关系数矩阵可能非正定，从而无法计算出结果
哑变量调整（dummy variable adjustment）	构造一个指示变量表征解释变量缺失与否，同时对缺失的解释变量填入任意值，然后共同对响应变量回归	①简单，直观；②能够和列表删除得到相同的回归系数	①标准误差为有偏估计；②当多个解释变量协同缺失时，容易产生多重共线性
单一插补（single imputation）	①均值插补；②回归插补（条件均值插补）；③热平台方法（分布抽样插补）；④条件分布抽样插补	①比起完全样本分析要有效；②能更加充分地利用观测数据信息；③完整数据可以用标准统计分析方法进行分析	①往往会导致参数估计为有偏估计；②将插补的值作为真实值，忽视了由插补带来的不确定性，因而导致标准误差被低估
EM 算法（expectation-maximization）	E 步：在给定均值和协方差矩阵下计算缺失值的估计值；M 步：在插补缺失估计值后计算新的均值和协方差矩阵，进入下一步迭代	如果数据服从 MAR 假设，那么就能够很好地对参数进行最大似然估计（MLE）	①没有标准的统计软件帮助一般的研究者实现这一过程；②无法计算参数的标准误差

续表

处理方法	操作方法	优点	缺点
多重插补(multiple imputation)	对每个缺失值都构造一个以上的插补值，生成多个完全数据集，采用相同方法进行统计分析，然后对结果进行综合	①能够反映出由于缺失值插补所带来的不确定性，解决单一插补标准误差低估的问题；②包含单一插补的所有优点	①数据需要满足MAR的假设才能保证参数估计无偏；②需要对多个完全样本进行统计分析，计算量大

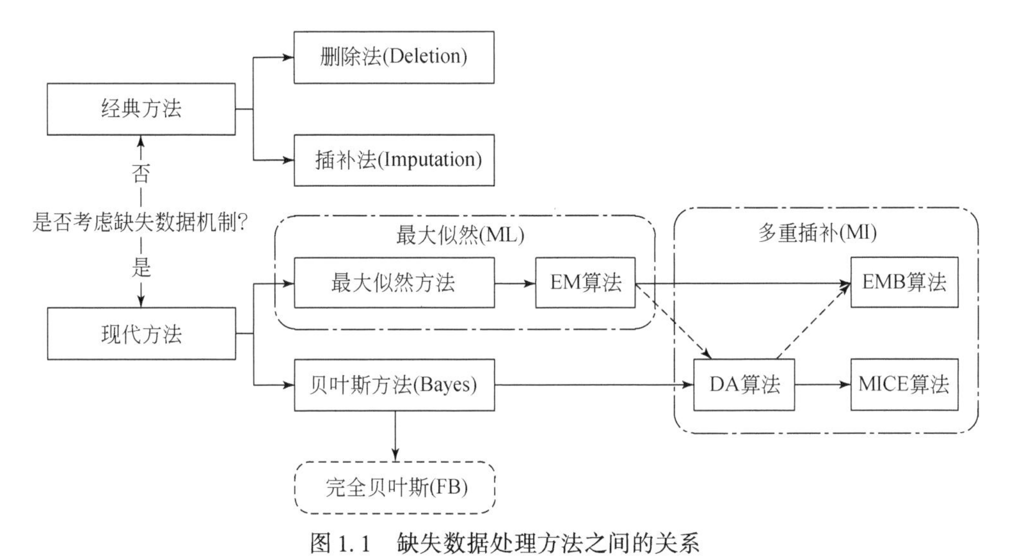

图 1.1　缺失数据处理方法之间的关系

Figure 1.1　Relationship of the methods for dealing with missing data

1.3　研究内容与技术路线

本书主要研究数据缺失下滇池流域入湖污染负荷估算问题。入湖污染负荷的计算取决于入湖河流的流量和入湖污染物浓度这两个因素。一般污染物浓度的监测频次要小于入湖河流流量监测的频次，因此最常规的做法是建立入湖河流污染物浓度或者污染负荷与入湖河流流量的关系来估算入湖污染负荷。本书采用美国USGS开发的LOADEST模型来建立瞬时负荷量与流量的非线性统计关系，通过选择最优的拟合表达式来计算缺失的瞬时负荷量的期望值及其分布特性，并由瞬时负荷和瞬时流量来反算入湖河流中的污染物浓度，将其与观测值比较来评估计算结果的准确性。

然而在滇池流域，并非所有的入湖河流都有完整的流量监测数据，较大的河流在上游的几个断面上会设有水文站，较小的河流则无法保证。对于入湖河流，其流量数据一般是与水质监测数据同时测得的，在这种条件下流量数据并不比水质数据的量大，直接采用 LOADEST 模型将无从着手。这时，流量的估算就显得尤为重要了，本书选择的是一种半经验式的水文模型 IHACRES 模型来估算滇池流域入湖河流的流量。之所以选择 IHACRES 模型，是因为其只需要流域内各个站点的气温数据和降雨量数据便可以进行水文模拟与估算，这样就回避了基于过程的水文模型需要大量降雨数据、流量数据、气象数据、数字高程（DEM）数据、遥感数据等数据信息的问题，也避免了诸如简单线性回归方法这种缺乏对机理过程的考虑而在流量的预测与外推上存在一定的理论缺陷问题。当然，在进行水文计算的过程中，需要依据数字高程、土壤、土地利用等空间数据来进行子流域划分，对各个子流域的各条河流进行分别模拟。由于河川径流是由降雨所驱动的，如果降雨量数据有所缺失，将会影响到 IHACRES 模型的运行。

为解决滇池流域降雨量的估算问题，本书收集到了滇池流域 1 个气象站点和 15 个雨量站点的相关数据。气象站点观测到的数据指标都是逐日的，主要包括：平均气压（MP）、日最高气压（DHP）、日最低气压（DLP）、平均温度（MT）、日最高温度（DHT）、日最低温度（DLT）、平均相对湿度（MRH）、最低相对湿度（LRH）、20—20 时降水量（PP）、平均风速（MWS）、最大风速（10min 平均风速）（HWS）、最大风速风向（DHWS）、极大风速（EWS）、极大风速风向（DEWS）、日照时数（SH）、总辐射（GR）、净全辐射（NTR）、散射辐射（DR）、水平面直接辐射（HDR）、反射辐射（RR）、垂直面直接辐射（VDR）。雨量站的观测数据为 1999 ~ 2010 年各个站点逐日的降雨量数据。由于气温的数据只有 1 个站点的，本书为了便于分析，假定整个滇池流域的气温是均一的，即不考虑气温在空间上的异质性。在这个假设下，本书采用 GLM 模型分别对降雨事件和发生降雨时的降雨量这两个方面进行模拟分析。该模型的解释变量为以上各种有观测的气象数据，而响应变量为降雨事件的时间序列和发生降雨时的降雨量。可见，通过建立滇池流域降雨模拟模型（GLM）、水文模拟模型（IHACRES）和负荷估算模型（LOADEST）能够在纵向上对数据缺失下滇池流域入湖污染负荷的估算问题提供一套解决思路。

数据的缺失一般不是人的主观意志所造成的，在很多时候可能是随机性因素所导致的。通过流域模拟的方式解决数据缺失问题一般只适用于输入条件是完全的而输出结果是部分缺失这种情形，而对于输入和输出同时含有缺失值并且缺失值的比例也十分可观的情形是束手无策的。为此，本书采用统计分析的方

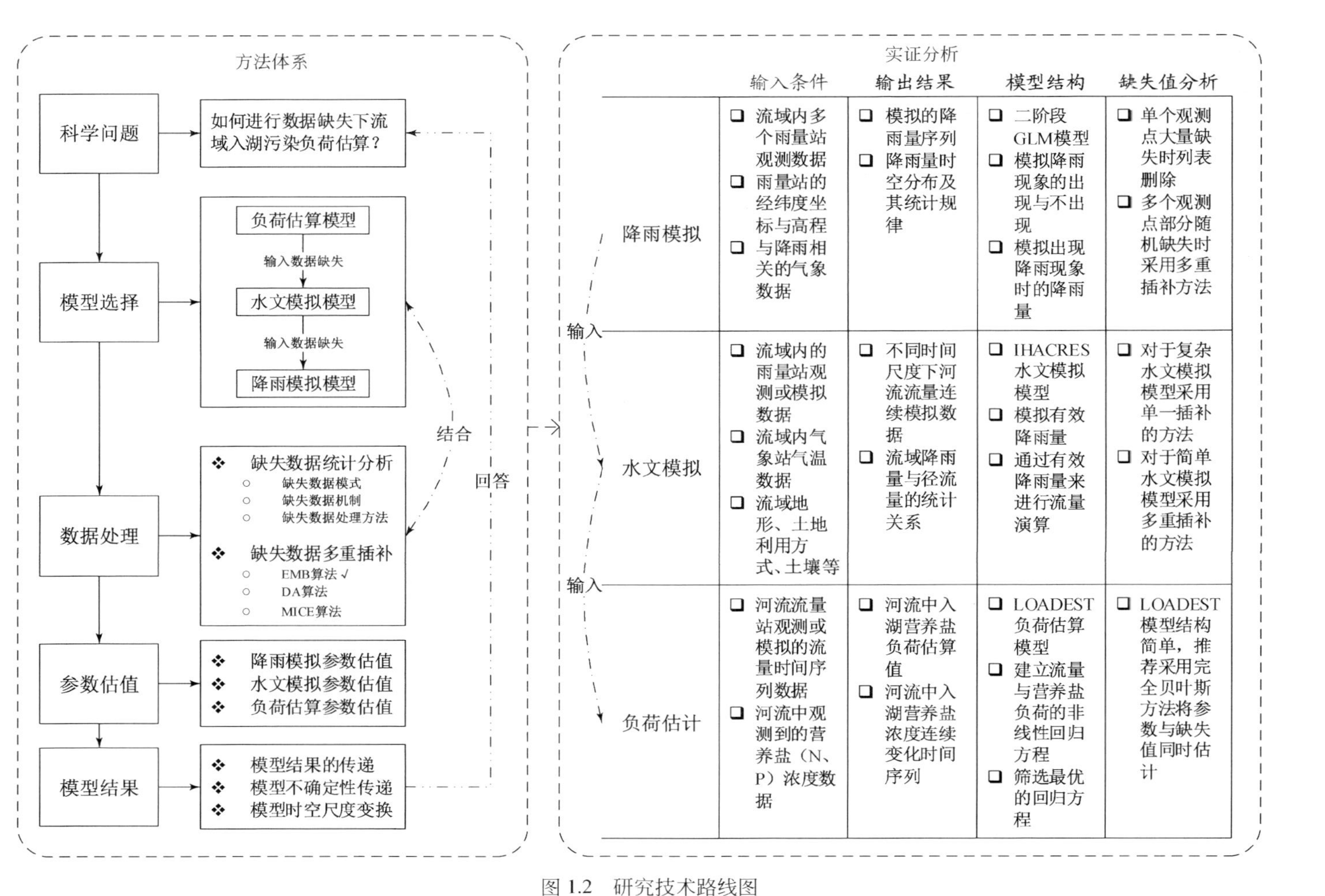

图 1.2 研究技术路线图

Figure 1.2 Flow chart for the research

式来解决这一种情形下所存在的问题，所采用的方法是 EMB 算法。EMB 算法是 EM 算法与 Bootstrap 算法的一种结合，一方面能够利用 EM 算法来对输入输出数据中的缺失值的期望值进行估值，另一方面也通过 Bootstrap 算法实现了对估值的不确定性的分析。该方法要求将输入条件、输出结果以及其他的辅助信息写成一个矩阵的形式，并且这个矩阵中的每一列表示一个变量，每一行表示一个观测。在多元正态分布的假设下，建立缺失数据与已知数据的线性回归关系从而实现对缺失值的插补。本质上，基于统计的缺失数据处理方法与基于模拟的缺失数据处理方法是统一的，二者都是基于已知与未知的回归关系来估计未知的信息。二者最大的差别是模型的结构，基于统计的缺失数据处理方法一般是线性的，而基于模拟的缺失数据处理方法则一般是非线性的。由于模拟一般有较强的理论基础和实验依据，因此用流域模拟模型计算的结果一般较统计分析计算出来的结果的可靠性要高一些。本书在解决数据缺失下滇池流域入湖污染负荷估算问题上的基本思路是：以基于模拟的缺失数据处理方法为主线，对模拟难以解决的缺失数据问题采用基于统计的缺失数据处理方法来补充和完善。本书研究的技术路线图如图 1.2 所示。

1.4 研究流域概况

1.4.1 地理区位与气候条件

滇池流域位于云贵高原中部云南省昆明市境内，地处长江、珠江及红河三大流域分水岭一带，南北长而东西窄，地理坐标为 102°29′E ~ 103°01′E 以及 24°29′N ~ 25°28′N（图 1.3）。流域面积为 2920km^2，内辖昆明市五华、盘龙、官渡、西山“四区”以及呈贡、晋宁“两县”的大部分区域和嵩明县的一部分区域。滇池是云贵高原上面积最大的淡水湖泊，素有“高原明珠”之称。其位于滇池流域中下部昆明市主城区（四区）南面及西山东面，湖面呈月牙状且弧形向东展开。其南北长约 40.4km，东西均宽约为 7km，湖岸线长 163.2km，平均水深为 4.4m，最大水深为 10.2m。在水位 1887.4m 时，其湖面面积为 309km^2，湖容为 15.6 亿 m^3，调节库容为 5.7 亿 m^3。湖体北部有一个天然沙堤将整个湖泊分隔为南北两个湖区，北部湖区面积为 12km^2，湖容为 0.2 亿 m^3，最大水深为 2.0m，称为草海；南部湖区面积为 288km^2，湖容为 15.4 亿 m^3，最大水深为 10.0m，称为外海。草海和外海各有一个人工控制的出水口，分别为滇池西北端的西园隧道和西南端的海口中滩闸。天然沙堤于 1997 年竣工的西园隧道工程中得到了加固，并修筑了船闸和节制闸，因而草海与外海被船闸大堤分隔成了两块相对独立的水体。

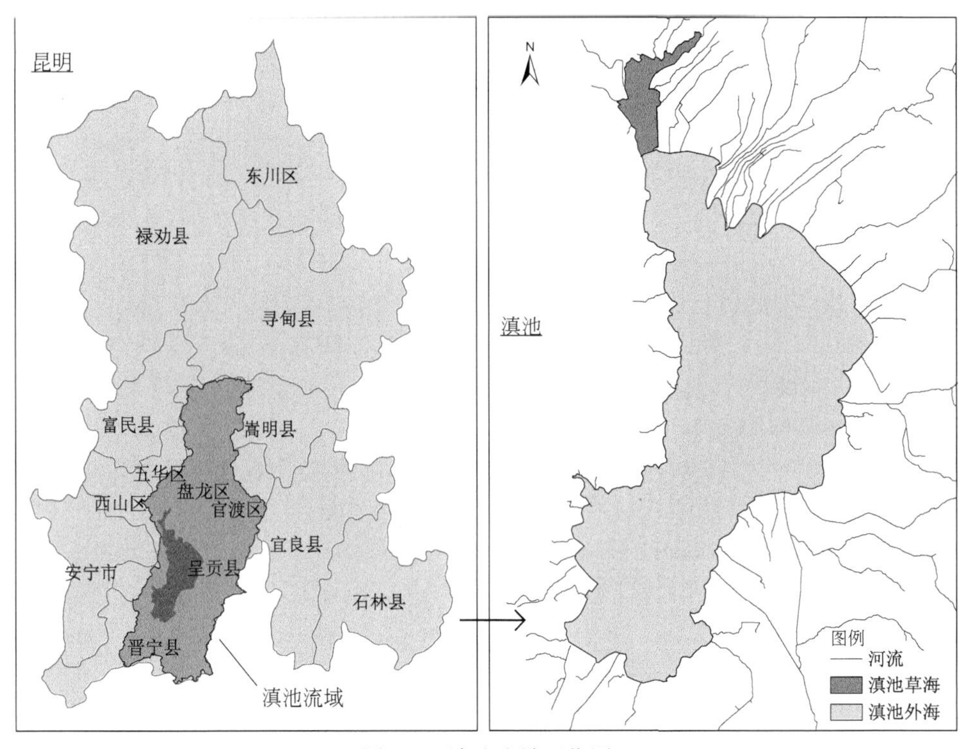

图 1.3　滇池流域区位图

Figure 1.3　Location of Dianchi Watershed

滇池流域属于北亚热带季风气候，冬春季受西面来的干暖气团控制，湿度小而日照充足，天气晴朗；夏秋季则受自印度洋而来的西南暖湿气流及来自北部湾的东南暖湿气流控制，水汽充沛且气温不高，故而使得滇池流域冬暖夏凉，四季如春。滇池流域年际温差小而日间温差大，年平均气温为 14.7℃，年变幅仅有 12℃；春冬干燥而夏秋湿润，全年日照多达 2481.2h，无霜期年均为 349.8d，多年平均降水量为 1035mm，约 80% 集中在 5 ~ 10 月，年平均相对湿度 73% ~ 75%。在这种条件下，滇池多年的平均水资源量为 9.7 亿 m^3，包括草海的 0.9 亿 m^3 和外海的 8.8 亿 m^3，在扣除多年平均蒸发量 4.4 亿 m^3 后，实际的水资源量为 5.3 亿 m^3。

1.4.2 土壤与土地覆盖/利用

从滇池流域土壤GIS图件（图1.4）的属性表可以看出：滇池流域主要的土壤类型有7个，其所占面积按从大到小的顺序排列依次是：红壤（67.16%）、水稻土（12.13%）、黄棕壤（8.26%）、紫色土（5.39%）、棕壤（0.92%）、沼泽土（0.17%）、新积土（0.16%）。这些土壤类型又可以细分成棕红土（22.59%）、红泥土（18.83%）、酸白泥土（13.69%）、大红土（10.87%）、厚棕红土（6.55%）、暗胶泥田（2.81%）、红紫泥（2.73%）、暗沙泥田（2.71%）、石灰性紫色土（2.66%）、暗红泥田（2.00%）、暗鸡粪土田（1.55%）、灰泡泥（1.38%）、红泥田（1.15%）、棕灰汤土（0.92%）、水稻土（0.91%）、沙红泥土（0.64%）、暗紫泥田（0.48%）、潜育型水稻土（0.39%）、麻红土（0.35%）、麻灰泡土（0.32%）、山棕红土（0.20%）、泥炭沼泽土（0.17%）、冲积土（0.16%）、浮泥田（0.12%）24种土壤类型。这些土壤类型的空间分布如图1.4所示，其中山区地带以红壤为主，湖盆区受耕作影响基本为水稻土。不同类型的土壤对于流域水土保持与营养盐物质的固着效果是不一样的，对于滇池流域大量腐殖质含量低的坡耕地，土壤的水稳性差，土体易于崩解，土壤抗冲击性低，所以容易产生水土流失现象。

滇池流域的土地覆盖以林地为主，自然植被是典型的亚热带西部半湿润常绿阔叶林，次生植被则主要为云南松或华山松。由于滇池长期受到人类活动的影响，以致近年来林木种类锐减，常绿阔叶林仅以风景林、庙宇林和水源林的形式留存下来，并且为数不多。目前，流域内的植被主要是针叶林、灌丛、稀疏树灌、草丛等。以2008年作为研究的现状年，对现状年的用地类型按照其面积比例从大到小的顺序排序依次是林地、耕地、建设用地、水域、未利用地、草地（表1.2）。其中林地又可以细分为有林地、灌木林和疏林地，耕地又可以分为水田、大棚和旱地，未利用地又可以分为裸土地和裸岩石砾地（图1.5）。

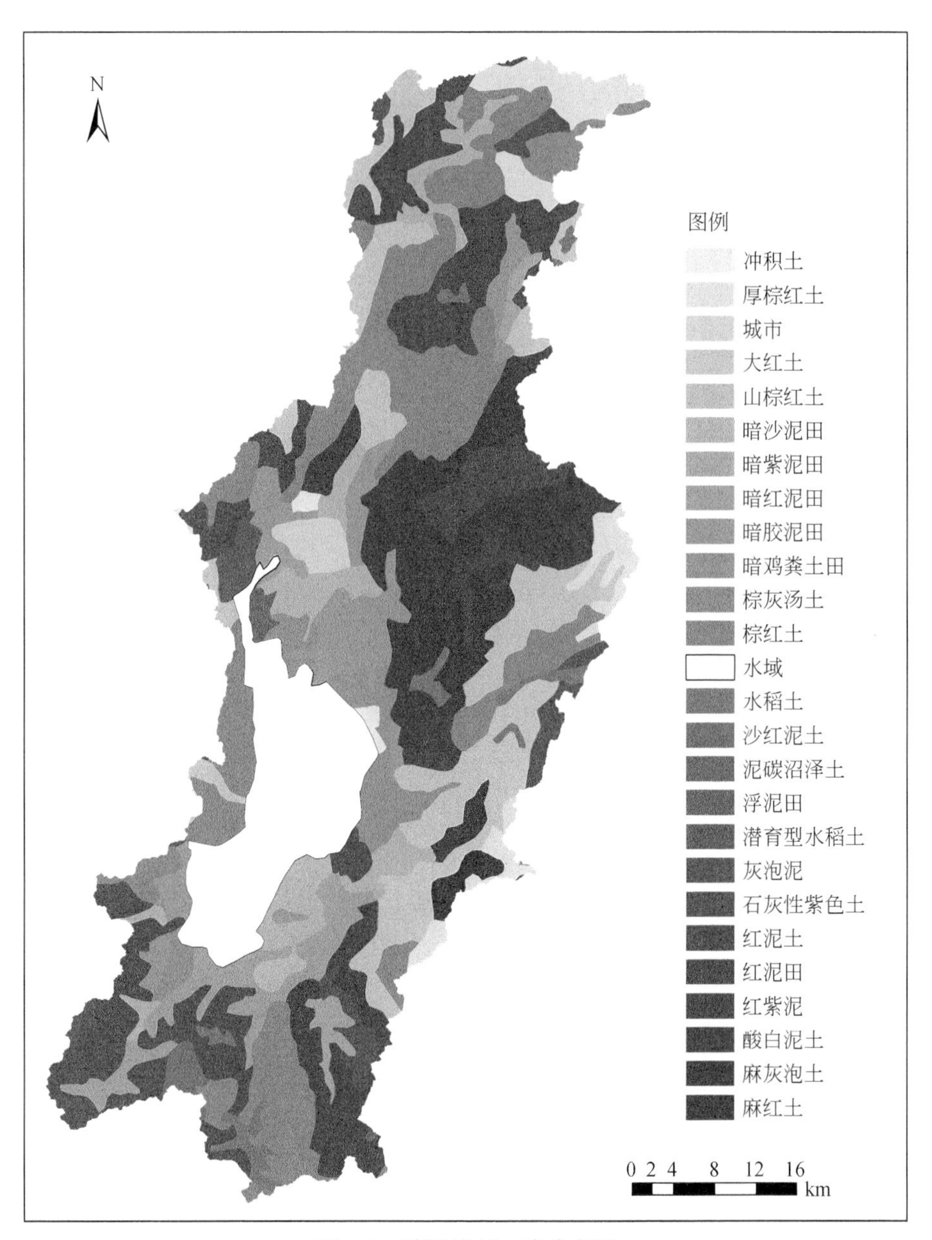

图 1.4　滇池流域土壤分布图

Figure 1.4　Distribution of soil in Dianchi Watershed

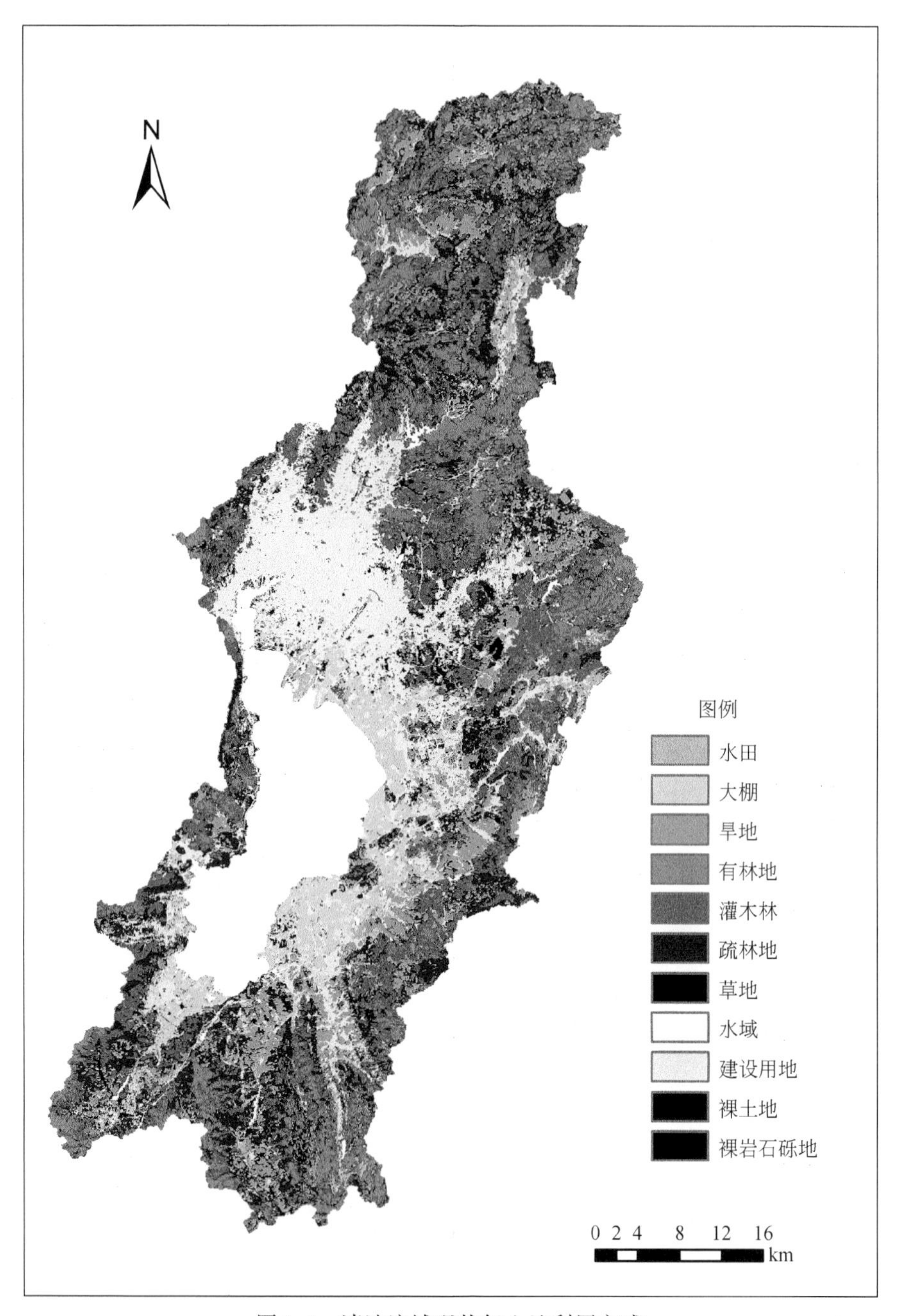

图 1.5　滇池流域现状年土地利用方式

Figure 1.5　Landuse of Dianchi Watershed in the present year

表 1.2　滇池流域现状年各土地利用方式面积与比例

Table 1.2　Area and proportion for landuse of Dianchi Watershed in the present year

土地类型	林地	耕地	建设用地	水域	未利用地	草地
面积（km^2）	1374.39	579.75	478.64	313.82	88.53	72.02
比例（%）	47.3	19.9	16.5	10.8	3.0	2.5

从滇池流域 1988 ~ 2008 年 6 期土地利用变化图（图 1.6）中可以直观地看

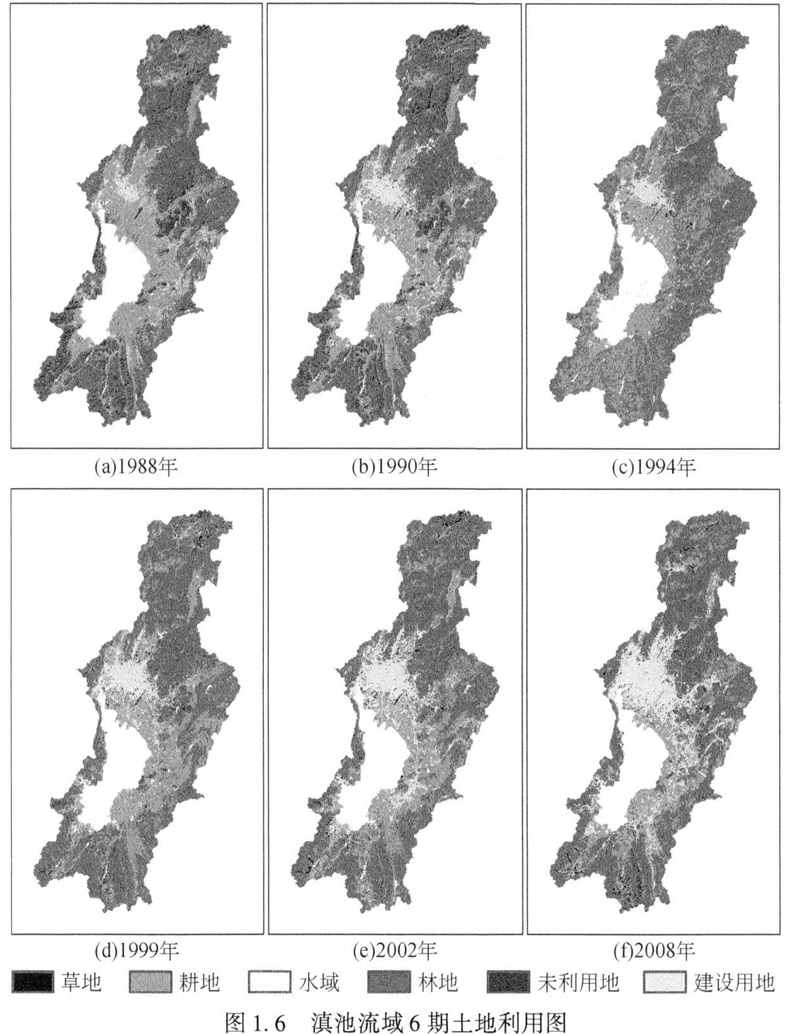

图 1.6　滇池流域 6 期土地利用图

Figure 1.6　Landuse of Dianchi Watershed for 6 years

出，在1988～2008年滇池流域内城乡居民用地（建设用地）面积正在逐年增加，而农村耕地面积正在逐年减少，同时未利用地也在逐年减少。这样一种变化趋势十分明显，且从这6期土地利用解译图逐年变化比较中也能更加清晰地反映这种变化趋势（表1.3）。表1.3指明了滇池流域内各种土地利用类型在各期解译图件中的面积变化及总的面积变化量。从表中可以看出，耕地、城乡居民用地（建设用地）、未利用地的面积变化趋势明显，面积变化总量不在各期面积变化量的范围内，而林地、草地、水域几乎处于持平状态，面积变化总量在各期面积变化量的范围内。由此可见，随着滇池北岸人口的增长和经济的发展，滇池的水环境系统面临着越来越大的压力，如果不采取一定的缓解措施，滇池将不堪重负。

表1.3　滇池流域土地利用方式变化比较

Table 1.3　Landuses changes comparison of Dianchi Watershed　（单位：km^2）

土地利用类型	1988～1990年变化面积	1990～1994年变化面积	1994～1999年变化面积	1999～2002年变化面积	2002～2008年变化面积	面积变化总量
耕地	-8.52	59.53	-103.67	-24.89	-131.72	-209.27
林地	54.33	-21.91	52.54	-36.63	9.85	57.12
草地	-55.6	13.83	21.61	3.3	-16.71	-33.57
水域	37.61	-28.07	-2.49	2.89	-2.25	7.69
建设用地	17	29.85	65.85	64.95	109.28	286.93
未利用地	-43.76	-53.23	-33.84	-9.62	31.55	-108.90

1.4.3　水系与子流域划分

滇池流域有29条主要的入湖河流（图1.7），其中有7条河流进入了草海，22条河流进入了外海。进入草海的7条河流按顺时针方向排序依次是：王家堆渠、新运粮河、老运粮河、乌龙河、大观河、西坝河和船房河。进入外海的22条主要入湖河流分布于外海北岸、外海东岸和外海南岸。其中进入外海北岸的主要入湖河流有11条，按顺时针方向排序依次是：采莲河、金家河、盘龙江、大清河、海河、六甲宝象河、小清河、五甲宝象河、虾坝河、老宝象河、新宝象河。进入外海东岸的主要入湖河流有7条，按顺时针方向排序依次是：马料河、洛龙河、捞鱼河、南冲河、淤泥河、柴河、白鱼河。进入外海南岸的主要入湖河流有4条，按顺时针方向排序依次是：茨巷河、东大河、中河、古城河。滇池流

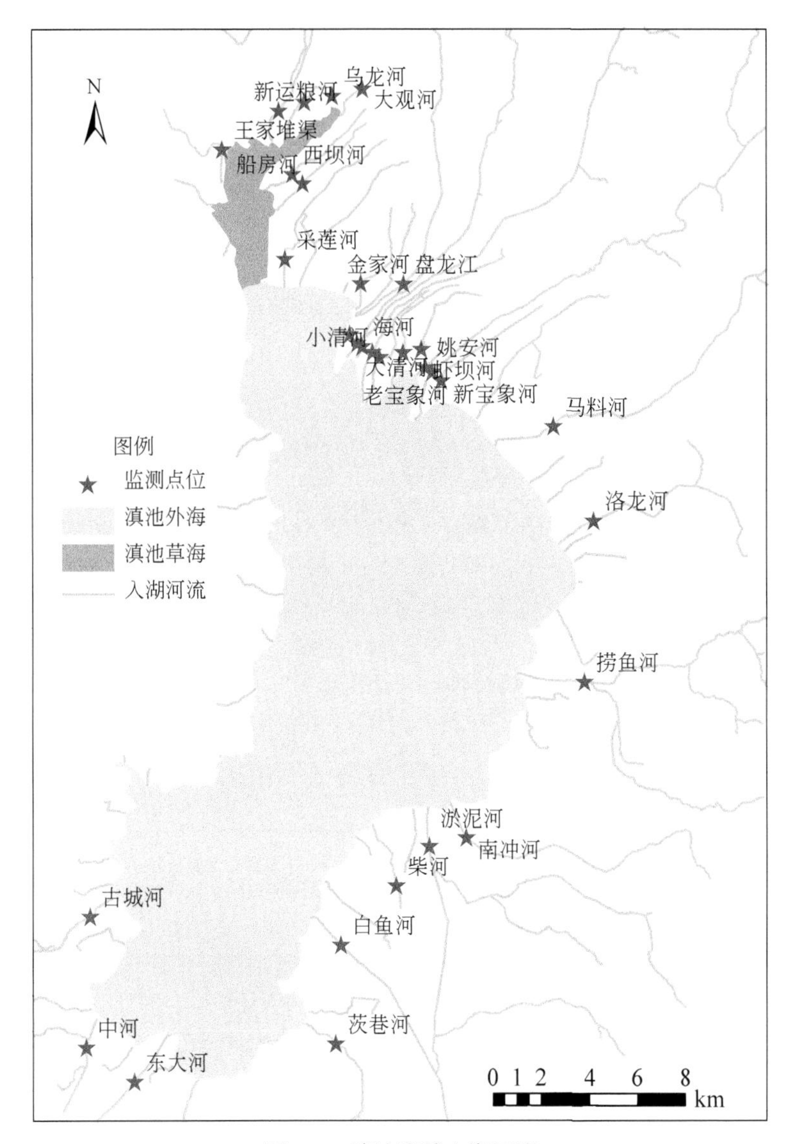

图 1.7　滇池流域入湖河流

Figure 1.7　River following to Lake Dianchi

域入湖河流所属的流域范围及功能区的水质要求参见表 1.4 和表 1.5。这里需要说明的是有水质监测的入湖河流为 31 条，除了 29 条主要的入湖河流之外，还有老盘龙江和姚安河，这两条河均位于滇池外海北岸（图 1.7 中可以找到这两条河流的位置）。

表 1.4　滇池草海入湖河流

Table 1.4　Rivers following to the Caohai part of Lake Dianchi

序号	河流名称	功能区水质要求	流域范围
1	乌龙河	Ⅳ类	起于昆明医学院，经白马小区、西南建材市场、明波办事处，在明家地（明波村）汇入草海
2	新运粮河	Ⅳ类	流经五华区、高新区、西山区，在积下村入草海，是昆明市主城区盘龙江以西主要的防洪、排污河道
3	老运粮河	Ⅳ类	起于菱角塘，经赵家堆过人民西路一号桥，穿环西路纳小路沟、七亩沟、鱼翅路沟来水，在积善村注入草海
4	王家堆渠	Ⅴ类	起于昆明市西山区普坪村发电厂，流经龙船甸、河尾村、王家堆入滇池草海
5	大观河	Ⅳ类	起于篆塘公园，止于大观公园滇池入海口，流经主城区的重要景观河道，属五华区和西山区的管辖
6	船房河	Ⅳ类	位于昆明市城区西南部，是入滇主要河流之一。以成昆铁路为界，上段称为兰花沟，起于圆通山东口，以合流制为主的下水道，合流污水部分进入第一污水处理厂；下段称为船房河，为合流制排水河道，旱季经船房河泵站抽排至西园隧洞，雨季进入草海
7	西坝河	Ⅳ类	起于昆明市西山区玉带河鸡鸣桥，流经金碧、福海街道办事处，自北向南流经弥勒寺、西坝、马家堆、福海，至新河村入滇池草海

表 1.5　滇池外海入湖河流

Table 1.5　Rivers following to the Waihai part of Lake Dianchi

序号	河流名称	功能区水质要求	流域范围
1	采莲河	Ⅳ类	位于昆明市区南部，自螺蛳湾黄瓜营分流盘龙江水，向西流经豆腐营至老鸦营转向西南，过卢家地、李家村、田家地村、大坝村、度假区，从海埂公园东泵站抽排入滇池外海
2	金家河	Ⅴ类	金家河为金太河于四道坝的分流河道之一，属于西山区前卫街道办事处管辖范围，流经拥护、金河两个社区委员会
3	盘龙江	Ⅳ类	盘龙江的主源为牧羊河（又称小河）发源于嵩明县境内的梁王山北麓葛勒山的喳啦箐，由黄石岩南流入官渡区小河乡

续表

序号	河流名称	功能区水质要求	流域范围
4	大清河	V类	大清河水系发源于昆明市北郊松花坝水库，由上游的金汁河、中下游的明通河与枧槽河、下游的大清河组成，明通河下段与枧槽河在张家庙交汇后称为大清河
5	海河	V类	发源于官渡区——撮云山，海河前段名东白沙河，主要流经金马、小板桥、六甲，最后在福保文化城进入滇池
6	六甲宝象河	V类	属于宝象河的支流，起源于小板桥街道办事处羊甫分洪闸，经福保村汇入海河入滇池
7	小清河	V类	是主城南区的排涝河道，原为六甲宝象河的一条分支，现自成独立河流水系，小清河属低位河，该河发源于小板桥镇云溪村附近，小清河与六甲宝象河在福保村汇合后由泵站抽入五甲河，然后一起汇流入滇池
8	五甲宝象河	V类	起源于小板桥云溪村九门里，终点至六甲小河咀入湖口，全长8.03km，汇水面积2.93km^2
9	虾坝河	V类	是宝象河的另一分洪、灌溉河道，从织布营村起，主河道沿金刚村、穿广福路桥，在姚家坝处分为姚安河、新运粮河两条支流，入湖口分别为福保与昆明艺术学院
10	老宝象河	V类	自小板桥大街新村由宝象河分流，经过小板桥、官渡镇，最后在宝丰村汇入滇池
11	新宝象河	V类	发源于宝象河水库，自东向西，流经昆明市东南郊的大板桥、阿拉、小板桥、官渡、六甲等乡镇，最终流入滇池
12	马料河	V类	发源于阿拉黄龙潭，官渡辖区内马料河流经矣六街道办事处的自卫、矣六、王官、五腊和关锁5个村委会汇入滇池
13	洛龙河	V类	发源于吴家营街道白龙潭，是贯穿城市东西向的主要入滇河道和主城的景观河道，在江苇村进入滇池
14	捞鱼河	V类	又称为胜利河，发源于呈贡县松茂水库，其中大渔乡段4674m（从月角村委会三板桥至滇池入口处），流经月角、大渔、大河3个村委会；属昆明市主要入滇河流
15	南冲河	V类	发源于呈贡县韶山水库，其中呈贡段长7.5km，晋宁段长2.41km
16	淤泥河	V类	淤泥河（又称大河）与白鱼河起源于大河水库，在小寨分流，水量较小支流为淤泥河，较大支流与柴河一支流汇合，称为白鱼河，流经晋城、新街、上蒜至滇池

续表

序号	河流名称	功能区水质要求	流域范围
17	白鱼河	V类	淤泥河（又称大河）与白鱼河起源于大河水库，在小寨分流，水量较小支流为淤泥河，较大支流与柴河一支流汇合，称为白鱼河，流经晋城、新街、上蒜至滇池
18	柴河	V类	发源于六街乡柴河水库，主要流经上蒜、六街2个乡镇
19	茨巷河	V类	位于晋宁县上蒜乡，是柴河下游河道，起点为小朴分洪闸，流经上蒜乡小朴村委会、立宇公司、昆明化肥厂、上蒜乡石将金集镇、牛恋村委会，终点为上蒜乡牛恋村委会小渔村，由小渔村流入滇池，全长4.38km
20	东大河	V类	东大河起源于晋宁县双龙水库与洛龙河水库，在兴旺村进入滇池
21	中河	V类	又称为护城河，由东大河普达闸分流，主要流经永乐大街、昆阳女子监狱，进入滇池
22	古城河	V类	发源于昆阳镇汉云的牛洞箐，流经汉云、昆阳磷肥厂，由马鱼滩村流入滇池

为了便于流域水文模拟模型的建立，本书基于2009年1：50 000精度的DEM（图1.8）来生成流域河网水系及节点，从而通过编辑河网节点来划分子流域。首先把滇池流域DEM导入ArcGIS中并将滇池水体部分的DEM切除以避免因湖体部分DEM的无差异性导致河网水系的误分，然后选取较小的汇水面积生成较密的河网并将流域内的水文站点、入滇池河口、流域内的所有中型水库所在位置添加到河网节点内，再根据河网、地形、排水管网等指标将滇池流域划分为98个子流域并结合沿湖周边的12个散流区形成110个子流域，最后将这110个子流域依据入湖河流流经的位置分为15个子流域并将其作为流域水污染控制的基本单元（图1.9）。从图1.9中可以看出：进入滇池草海的7条入湖河流都属于草海子流域，从滇池外海北岸进入外海的11条河流分属于盘龙江子流域、大清河子流域、海河子流域、宝象河子流域，从滇池外海西岸进入外海的7条河流分属于马料河子流域、洛龙河子流域、捞鱼河子流域、南冲河子流域、淤泥河子流域、白鱼河子流域，从滇池外海西岸进入外海的4条河流分属于茨巷河子流域、东大河子流域、古城河子流域。

滇池流域划分的15个子流域的属性见表1.6。其中，面积最大的两个子流域是盘龙江子流域和宝象河子流域，这两个子流域是滇池外海水污染控制的重点，二者都分布在滇池外海北岸区域内。草海子流域环草海一周，包括草海内部全部

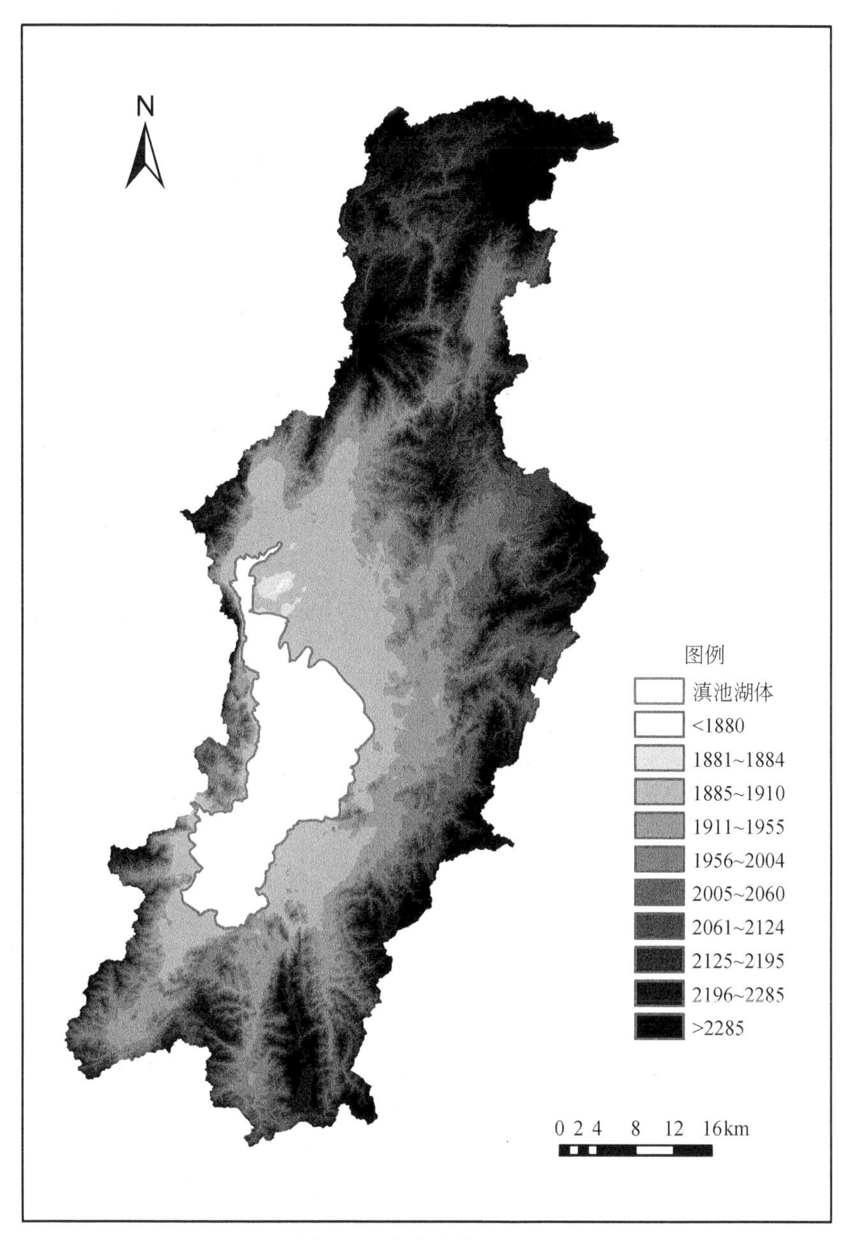

图 1.8　滇池流域 DEM 图

Figure 1.8　DEM of Dianchi Watershed

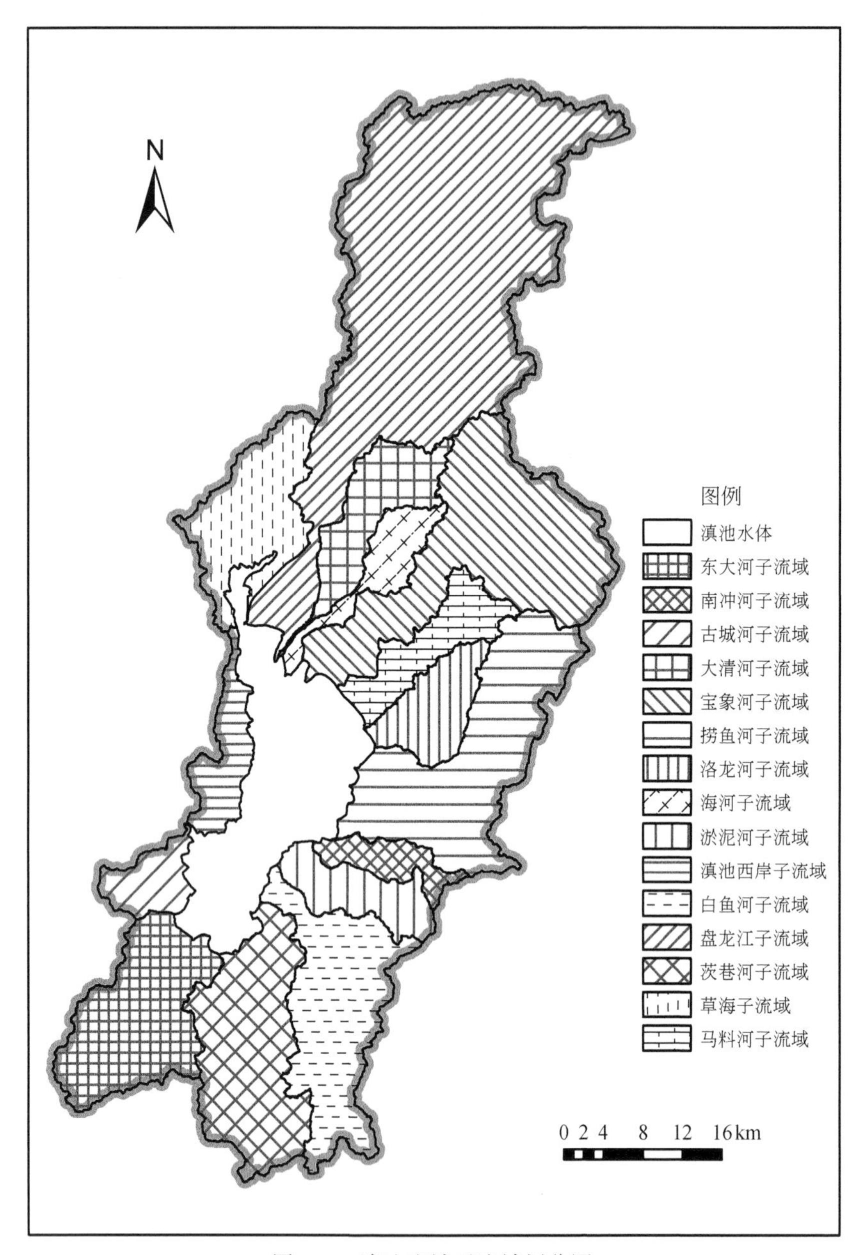

图 1.9　滇池流域子流域划分图

Figure 1.9　Subbasin of Dianchi Watershed

7 个主要的入湖河流，是包含主要入湖河流最多的子流域。另外，滇池西岸子流域主要在西山区域内，没有任何的主要入湖河流，为湖滨散流区。

表 1.6　滇池流域子流域划分属性表

Table 1.6　Attributes for subbasin of Dianchi Watershed

序号	子流域名称	包含的主要入湖河流	子流域面积（km^2）
1	白鱼河子流域	白鱼河	204.95
2	宝象河子流域	虾坝河、姚安河、老宝象河、新宝象河	316.27
3	草海子流域	王家堆渠、新运粮河、老运粮河、乌龙河、大观河、西坝河、船房河	145.65
4	茨巷河子流域	茨巷河	217.52
5	大清河子流域	大清河	99.92
6	滇池西岸子流域	无	65.00
7	东大河子流域	东大河、中河	188.22
8	古城河子流域	古城河	49.88
9	海河子流域	海河、六甲宝象河、小清河、五甲宝象河	59.26
10	捞鱼河子流域	捞鱼河	263.49
11	洛龙河子流域	洛龙河	78.97
12	马料河子流域	马料河	84.79
13	南冲河子流域	南冲河	44.42
14	盘龙江子流域	采莲河、金家河、盘龙江、老盘龙江	740.67
15	淤泥河子流域	淤泥河、柴河	74.72
16	滇池水体	无	301.24

1.4.4　社会经济发展状况

根据昆明市各个区县的统计年鉴数据以及滇池流域边界 GIS 图，可以大致折算出滇池流域人口和 GDP 的发展变化状况，本书以此来评估滇池流域社会经济发展状况。滇池流域 1999～2008 年人口结构及其变化见表 1.7。表 1.7 中第 2 列表明滇池流域常住人口 1999～2008 年的变化范围为 311.96 万～350.00 万人，总体上呈现逐年增长的趋势，并且增长率从 0.89% 到 2.43% 不等（表 1.7 中第 5 列），除 2007 年与 2006 年基本持平外（略有负增长，增长率为-0.02%，同见表 1.7 中第 5 列）。从增长率上看，近几年（2006 年和 2008 年）要明显高于之前的年份（2000～2005 年），说明滇池流域的人口仍然处于快速增长的阶段，滇池的水环境质量面临的外在压力也随之快速增长。再看人口结构，从表 1.7 中最后一列可以看出滇池流域的城镇化率在1999~2008年处于83.68%~88.47%的范围内，并且严格地逐年增长，同时较高的城镇化率显现出城市点源污染的压力之大。另外，单看农村人口与城镇人口的增长情况，也可以加深对以上结果的理解。从表1.7中第3列和第4列可以看出，农村人口严格地逐年递减，而城镇人口却严格地逐年递增，增加的城镇人口数目要显著大于减少的农村人口数目，从而使得增长率几乎都是正的且逐年增加。人口（特别是城镇人口）的增长与之带来的生活污染负荷已经成为滇池富营养化问题的突出影响因素。

表1.7 滇池流域人口逐年变化

Table 1.7 Changes of population in Dianchi Watershed for years

年份	常住人口（万人）	农村人口（万人）	城镇人口（万人）	增长率（%）	城镇化率（%）
1999	311.96	50.92	261.04	—	83.68
2000	316.27	49.77	266.50	1.38	84.26
2001	319.74	48.55	271.19	1.10	84.82
2002	324.14	47.37	276.77	1.37	85.39
2003	327.06	46.18	280.88	0.90	85.88
2004	329.96	44.72	285.24	0.89	86.45
2005	334.85	43.24	291.60	1.48	87.09
2006	341.79	42.26	299.53	2.07	87.64
2007	341.71	41.09	300.62	-0.02	87.97
2008	350.00	40.37	309.63	2.43	88.47

伴随着人口的增长，滇池流域的GDP更是飞速提升（表1.8），从2000年的402亿元增长到2008年的1153亿元，并且逐年增长。同时，第一产业、第二产业、第三产业也都逐年增长（图1.10）。从图1.10可以发现，在2000~2003年与2004~2008年，流域三次产业均处于线性增长的状态，而在2004年出现一次转折，正是这次转折使得产业结构由原来的“第二产业>第三产业>第一产业”变成了“第三产业>第二产业>第一产业”，但第二产业与第三产业始终保持较小的差异，尽管这种差异有增加的趋势。总体而言，滇池流域内的产业结构在不断地优化。需要指出的是，滇池流域第三产业发展迅速的是以与居民普通生活相关的批发和零售业、住宿和餐饮业、交通运输仓储邮政业等为主的较低水平的行业，而较高水平的金融业、房地产业等发展则较弱，且与民生紧密相关的社会公共服务业，如教育、卫生、文化、社会福利保障等都相对薄弱。正因为如此，第三产业仍然贡献了较大一部分污染负荷的排放量。

表 1.8　滇池流域宏观经济逐年变化

Table 1.8　Changes of macroeconomy in Dianchi Watershed for years

年份	流域 GDP (2005 年价，亿元)	第一产业 (亿元)	第二产业 (亿元)	第三产业 (亿元)
2000	402.31	14.90	211.46	175.95
2001	438.19	15.60	227.33	195.25
2002	481.27	16.13	247.00	218.14
2003	529.41	17.03	270.12	242.26
2004	740.15	19.38	335.10	385.67
2005	824.69	20.85	367.43	436.41
2006	915.86	21.85	404.67	489.33
2007	1031.77	22.45	453.13	556.19
2008	1152.58	23.60	506.51	622.47

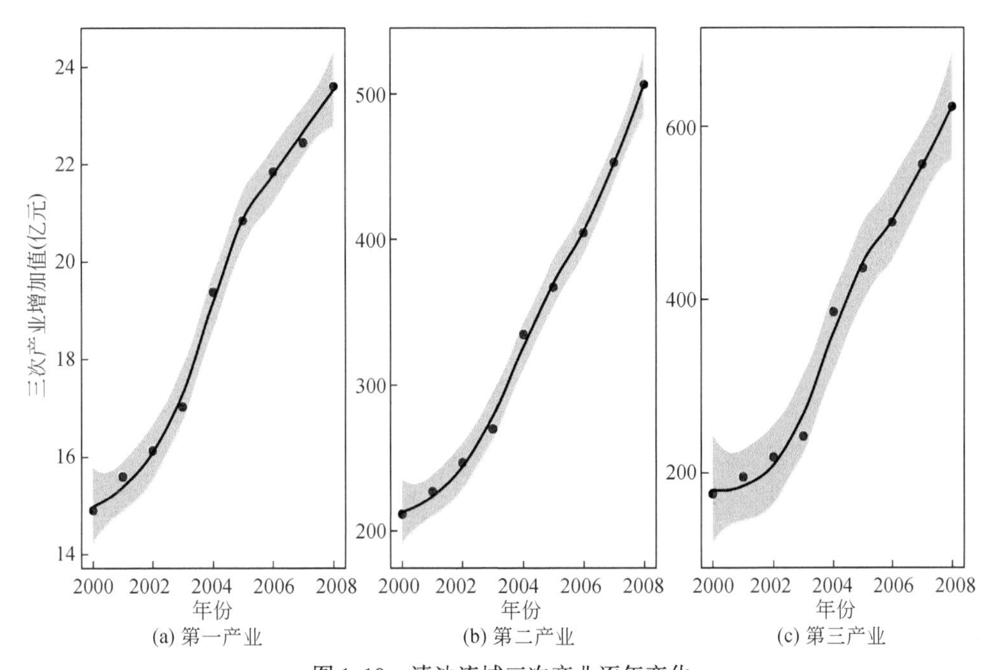

图 1.10　滇池流域三次产业逐年变化

Figure 1.10　Changes of three industries in Lake Dianchi Watershed for years

1.5 小　结

本章为本书的绪论部分，主要介绍了本书的研究背景与目的、国内外研究进展、研究内容与技术路线以及研究流域概况4个方面的内容。本书认为入湖河流是连接流域中陆地与水体的纽带，对湖泊富营养化控制有着承上启下的关键作用，是湖泊污染物输入的最直接来源，因而对于流域内各条入湖河流污染负荷输入量的准确估算是十分重要的。然而，对入湖污染负荷量的估算往往受到缺失数据的影响而不易计算出来。为此，本书提出从流域模拟和统计分析两个方面对缺失数据进行估值，以解决滇池流域入湖污染负荷量估算的问题。其中流域模拟模型主要包括流域降雨模拟模型、流域水文模拟模型和流域负荷估算模型3个部分，统计分析方法主要为处理缺失数据的EMB算法。针对以上研究内容与研究方法，本章给出了解决数据缺失下滇池流域入湖污染负荷估算问题的技术路线图。另外，还简要地介绍了滇池流域地理区位与气候条件、土壤与土地覆盖/利用、水系与子流域划分、社会经济发展状况。

2 流域模拟中缺失数据处理方法

第 1 章确立了一条以流域模拟为主线，以统计分析为补充的缺失数据处理的研究思路。其中，流域模拟主要包括降雨模拟、水文模拟和负荷估算 3 个部分，而统计分析则主要采用 EMB 算法进行缺失数据处理。应用这种分析计算框架主要是由于流域模拟中缺失数据的类型大体可以分为两种：单调型缺失和随机型缺失。所谓单调型缺失是指输入条件完全已知而输出结果部分未知的情形，而随机型缺失则是输入条件和输出结果都存在部分未知的情形。字面上看，随机型缺失似乎显得更一般化，因而其所采用的方法也是一般化的方法，那么对随机型缺失数据的处理就取决于数据自身的规律而不能反映模拟过程中所包含的自然规律。在数据大量缺失的时候，这些自然规律对于我们理解和模拟流域过程是十分重要的。这也是模拟模型较一般的统计模型更具有外推能力的原因了。为此，本章先从流域模拟基本形式出发明确确定性流域模拟与不确定性流域模拟的基本特征，然后分别对基于模拟的缺失数据处理方法和基于统计的缺失数据处理方法的基本原理和数学模型进行较为详细的探讨，最后讨论了两种缺失数据处理方法的一致性。因此，本章的主要目标是从理论上研究流域模拟中缺失数据处理方法，为后续章节的实证分析提供理论依据和方法支撑。

2.1 流域模拟基本形式

流域模拟是通过构建流域模型进行数值计算来分析流域内各个要素之间定量关系的研究方法。流域模型是用于研究在一段时间内水在流域中的运动变化过程与状态，以及水体中的污染物排放、迁移、转化和在水体中浓度时空分布的数学模型，其主要研究对象是流域中的水及水体中的污染物。由于污染物在流域中的运动变化过程总是依附于水的形态变化与时空迁移过程，所以在研究污染物的运动变化过程时，首先需要研究水在流域中的运动变化过程。因此，流域模型一般包括降雨、径流、污染物排放、迁移、转化、水体水质时空分布等诸多要素的研究，是一个综合性的模型。通常可以按照研究需要仅仅分析其中的一部分过程，如本书只研究降雨模拟（计算降雨量的时空分布及变化规律）、水文模拟（计算流域内径流量的时空变化过程）和负荷估算（计算入湖污染负荷量）这 3 个部分的内容。流域模型常常被划分为经验模型和机理模型两种类型，经验模型仅仅考虑流域系统内部各个要素的统计关系而忽略由输入到输出所经历的过程，而机理模型则考虑了流域系统内部由输入到输出所经历的物理过程。流域模型一般是由输入条件、输出响应、模型参数、模型结构等要素构成，因此本章为了便于研究数据缺失下流域模拟的方法，首先提出抽象的流域模型基本表达式，并在此基础上探讨了流域模拟的主要研究内容。

2.1.1 确定性流域模拟

一般而言，在给定模型参数的条件下，流域模型都可以写成以下确定的表达式：

$$y = \eta(x;\ \theta) \tag{2.1}$$

式中，x 为模型的输入条件（可直接观测的变量）；y 为模型的输出响应（模型的输出结果）；θ 为模型的参数（不能直接观测的变量或潜变量）；η 为模型结构（用于衡量 x 、θ 和 y 之间关系的表达式）。图 2.1 直观地反映了式（2.1）中各个变量之间的关系。从图 2.1 中可以看出，对于我们所研究的流域，当假定了某种流域模型结构 η 并且给出了模型参数 θ 的取值时，就能模拟任何输入条件 x 下的输出响应 y 的值。采用流域模型作为流域水环境规划管理与决策的工具时主要可以研究以下 4 个方面的内容。

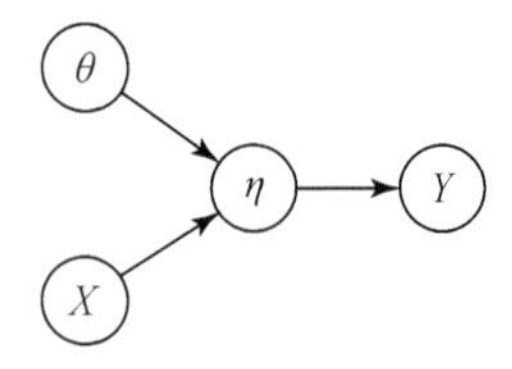

图 2.1　流域模型模拟

Figure 2.1　Simulation of watershed model

2.1.1.1 模拟

在给定模型结构 η（经验公式或者物理方程）和模型参数 θ（实验测量或者经验估算）条件下，分析输入条件 x 对输出响应 y 的影响（图2.1）。这种方式主要用来评估某种决策方案（输入条件）对于流域响应（输出结果，如水量的调蓄或者水质的改善）的作用，或者用于情景分析来研究各种情景方案对流域响应（如水量的调蓄或者水质的改善）的效果。

2.1.1.2 估值

在模型参数无法通过实验测量也无经验可以参考的情况下，假设模型结构 η 给定，这时可以通过观测到的输入条件 x 与输出响应 y 对模型参数 θ 进行估值（图2.2）。模拟研究的是流域模型的“正问题”，而参数估值研究的是流域模型的“逆问题”，因而需要调用优化算法进行求解。对于复杂的非线性流域模型，参数的最优值可能不止一个，这时就会导致“异参同效”现象的出现而使得流域模型不唯一。另外，流域模型所包含的参数也一般不止一个，对于含有多个参数的模型，每个参数对于模型输出响应的影响是不一样的，这时需要进行参数的敏感性分析（sensitive analysis，SA），从而通过采取一定的措施调整敏感性参数数值来降低自然或者人工对于流域水环境的不利影响。

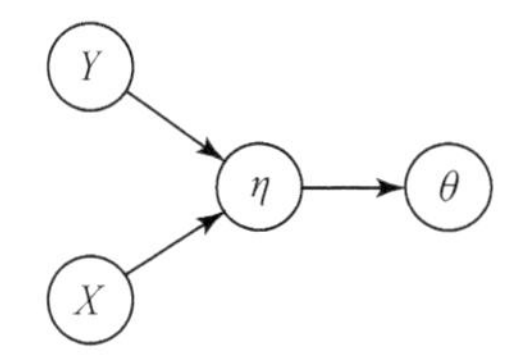

图2.2 流域模型参数估计

Figure 2.2 Estimation of watershed model

2.1.1.3 预测

流域水环境规划与管理的一个重要方面就是预测未来的输出响应或者未观测到的输出响应，从而采取相应的措施避免不利结果的产生。预测往往是建立在已观测到的输入条件 x 和输出响应 y 在给定模型结构 η 条件下对模型参数 θ 进行估值的基础上的，这时当给定新的输入数据 x_p 时，我们便可以采用模型模拟的方式计算出相应的输出响应 y_p（图2.3）。从某种意义上看，预测是一种特殊的参数估值，而输出响应 y_p 则可以看成是未知的参数。这种特殊性主要是因为预测是参数估值与模型模拟的结合。

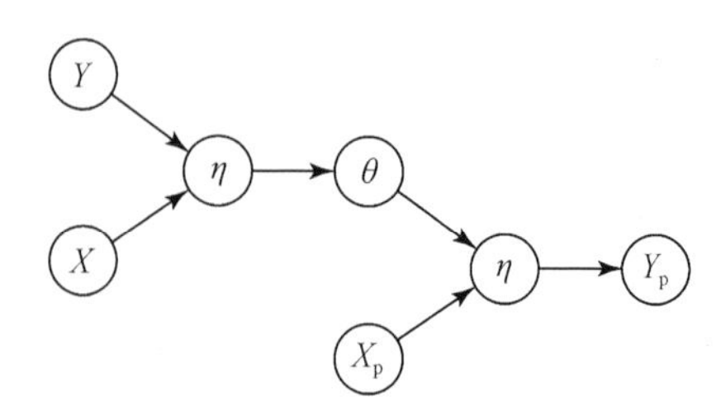

图 2.3 流域模型预测

Figure 2.3 Prediction of watershed model

2.1.1.4 决策

当预测到流域未来的响应y_p时，我们往往会将其与流域水环境管理目标y_o进行比较，如果达到了流域水环境管理目标（$y_p \geq y_o$，即y_p不劣于y_o），我们只需要按照事先得到的输入条件x_p进行管理；如果达不到流域水环境管理目标（$y_p < y_o$，即y_p劣于y_o），我们则需要对x_p进行调整以得到满足目标y_o的输入条件x_o。x_o的计算依赖于已观测到的输入条件 x 和输出响应 y 在给定模型结构 η 条件下对模型参数 θ 的估值和流域水环境管理目标y_o，以 $\eta(x;\theta) \geq y_o$为约束条件，以流域社会经济总量最大化为目标函数，建立优化模型计算最优解x^*即为x_o（图 2.4）。

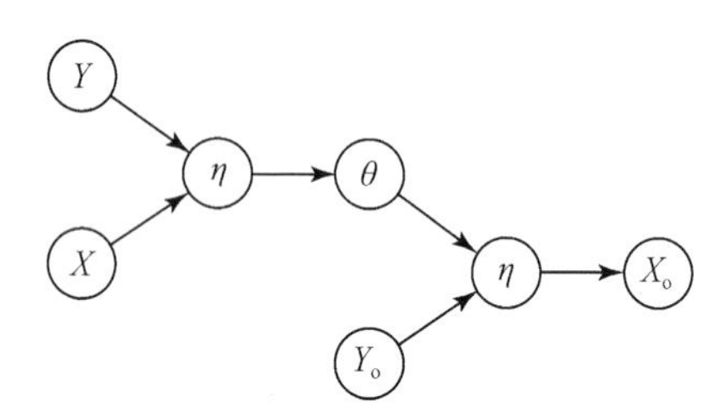

图 2.4 流域模型优化决策

Figure 2.4 Optimization of watershed model

2.1.2 不确定性流域模拟

我们在通过实测数据对流域模型进行拟合的过程中，在给定了模型结构 η 、模型参数 θ 和输入条件 x 时，计算得到的输出响应 y_{sim} 与观测到的流域响应 y 并不能完全吻合，二者之间的差别（ $y - y_{sim}$ ）便是模拟误差 ε 。模拟误差一般假定为随机的，它是模型结构不确定性的某种表征，对于无偏的模拟误差 ε 一般假定其具有均值0（$E(\varepsilon)=0$）和方差ϕ^{-1}（var（ε）$=\phi^{-1}$）。这时，流域模型可以写成如下的不确定的形式：

$$y=\eta(x;\ \theta)+\varepsilon \tag{2.2}$$

式中，x、y、η和θ的含义同式（2.1）；ε为模型的误差且$\varepsilon \sim f(\phi)$；ϕ为表征误差分散程度的参数（方差的倒数），当f为正态分布概率密度时，$\varepsilon \sim N(0,\ \sigma^2)$，其中$\phi=\sigma^{-2}$。图2.5直观地反映了式（2.2）中各个变量之间的关系。图中θ和ϕ被虚线框圈出，是为了凸显二者代表模型的参数，而前者是模型中确定性部分（η）的参数，后者则表示模型中不确定性部分（ε）的参数。若不加区分模型中确定性部分η和不确定性部分ε，则图2.5也可以简化为图2.1的形式。从这个角度上看，不确定流域模型的模拟、估值、预测与决策，都与确定性流域模型类似，这里不再赘述。

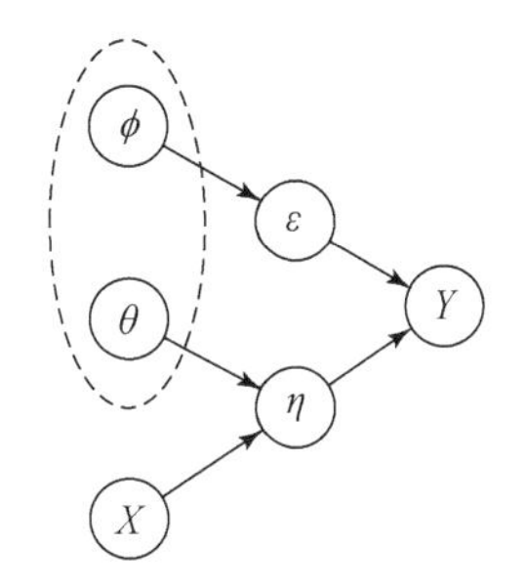

图2.5　不确定流域模型

Figure 2.5　Watershed model under uncertainty

2.2　基于模拟的缺失数据处理方法

2.2.1　流域模拟模型选择

对于数据缺失下流域入湖污染负荷量估算问题，如果所研究的流域中的河流流量与水质数据都是日尺度数据，在时间和空间上完全匹配而不存在任何缺失，那么只需要采用简单的污染负荷公式即可以得到准确的污染负荷估算结果。然而，由于水质数据常规的监测方法需要较高的人力、物力、财力和时间才能获得，因此很难保证每天都有监测结果，对于滇池流域而言，例行的水质监测一般是一个月一次，可见直接通过水质监测数据来进行污染负荷估算是不现实的。好在流量数据的获取相对较容易，一般都有日尺度数据。如果能够很方便地获得与水质相对应的流量数据，那么可以考虑建立流量与污染物浓度或者污染负荷的回归关系来对污染负荷进行预测。由 USGS 开发的 LOADEST 负荷估算模型就正是用于建立瞬时污染负荷与流量之间回归关系并以此为基础进行污染负荷估算的一个工具。遗憾的是在滇池流域与水质完全匹配的流量数据基本没有，很多水文站都设置在滇池流域入湖河流的上游某点或者水库出水口处，因此直接用来作为入湖流量计算而不考虑沿途的蒸散发损失以及由降雨、地下水和其他支流水的补给这些过程是不科学的。所幸的是滇池各条入湖河流在进行水质监测时还附带有部分的流量监测，那么我们可以利用这些流量数据，通过建立流域水文模型也可以得到入湖流量数据。在没有其他数据支撑的条件下，IHACRES 水文模拟模型无疑是一个优秀的模型，因为它仅仅需要降雨量数据和气温数据就可以进行水文模拟计算。正是由于 IHACRES 水文模拟模型对数据的要求不高，因而它对于所输入的降雨量数据和气温数据的敏感性是很高的，尤其是降雨量数据。如果降雨量数据与流量数据不匹配，那么很难得到比较好的模拟效果，这时采用 IHACRES 水文模拟模型是不成功的。因此，我们在采用 IHACRES 水文模拟模型进行流量模拟时，需要尽可能的获取与流量相匹配的降雨量数据。雨量站越能够精细地反映全流域的降雨特征时，IHACRES 水文模拟模型进行流量模拟的效果就越好。这时需要有比较高密度的雨量站监测数据。然而雨量站的数据可能存在着数据尺度不一以及数据缺失的问题，需要采用一定的方式将这些数值估算出来，甚至有时还需要对未来进行预测。GLM 降雨模拟模型就是一个不错的选择，它对数据要求更低，只要与降雨量相关的数据就可以拿来进行分析，此外该模型还可以建立大尺度数据与小尺度数据之间的关系，用于分析气候变化对流域水文过程的影响，从而进一步对流域水体水质和水生态系统的影响。

从上面的分析中可以看出，本书仅仅需要考虑流域过程中降雨模拟、水文模拟和负荷估算 3 个方面的内容，而解决这 3 个方面的问题所采用的模型分别是 GLM 降雨模拟模型、IHACRES 水文模拟模型和 LOADEST 负荷估算模型，其中，GLM 降雨模拟模型（广义线性模型）和 LOADEST 负荷估算模型（非线性回归模型）为经验回归模型，而 IHACRES 水文模拟模型则是半经验半机理模型。下面分别对这 3 个模型进行详细论述。

2.2.2 GLM 降雨模拟模型

降雨模拟模型一般可以分为基于机理过程的物理模型和基于经验统计的随机模型两种类型。前者主要通过一系列的偏微分方程来描述降雨产生的物理过程中的定量关系，因而需要大量精细的数据作为模型的支撑，而全球气候模型（GCMs）就是这一类模型。后者则从降雨的概率结构上对降雨过程进行理解，一般用实际的观测数据来率定这种模型使之能够产生与现实世界具有相同统计特性的雨量序列用于降雨预报。随机降雨模型一般又可以分为参数模型、非参数模型和半参数模型，而本书所研究的 GLM 降雨模拟模型则属于参数模型这类[48,49]。之所以选择 GLM 降雨模拟模型作为本书研究的模拟工具，原因在于 3 个方面：①GLM 降雨模拟模型对数据的要求并不高，凡是与降雨发生及降雨量大小相关的协变量都可以考虑到模型结构中，作为模型的输入条件，因而模型结构比较灵活，比较适合于数据基础不太好的流域降雨模拟研究；②GLM 降雨模拟模型本身属于非线性回归模型的范畴，有比较完善的统计学理论基础作为支撑，与本章中将要介绍的缺失值处理方法能够很好地结合起来进行有效的分析；③GLM 降雨模拟模型将降雨模拟过程分为了降雨事件模拟和降雨量模拟两个部分，其中前一部分主要是在给定特征集合（由各个协变量的观测值所构成的样本）下对降雨事件进行分类，而后一部分则是在发生降雨事件的条件下对给定的特征集合与降雨量大小进行回归，本质上讲二者都属于机器学习的范畴，因而很容易将 GLM 降雨模拟模型模拟的结果与采用其他机器学习方法计算的结果进行比较，从而选择更好的模拟模型。

GLM 模型将经典的线性回归模型的分布假设拓宽到指数族分布上，包括二项分布、Γ 分布、泊松分布以及经典的线性回归模型所要求的正态分布[50]。在模型结构上，GLM 模型由 3 个部分构成：随机部分（stochastic components）、系统部分（systematic components）和连接函数（link function）。其中随机部分一般用于定义响应变量的分布（为指数族中的一种），而系统部分则是解释变量的线性组合，连接函数用于建立响应变量的期望值与解释变量的线性组合之间的一种非线性关系，要求是一个单调可逆函数。如果响应变量为二分类变量，那么 GLM 模型也就是通常所说的 Logistic 回归模型。

如果假设观测到的降雨序列为 $\{Y_i\}(i=1, 2, \cdots, n)$，那么可以将 Y_i 分解成两个部分（$Y_i=\{Y_i^{o}, Y_i^{a}\}$），第一个部分表示是否发生降雨事件，其表达式如下：

$$Y_i^{o}=\begin{cases}1, & Y_i>0\\ 0, & Y_i=0\end{cases} \tag{2.3}$$

第二部分表示发生降雨事件时降雨量大小，其表达式如下：

$$Y_i^{a}=\begin{cases}Y_i, & Y_i>0\\ \text{无定义}, & Y_i=0\end{cases} \tag{2.4}$$

这时，可以分别对这两个部分进行建模分析，得到降雨事件模拟模型和降雨量估计模型。以下分别对这两个模型进行简单的介绍。

2.2.2.1 降雨事件模拟模型

由于降雨事件被定义为一个二分类的随机变量，式（2.3）中 1 表示发生降雨，而 0 表示不发生降雨，这时可以通过建立一个 Logistic 回归模型来建立降雨事件发生概率与相关辅助变量（如雨量站经纬度坐标与高程的变换、时间变量、气温及其他气象条件等）之间的关系。其表达式如下：

$$\ln\left(\frac{p_i}{1-p_i}\right)=X_i^{\mathrm{T}}\beta \tag{2.5}$$

式中，X_i 为辅助变量第 i 个观测样本的取值；β 为回归系数；p_i 为发生降雨事件的概率。如果要评估前一天是否降雨对当天降雨事件发生概率的影响，那么可以分别以前一天是否降雨为条件，建立相应的 Logistic 回归模型，记

$$\begin{cases}p_i^0=P(Y_i^{\mathrm{o}}=1\mid Y_{i-1}^{\mathrm{o}}=0)\\ p_i^1=P(Y_i^{\mathrm{o}}=1\mid Y_{i-1}^{\mathrm{o}}=1)\end{cases} \tag{2.6}$$

式中，p_i^0 为前一天不发生降雨事件而当天却发生降雨事件的概率；p_i^1 为前一天发生降雨事件而当天也发生降雨事件的概率。通过式（2.5）可以分别的计算出这两个概率与辅助变量 X_i 之间的关系，然后根据前一天是否发生降雨事件来选择当天预报的概率模型。

2.2.2.2 降雨量估计模型

由于降雨量一般是高度右偏的，即大部分数据都集中在比较小的数值上，而极端降雨事件的发生概率很低，这时各种正偏的分布都可以用来拟合降雨量的分布，如指数分布、Γ 分布以及二者的混合分布。一般采用 Γ 分布来进行分析，并且假定所有的 Γ 分布都有同样的形状参数 ν（如果 $\nu=1$，那么 Γ 分布就变成了指数分布），那么在给定的辅助变量条件下，日降雨量的变异系数为常数。在这种条件下，如果以自然对数为连接函数，那么可以建立如下的 GLM 降雨量估计模型：

$$\ln(\mu_i)=Z_i^{\mathrm{T}}\gamma \tag{2.7}$$

式中，μ_i 为发生第 i 次降雨事件时降雨量的期望值；Z_i 为相应的辅助变量，可以与降雨事件模拟模型中的不一样；γ 为回归系数。在式（2.7）的基础上，通过最大似然估计的方法可以计算出 γ 的估计值，然后用于发生降雨事件时降雨量估计。

2.2.2.3 模拟效果评价

(1) 二分类变量

降雨事件模拟模型本质上讲是一个二分类模型，对于一个二分类模型（分类器），其目标是根据其属性特征（变量）将一个实例（样本）映射到两个类别中的某个类，这时实例的真实类别有两种：阳性（P）或者阴性（N），而通过分类器也可以得到这两种分类：阳性（P'）或者阴性（N'）。那么，可以构造如下的混淆矩阵来评估一个分类器分类的效果（图 2.6）。

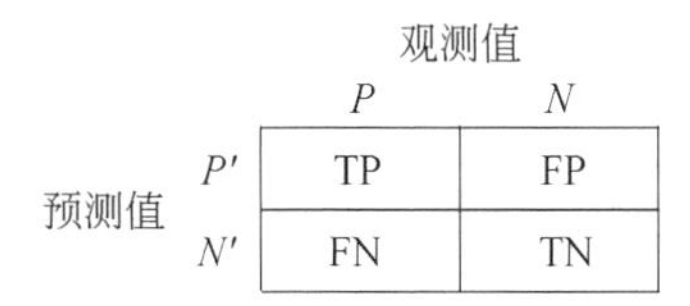

图 2.6 二分类模型混淆矩阵

Figure 2.6 Confusion matrix for binary classification model

其中，在给定分类器的条件下，每个实例将分属于矩阵中 4 个位置中的 1 个位置。如果预测的结果是阳性（P'）而真实的结果也是阳性（P），那么就是真阳性（TP）；如果预测的结果是阴性（N'）而真实的结果也是阴性（N），那么就是真阴性（TN）；如果预测的结果是阳性（P'）而真实的结果是阴性（N），那么就是假阳性（FP）；如果预测的结果是阴性（N'）而真实的结果是阳性（P），那么就是假阴性（FN）。为了便于说明，记所有的样本中真实结果为阳性的个数为 P，阴性的个数为 N，并且图 2.6 中相应的位置即为相应的样本个数，那么可以得到如下的几个指标。

1）真阳性率（true positive rate，TPR）或者灵敏度（sensitivity）：

$$\mathrm{TPR} = \frac{\mathrm{TP}}{\mathrm{P}} = \frac{\mathrm{TP}}{\mathrm{TP} + \mathrm{FN}} \tag{2.8}$$

2）假阳性率（false positive rate，FPR）：

$$\mathrm{FRP} = \frac{\mathrm{FP}}{\mathrm{N}} = \frac{\mathrm{FP}}{\mathrm{FP} + \mathrm{TN}} \tag{2.9}$$

3）精确度（accuracy，ACC）：

$$\mathrm{ACC} = \frac{\mathrm{TP} + \mathrm{TN}}{\mathrm{P} + \mathrm{N}} \tag{2.10}$$

4）特异度（specificity，SPC）或者真阴性率（true negative rate，TNR）：

$$\mathrm{SPC} = \frac{\mathrm{TN}}{\mathrm{N}} = \frac{\mathrm{TN}}{\mathrm{FP} + \mathrm{TN}} = 1 - \mathrm{FPR} \tag{2.11}$$

这时可以通过真阳性率（TPR）和假阳性率（FPR）来绘制一条 ROC（receiver operating characteristic）曲线，用以表征真阳性与假阳性之间的博弈过程，从而诊断一个分类器在阳性样本中正确区分阳性样本的性能。由于 TPR 和 FPR 分别又可以称为“灵敏度”和“1-特异度”，因此 ROC 曲线又可以被称为“灵敏度和1-特异度”曲线。绘制 ROC 曲线时需要给定一个阈值（取值在 0 ~ 1），当样本预测为阳性概率大于该阈值时，就将该样本判为阳性，并且计算该阈值下 FPR 和 TPR 的数值。通过将阈值从 0 逐渐增加到 1 时，就可以得到一系列的 FPR 和 TPR 点对，将 FPR 和 TPR 分别定义为横轴和纵轴，就可以绘制出一条经过（0，0）和（1，1）并且凹向原点的曲线，即为 ROC 曲线。

通过 ROC 曲线可以计算一个用于表征分类器好坏的指标——ROC 曲线下的面积值（area under the curve，AUC）。AUC 的取值范围为 0.5 ~ 1，其取值越大，则说明该分类器分类的准确性越高。可以通过 Gini 系数与 AUC 之间的关系表达式（Gini=2AUC-1）来计算 AUC 的值。本书主要利用 ROC 曲线及 AUC 值和分类准确度 ACC 来作为降雨事件预测效果的评价指标。

（2）连续变量

降雨量估计模型本质上讲是连续变量的预测模型，评价其模拟效果需要利用连续变量模拟效果评价指标，这里采用水文模型中常用的模拟效果评价指标，主要包括均方根误差（root mean squared error，RMSE）、开平方均方根误差（SQRT. RMSE）、对数均方根误差（LOG. RMSE）、偏差百分比（BLAS）、Nash-Sutcliffe 效率系数（Nash-Sutcliffe efficiency，NSE）和开平方 Nash-Sutcliffe 效率系数（SQRT. NSE），其计算公式分别如下。

1）均方根误差：

$$\mathrm{RMSE} = \sqrt{\frac{1}{N}\sum_{i=1}^{N}(y_{\mathrm{sim},\,i} - y_{\mathrm{obs},\,i})^2} \tag{2.12}$$

2）开平方均方根误差：

$$\mathrm{SQRT.\ RMSE} = \sqrt{\frac{1}{N}\sum_{i=1}^{N}(\sqrt{y_{\mathrm{sim},\,i}} - \sqrt{y_{\mathrm{obs},\,i}})^2} \tag{2.13}$$

3）对数均方根误差：

$$\mathrm{LOG.\ RMSE} = \sqrt{\frac{1}{N}\sum_{i=1}^{N}[\log(y_{\mathrm{sim},\,i}) - \log(y_{\mathrm{obs},\,i})]^2 + \frac{\overline{y}_{\mathrm{obs}}}{10}} \tag{2.14}$$

4）偏差百分比：

$$BLAS = \frac{\sum_{i=1}^{N} |y_{\text{sim}, i} - y_{\text{obs}, i}|}{\sum_{i=1}^{N} y_{\text{obs}, i}} \times 100\% \tag{2.15}$$

5）Nash-Sutcliffe 效率系数：

$$NSE = 1 - \frac{\sum_{i=1}^{N} (y_{\text{sim}, i} - y_{\text{obs}, i})^2}{\sum_{i=1}^{N} (y_{\text{obs}, i} - \bar{y}_{\text{obs}})^2} \tag{2.16}$$

6）开平方 Nash-Sutcliffe 效率系数：

$$SQRT.\ NSE = 1 - \frac{\sum_{i=1}^{N} (\sqrt{y_{\text{sim}, i}} - \sqrt{y_{\text{obs}, i}})^2}{\sum_{i=1}^{N} (\sqrt{y_{\text{obs}, i}} - \overline{\sqrt{y_{\text{obs}}}})^2} \tag{2.17}$$

式中，i 为用于模拟的样本编号，$i=1, 2, \cdots, N$；N 为样本量；$y_{\text{obs}, i}$ 和 $y_{\text{sim}, i}$ 分别为第 i 个样本的观测值和模拟值；$\bar{y}_{\text{obs}}$ 和 $\overline{\sqrt{y_{\text{obs}}}}$ 分别为 $y_{\text{obs}, i}$ 和 $\sqrt{y_{\text{obs}, i}}$ 的平均值。RMSE、SQRT. RMSE 和 LOG. RMSE 分别为均方根误差、开平方均方根误差和对数均方根误差，这 3 个衡量误差的指标值越小则表示模型的拟合效果越好；BLAS 为观测值与模拟值的相对偏离程度，其数值越小则模型拟合效果越好；NSE 为通过模型模拟得到的结果比通过观测值取均值得到的结果提高的程度，NSE 越接近于 1，说明模型拟合效果越好，如果通过模型模拟的结果不及通过观测值的均值计算的结果，那么 NSE<0。SQRT. NSE 含义与 NSE 相似，由于通过开平方运算使得观测值与模拟值的数值相对较小，因而其计算结果一般较 NSE 要高一些。以上评价指标一般在水文模拟中用于模型拟合的目标函数，这里用来作为模型模拟效果好坏的评价依据。

2.2.3 IHACRES 水文模型

IHACRES 是流域尺度下以单位线理论为基础的一类集总式概念性降雨径流模拟模型，主要用于进行流域出口处的河流降雨径流流量模拟计算。IHACRES 的第一个版本（Version 1.0）是由英国水文研究所（Institute of Hydrology，IH）研发的，后由澳大利亚国立大学资源与环境研究中心（Center for Resource and Environmental Studies，CRES）在引入了非线性损失模块和模型参数率定方法后升级为目前最新的版本（Version 2.1）。IHACRES 在建模过程中用到的数据仅仅是区域的降雨量数据和潜在蒸散发数据，如果没有潜在蒸散发数据，还可以直接用气温数据来代替。另外，IHACRES 的输入输出数据一般是以天为尺度的，同时也可以计算小时或者月尺度下的降雨径流流量，因此这类模型对于数据的要求并不高。IHACRES 主要包括两个计算模块（图 2.7）[51-56]，一个是土壤水分计算（soil moisture accounting，SMA）模块，主要通过一组非线性表达式将雨量和温度时间序列转化成能够最终到达流域出口形成径流的有效降雨量，在这个过程中有部分水分因为土壤截留和蒸散发而损失了，所以这一模块通常也被称为非线性损失模块（nonlinear loss module）；另一个是单位线（unit hydrograph，UH）计算模块，通过一个线性转换函数（transfer function，TF）来估算降雨径流量的峰值响应和消退曲线的形状（可以采用简单的指数消退曲线，此时衰减速率为一个常数），从而将有效降雨量转换成为流域出口处的径流量，因而这一模块又常被称为线性演算模块（linear routing module）。

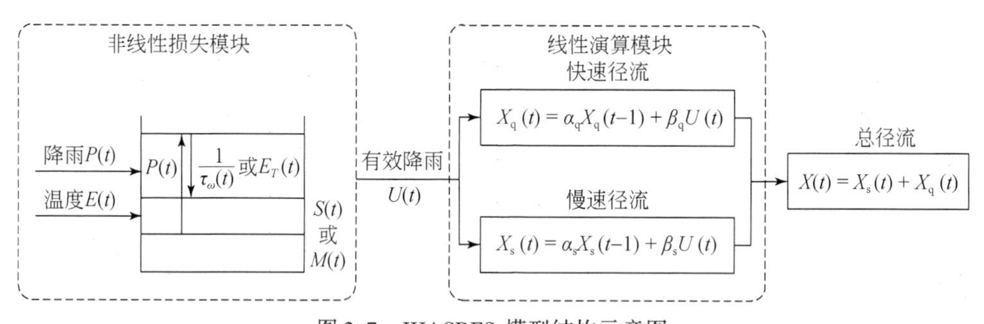

图 2.7　IHACRES 模型结构示意图

Figure 2.7　IHACRES model structure

2.2.3.1　非线性损失模块

非线性损失模块包括流域湿润指数（catchment wetness index，CWI）模型和流域水分亏缺（catchment moisture deficit，CMD）模型两种类型的表达形式。其中，流域湿润指数模型又被称为经典的 IHACRES 模型，它起源于 Jackman 等[28]在 1990 年利用基于 Whitehead 等[57]开发的 Bedford-Ouse 模型中提出的先期降雨指数（antecedent precipitation index，API）来计算有效降雨量的相关研究，后来在 1993 年由 Jakeman 和 Hornberger 正式提出了比 API 更具有物理意义的 CWI 指数模型[58]，该模型随后在 1997 年被 Ye 等进行了改进[59]，从而能够解决短期汇水的流域水文模拟问题。CWI 模型是一个权值型（metric-type）模型，在用 CWI

模型进行有效降雨量计算时，认为有效降雨量与土壤湿度指数成正比。CMD 模型最初是由 Evans 和 Jakeman 在 1998 年提出的[60]，并由 Croke 和 Jakeman 在 2004 年对其整个模型结构进行了修改而形成了目前被广泛应用的表达形式[61]。其主要思想是将降雨量分解成为产流量、蒸发量和流域水分存储量的改变量 3 个部分，因而是一个具有实际物理意义的概念型（conceptual-type）模型。以下对这两种类型非线性损失模块的模型结构及计算表达式进行简要介绍。

（1）CWI 模型

CWI 是衡量流域内土壤含水量和作物生长与之带来的蒸散发量共同作用下的流域湿润状态。在计算有效降雨量时，一般假定其正比于土壤湿度指数与流域降雨量[62-64]，计算公式如下：

$$U(t)=c\cdot S(t)\cdot P(t) \tag{2.18}$$

式中，$U(t)$ 为有效降雨量；$S(t)$ 为土壤湿度指数；$P(t)$ 为流域降雨量；c 为比例常数，用于保证输出结果能够满足质量守恒的要求①。

如果所模拟的河流为季节性河流（ephemeral rivers），那么可以新增两个额外的参数 l 和 p 。其中 l 为发生产流的土壤湿度阈值；p 为土壤湿度指数的变换形式。在这种情况下，式（2.18）可以写成如下形式：

$$U(t)=\begin{cases}[c\cdot(S(t)-l)]^{p}\cdot P(t), & S(t)>l\\ 0, & S(t)\leqslant l\end{cases} \tag{2.19}$$

当前状态下的土壤湿度指数 $S(t)$ 与前一个状态下的土壤湿度指数 $S(t-1)$ 及当前的降雨量相关，其关系满足质量守恒定律，表达式如下：

$$S(t)=\left(1-\frac{1}{\tau_{\omega}(t)}\right)S(t-1)+P(t) \tag{2.20}$$

其中，存在一个表征在 $t-1$ 时刻下土壤湿度由于 t 时刻的蒸散发过程而被减少的比例的指标值，即干燥速率（drying rate）$\dfrac{1}{\tau_{\omega}(t)}$，其计算公式为

$$\tau_{\omega}(t)=\tau_{\omega}\exp[-0.062f(E(t)-T_{\text{ref}})] \tag{2.21}$$

式中，τ_{ω} 为在给定参考温度 T_{ref}（一般默认为 20℃，但如果 $E(t)$ 为潜在蒸散发数据时建议取值为 3）下的干燥速率常数；f 为单位气温变化所带来的干燥速率的变化量（该值决定了单位气温变化下土壤湿度损失变化率）。如果干燥速率为常

① 式（2.18）与一般文献中给出的结果不一样，一般的写法是 $U(t)=\frac{1}{2}[S(t)+S(t+1)]\cdot P(t)$ 。本质上讲二者在表达意义上并没有太大差异，但参数的实际含义是有变化的，式（2.18）这样写是为了简化模型结构，从而便于模型参数的率定。

数，这时 $f=0$，那么式（2.20）就近似于对降雨量的一个指数平滑过程。

（2）CMD 模型

CMD 是表征流域的干燥状况的一个指标（记为 $M(t)$，单位与降雨量的单位相同），它与流域降雨量（$P(t)$）、蒸发量（$E_T(t)$）和有效降雨量（$U(t)$）之间的关系满足如下的质量守恒方程[61,65]：

$$M(t)=M(t-1)-P(t)+E_T(t)+U(t) \tag{2.22}$$

式中，$M(t)>0$。由于有效降雨量 U 为实际降雨量 P 的一个比例，假定二者瞬时值的比例与 M 存在一个简单的关系（这里为了简化表达式，省略了时间项 t）：

$$\frac{\mathrm{d}U}{\mathrm{d}P}=1-\min\left(1,\ \frac{M}{d}\right)=\begin{cases}1-\dfrac{M}{d}, & M<d\\ 0, & M\geqslant d\end{cases} \tag{2.23}$$

式中，d 通常被称为 CMD 产流阈值（threshold for producing flow），当 $M\geqslant d$ 时就不发生产流。考虑到蒸发过程相对于降雨过程而言有一定的滞后性，因此假定在降雨产生蒸发之前 CMD 存在一个过渡值（或瞬时值，记为 M_f），该值直接决定了 t 时刻的蒸发量 $E_T(t)$，计算公式如下：

$$\begin{aligned}E_T(t)&=eE(t)\min\left\{1,\ \exp\left[2\left(1-\frac{M_f}{fd}\right)\right]\right\}\\&=\begin{cases}eE(t)\exp\left[2\left(1-\dfrac{M_f}{fd}\right)\right], & M_f>fd\\ eE(t), & M_f\leqslant fd\end{cases}\end{aligned} \tag{2.24}$$

式中，$E(t)$ 为温度或者潜在蒸发量；fd 为一阈值，当 $M_f\leqslant fd$ 时，蒸发量与 M_f 无关。这里 f 为压力阈值（stress threshold），对于 fd 而言，它是产流阈值 d 的一个比例值，设定 f 主要是为了消除变量之间的协变作用。

根据 M_f 的定义，可以将式（2.22）写成如下的形式：

$$M_f=M(t-1)-P(t)+U(t) \tag{2.25}$$

这时对式（2.25）的两边同时求关于降雨量 $P(t)$ 的导数①，并同时乘以微分算子 $\mathrm{d}P(t)$，可以得到：

$$\mathrm{d}U=\mathrm{d}P+\mathrm{d}M \tag{2.26}$$

为了简化表达式的结构，把式（2.26）中 $\mathrm{d}U(t)$ 记为了 $\mathrm{d}U$，$\mathrm{d}P(t)$ 记为了 $\mathrm{d}P$，$\mathrm{d}M_f$ 记为了 $\mathrm{d}M$。式（2.26）即为微分条件下的 CMD 质量守恒表达式。式（2.26）可以进一步写成如下形式：

① 此时 $M(t-1)$ 为上一个时刻的 CMD 值，与该时刻的降雨量 $P(t)$ 无关，因此有 $\mathrm{d}M(t-1)/\mathrm{d}P(t)=0$。

$$\frac{\mathrm{d}U}{\mathrm{d}P} = 1 + \frac{\mathrm{d}M}{\mathrm{d}P} = 1 - f(M) \tag{2.27}$$

结合式（2.23）和式（2.27）有

$$f(M) = -\frac{\mathrm{d}M}{\mathrm{d}P} = \min\left(1,\ \frac{M}{d}\right) \tag{2.28}$$

另外有

$$-\int_0^{P(t)} \mathrm{d}P = \int_{M(t-1)}^{M_f} \frac{\mathrm{d}M}{f(M)} = F(M_f) - F[M(t-1)] \tag{2.29}$$

于是可以得到：

$$M_f = F^{-1}\{F[M(t-1)] - P(t)\} \tag{2.30}$$

其中 $F(x) = \int_0^x f(x)^{-1}\mathrm{d}x$，$F^{-1}$ 为 F 的逆函数。

根据式（2.28）和式（2.30），可以得到 M_f 的计算公式：

$$M_f = \begin{cases} M(t-1)\exp\left(-\frac{P(t)}{d}\right), & M(t-1) < d \\ d\exp\left(\frac{-P(t) + M(t-1) - d}{d}\right), & d \leqslant M(t-1) < d + P(t) \\ M(t-1) - P(t), & M(t-1) \geqslant d + P(t) \end{cases} \tag{2.31}$$

这样，只要给定 $t-1$ 时刻的 CMD 值 $M(t-1)$ 和相关参数的估计值，我们就能够根据式（2.31）计算出 M_f 的值，然后将 M_f 值代入式（2.24）和式（2.25）中，分别计算出 t 时刻的蒸发量 $E_T(t)$ 和有效降雨量 $U(t)$ 的值，然后依据式（2.22）计算出 t 时刻的 CMD 值 $M(t)$ 作为 $t+1$ 时刻计算的初始条件，据此可以得到关于蒸发量 $E_T(t)$、有效降雨量 $U(t)$ 和 CMD 值 $M(t)$ 完整的模拟时间序列。

2.2.3.2 线性演算模块

在计算出有效降雨量后，一般通过单位线模型来计算总的径流量。传统的单位线模型是有外生变量的自回归移动平均（auto-regressive, moving average, with exogenous inputs, ARMAX）模型，这里的外生变量为有效降雨量，那么 ARMAX 模型的表达式为[28,58,66]

$$X(t) = a_1X(t-1) + \cdots + a_nX(t-n) + b_0U(t-\delta) + \cdots + b_mU(t-m-\delta) \tag{2.32}$$

式中，$X(t)$ 为模型输出流量值；$U(t)$ 为有效降雨量；$(n,\ m)$ 为模型的阶，表示

有 $(n+m+1)$ 个参数值 a_i $(i=1, 2, \cdots, n)$ 和 $b_j(j=0, 1, \cdots, m)$；δ 为模型的延迟，在采用 ARMAX 模型进行总径流量计算时，一般采用简单的 1 阶模型进行初步的研究，即 $(n=1, m=0)$，然后检验更高的阶是否能够给模型带来显著性的提升。由于式（2.32）将有效降雨量转换成了总的径流量，因此式（2.32）又被称为转换函数模型。在水文学中，经常将转换函数分解成为快速径流和慢速径流两个部分，即

$$X(t) = X_q(t) + X_s(t) \tag{2.33}$$

式中，$X_q(t)$ 和 $X_s(t)$ 分别为快速径流流量和慢速径流流量。如果此时我们采用简单的 1 阶模型，那么式（2.32）可以写成如下形式①：

$$\begin{cases} X_q(t) = \alpha_q X_q(t-1) + \beta_q U(t) \\ X_s(t) = \alpha_s X_s(t-1) + \beta_s U(t) \end{cases} \tag{2.34}$$

式中，α_q 和 α_s 分别为快速径流消退速率和慢速径流消退速率；β_q 和 β_s 分别为快速径流峰值响应和慢速径流峰值响应。其中，α_q 和 β_q 可以由 τ_q 和 v_q 表示，其关系式如下：

$$\begin{cases} \tau_q = -\dfrac{1}{\ln(\alpha_q)} \\ v_q = \dfrac{\beta_q}{1-\alpha_q} \end{cases} \tag{2.35}$$

式中，τ_q 为快速径流消退时间常数；v_q 为快速径流占总径流的比例。同样地，α_s 和 β_s 又可以由 τ_s 和 v_s 表示，其关系式如下：

$$\begin{cases} \tau_s = -\dfrac{1}{\ln(\alpha_s)} \\ v_s = \dfrac{\beta_s}{1-\alpha_s} \end{cases} \tag{2.36}$$

式中，τ_s 为慢速径流消退时间常数；v_s 为慢速径流占总径流的比例。这里，τ_q 和 τ_s 均为径流量减少为原来 $1/e \approx 37\%$ 时所需要的时间，而 v_q 和 v_s 则需要满足如下的约束条件：

$$v_q + v_s = 1 \tag{2.37}$$

相比 $(\alpha_q, \beta_q, \alpha_s, \beta_s)$ 而言，$(\tau_q, v_q, \tau_s, v_s)$ 具有更加直观的物理意义。根据式（2.34）构造的转换函数得到的快速径流和慢速径流的消退过程均为指数

---

① 这里需要指出的是，在其他参考文献中，一般认为 α_q 和 α_s 为负值，所以式（2.34）中的系数值写成 $-\alpha_q$ 和 $-\alpha_s$ 的形式，这里为了形式上的简洁将 α_q 和 α_s 表示为正值的形式，但其含义不变。

消退过程，因此该模型又被称为 exponential unit hydrograph（EXPUH）模型[67]。

2.2.4 LOADEST 模型

2.2.4.1 基本表达式

LOADEST 模型对于污染负荷估算的基础在于污染负荷的计算公式。河流中的悬浮颗粒物及 N、P 营养盐等化学物质在一定时间内进入湖泊或者水库的总的质量即为我们通常所说的入湖污染负荷量（入湖通量）。如果我们已知所要研究的污染物在河流中某个截面上的浓度随时间的变量函数C_t和这个截面上的水流流量过程函数Q_t，在给定的时间 τ 内，其污染物总负荷的计算公式如下：

$$L_\tau = \int_0^\tau L_t \mathrm{d}t = \int_0^\tau C_t\, Q_t \mathrm{d}t \tag{2.38}$$

式中，L_t又被称为是瞬时负荷，它为瞬时浓度C_t与瞬时流量Q_t的乘积。一般情况下我们得到的数据都是离散的，因此通常采用式（2.38）的离散表达式：

$$L_\tau = \Delta t \sum_{i=1}^{N_p} C_i\, Q_i = \Delta t \sum_{i=1}^{N_p} L_i \tag{2.39}$$

式中，L_i为 i 个时间点上的瞬时负荷；Δt 为时间间隔，一般以天为时间间隔；N_p为离散时间点的个数。由式（2.39）可以计算出一段时间内（如 τ，$\tau = N_p \Delta t$）的平均负荷，其计算公式如下：

$$\bar{L}_\tau = \frac{L_\tau}{N_p \Delta t} \tag{2.40}$$

在实际分析中，我们往往更加关心一条河流污染负荷的平均水平，因此平均负荷也是一个比较重要的指标，本书在以升尺度计算时就涉及月平均负荷和年平均负荷的计算。

在理想的条件下，只要知道一段时间内的瞬时浓度C_t与瞬时流量Q_t，我们就能计算出这段时间内的污染负荷量。但实际上流量的监测相对比较频繁，一般都是日尺度的，但水质监测过程往往周期比较长，代价比较高，很难保证日尺度的监测，在美国一般以周为时间间隔进行监测，而对于滇池流域，监测的时间间隔一般是月。LOADEST 模型的产生就是基于建立瞬时流量和其他辅助解释变量与瞬时负荷的关系，然后预测出未观测的瞬时负荷值，最后由这些瞬时负荷值采用式（2.39）来计算这段时间内的污染负荷量。一般假定污染负荷的对数值与流量的对数值和其他的解释变量的相关变换形式满足线性关系，那么二者的回归关系表达式如下：

$$\ln L_i = a_0 + \sum_{j=1}^{N_v} a_j X_{ji} + \varepsilon_i \tag{2.41}$$

式中，X_{ji} 为第 i 次观测到的第 j 个解释变量的数值，如流量的对数 $\ln Q$，十进制时间 T_d 等；a_j 为相应的回归系数，其中 a_0 为常数项；N_v 为解释变量的个数；ε_i 为第 i 个样本的观测误差，这里假定 $\varepsilon_i \overset{\text{i.i.d}}{\sim} N(0，\sigma^2)$。根据以上假定，我们可以通过最小二乘或者最大似然估计的方法计算出参数 $a_j(j=0，1，\cdots，N_v)$ 的估计值，然后建立解释变量 X_j 与 $\ln L$ 的期望值的关系用于瞬时污染负荷估算：

$$\widehat{\ln(L)} = a_0 + \sum_{j=1}^{N_v} a_j X_j \tag{2.42}$$

当然，在实际过程中，解释变量间往往会存在多重共线性从而使得回归系数的方差估计偏高而导致回归系数不稳定（如第 3 章中的气象变量），因此 LOADEST 模型采用对变量进行中心化的方法来避免这一问题：

$$\widetilde{X} = \overline{X} + \frac{\sum_{k=1}^{N} (X_k - \overline{X})^3}{2\sum_{k=1}^{N} (X_k - \overline{X})^2} \tag{2.43}$$

式中，X_k 为数据集（如对数流量和十进制时间①）；$\widetilde{X}$ 为数据 X_k 的中心值；$\overline{X}$ 为数据 X_k 的均值；N 为用于模型参数率定的样本个数。表 2.1 给出了 LOADEST 模型的主要表达式，其中罗列的只是关于中心化后的对数流量和十进制时间的某种变换后的关系表达式。表 2.1 中，$\ln Q$ 为去中心的对数流量值，表达式为 $\ln Q = \ln Q_s - \widetilde{\ln Q_s}$；$T$ 为去中心的十进制时间，表达式为 $T = T_d - \widetilde{T}_d$；$P$ 为定义的时期，其取值为 0 或者 1；a_1，a_2，$\cdots$，a_6 表示回归系数，a_0 为常数项。本书所利用到的 LOADEST 模型的结构范围限定在表 2.1 中给出的相关表达式中。在模型率定的过程中，通过比较回归模型的 AIC 指数来对模型结构（1 ~ 9）进行选择，通过普通的最小二乘方法来对回归系数（a_0 ~ a_6）和模型误差的标准差 σ 进行估计。

---

① 对数流量指流量的对数值；十进制时间即把时间进行十进制处理。

表 2.1 LOADEST 模型主要表达式

Table 2.1 Types and missing features of the meteorological data in Lake Dianchi Watershed

编号	回归模型
1	$a_0 + a_1 \ln Q$
2	$a_0 + a_1 \ln Q + a_2 (\ln Q)^2$
3	$a_0 + a_1 \ln Q + a_2 T$
4	$a_0 + a_1 \ln Q + a_2 \sin(2\pi T) + a_3 \cos(2\pi T)$
5	$a_0 + a_1 \ln Q + a_2 (\ln Q)^2 + a_3 T$
6	$a_0 + a_1 \ln Q + a_2 (\ln Q)^2 + a_3 \sin(2\pi T) + a_4 \cos(2\pi T)$
7	$a_0 + a_1 \ln Q + a_2 \sin(2\pi T) + a_3 \cos(2\pi T) + a_4 T$
8	$a_0 + a_1 \ln Q + a_2 (\ln Q)^2 + a_3 \sin(2\pi T) + a_4 \cos(2\pi T) + a_5 T$
9	$a_0 + a_1 \ln Q + a_2 (\ln Q)^2 + a_3 \sin(2\pi T) + a_4 \cos(2\pi T) + a_5 T + a_6 T^2$

2.2.4.2 瞬时负荷估计方法

采用 LOADEST 模型进行污染负荷估计时，主要有 3 个步骤：①模型选择，主要依据相关水文学知识和生物地球化学过程来确定模型的表达式，然后根据河流的特性来对解释变量和参数个数进行选择，因为不同河流中的污染负荷往往所受到的影响因素都不一样，相关研究可以参考 Crawford 等的文章[42-45]；②模型率定，在给定模型结构（可以是一组备选的模型，表 2.1）、污染物瞬时浓度、瞬时流量和其他解释变量序列的条件下估计出回归模型的系数和模型误差的标准差（残差平方和除以残差自由度，需要注意的是残差的计算是由 $\ln L - \widehat{\ln L}$ 得到的）；③负荷估计，由回归方程计算出时间序列中未知的瞬时负荷的对数值，然后根据式（2.39）来计算研究时段内的污染负荷总量。从以上步骤中不难发现，在第③步中存在一个跳跃，即我们需要先由瞬时负荷的对数值来估算出瞬时负荷值，然后才能据此计算时段内总污染负荷量。一个很直接的想法就是通过对式（2.42）两边取指数进行估算，公式如下：

$$\hat{L}_{\mathrm{RC}} = \exp\left(a_0 + \sum_{j=1}^{N_v} a_j X_j\right) \tag{2.44}$$

通过这种方法计算出来的瞬时负荷量又称为速率曲线（rating curve）估计，而事实上这一估计是有偏估计，得到的结果只是瞬时负荷量的中位数，而非均值，但这一结果仍然还是有意义的，我们只需要对其乘以一个校正因子即可以改良对其估计。本书在后续分析中会详细给出校正的方法及校正因子的计算过程，此处仅仅简单介绍一下 LOADEST 模型所选取的 3 种校正因子：

(1) 最大似然估计 (MLE)

$$\hat{L}_{\mathrm{MVUE}} = \exp\left(a_0 + \sum_{j=1}^{N_v} a_j X_j\right) g_m(m,\ s^2,\ V) \tag{2.45}$$

式中，$\hat{L}_{\mathrm{MVUE}}$ 为瞬时负荷的最大似然估计量，是一个最小方差无偏估计量(minimum variance unbiased estimate)；$g_m(m,\ s^2,\ V)$ 为速率曲线模型的无偏校正因子[68]，其中 m 表示模型的自由度；s^2 为模型误差项的方差；V 为模型解释变量的函数[69,70]。

(2) 调整的最大似然估计 (AMLE)

$$\hat{L}_{\mathrm{AMLE}} = \exp\left(a_0 + \sum_{j=1}^{N_v} a_j X_j\right) H(a,\ b,\ s^2,\ \alpha,\ \kappa) \tag{2.46}$$

式中，$\hat{L}_{\mathrm{AMLE}}$ 为调整后的瞬时负荷的最大似然估计量，主要是解决针对删失数据采用 Tobit 回归模型、对参数采用式（2.44）的计算方法进行最大似然估计存在一阶偏差的问题，采用 Shenton 和 Bowman 给出的计算方法来消除这种一阶偏差[71]；$H(a,\ b,\ s^2,\ \alpha,\ \kappa)$ 为偏差校正因子，其中 a 和 b 是关于解释变量的函数，α 和 κ 是 Γ 分布的参数，s^2 表示模型误差项的方差[44]。

(3) 最小绝对偏差 (LAD)

$$\hat{L}_{\mathrm{LAD}} = \exp\left(a_0 + \sum_{j=1}^{N_v} a_j X_j\right) \left[\frac{1}{n}\sum_{k=1}^{n} \exp(\varepsilon_k)\right] \tag{2.47}$$

式中，$\hat{L}_{\mathrm{LAD}}$ 为瞬时负荷最小绝对偏差估计量，这一统计量是为了解决模型误差项不满足均方差的正态分布时而采用的一种非参数估计方法，对 LAD 估计量，回归系数采用 Powell 提出的方法进行估计[72,73]，在计算了回归系数之后，瞬时负荷的估算采用 $\frac{1}{n}\sum_{k=1}^{n} \exp(\varepsilon_k)$ 这个校正因子进行估算[74]。

以上 3 种方法的估算结果都可以采用 USGS 用 Fortran 语言开发的 LOADEST 模型软件包进行计算，但本书由于采用基于缺失数据多重插补的方法来弥补缺失值（包括删失值）给回归问题带来了缺陷，所以并不直接采用调整的最大似然估计方法进行参数估值。此外从流量和水质指标（TN、TP）的分布上看，基本能够满足对数正态分布的假设，因此对于最小绝对偏差估计量的估算方法，本书也不过多研究，因为在知道随机变量的真实统计分布条件下，非参数方法往往在统计势上要低于参数的方法。因此，下面关于瞬时污染负荷估算的研究主要集中在最大似然估计这个方法上，采用 R 软件为计算平台进行统计分析。

2.2.4.3 瞬时负荷的点估计与区间估计

通过 LOADEST 模型能够建立瞬时污染负荷的对数值与对数流量和十进制时

间之间的关系，从而预测出没有观测到的瞬时污染负荷的对数值。从前面的论述中可以得知，直接对这些预测的瞬时污染负荷进行指数运算得到的结果是有偏的，因为如果变量 $X=\ln Y \sim N(\mu, \sigma^2)$，那么有 $E[Y]=\exp(\mu+\frac{1}{2}\sigma^2)$，$\mathrm{var}[Y]=[\exp(\sigma^2)-1]\exp(2\mu+\sigma^2)$。这时有

$$E[Y]=\exp(\mu)\cdot\exp\left(\frac{1}{2}\sigma^2\right)\geqslant \exp(\mu)=\mathrm{median}[Y] \tag{2.48}$$

可见如果以 $\exp(\mu)$ 作为 Y 的期望值，就会对 Y 有所低估。

（1）均值与方差估计

对于对数正态回归模型[75-81]：

$$\ln Y_i=\beta^{\mathrm{T}}X_i+\varepsilon_i,\ \varepsilon_i\overset{\mathrm{i.i.d}}{\sim}N(0,\sigma^2),\ i=1,2,\cdots,n \tag{2.49}$$

根据以上对数正态分布的性质可以得到：

$$E[Y_i]=\exp\left(\beta^{\mathrm{T}}X_i+\frac{1}{2}\sigma^2\right)=\exp(\beta^{\mathrm{T}}X_i)\exp\left(\frac{1}{2}\sigma^2\right) \tag{2.50}$$

但此时真实的 β 和 σ^2 是未知的，可以用其最小方差线性无偏估计量进行估计 $\hat{\beta}=(X^{\mathrm{T}}X)^{-1}X^{\mathrm{T}}\ln Y$ 和 $\hat{\sigma}^2=\ln Y^{\mathrm{T}}[I-X^{\mathrm{T}}(X^{\mathrm{T}}X)^{-1}X^{\mathrm{T}}]\ln Y$ 进行代替。这里 $\hat{\beta}$ 和 $\hat{\sigma}^2$ 独立，且 $\hat{\beta}\sim N[\beta,(X^{\mathrm{T}}X)^{-1}\sigma^2)$，$\frac{m\hat{\sigma}^2}{\sigma^2}\sim\chi^2_m$，由此可知：

$$\begin{aligned}&\hat{\beta}^{T}X_i\sim N[\beta^{\mathrm{T}}X_i,X_i^{\mathrm{T}}(X^{\mathrm{T}}X)^{-1}X_i\sigma^2]\\&E[\hat{\sigma}^{2p}]=\frac{m(m+2)\cdots(m+2p)}{m^p(m+2p)}\sigma^{2p},\ p=0,1,2,\cdots\end{aligned} \tag{2.51}$$

那么，有

$$E[\exp(\hat{\beta}^{\mathrm{T}}X_i)]=\exp(\beta^{\mathrm{T}}X_i)\exp\left[\frac{1}{2}X_i^{\mathrm{T}}(X^{\mathrm{T}}X)^{-1}X_i\sigma^2\right] \tag{2.52}$$

而 Finney 引入了函数[68]：

$$g_m(z)=\sum_{p=0}^{\infty}\frac{m^p(m+2p)}{m(m+2)\cdots(m+2p)}\left(\frac{m}{m+1}\right)^p\left(\frac{z^p}{p!}\right) \tag{2.53}$$

该函数满足如下性质：

$$E[g_m(A\hat{\sigma}^2)]=\sum_{p=0}^{\infty}\frac{1}{p!}\left(\frac{m}{m+1}A\sigma^2\right)^p=\exp\left(\frac{m}{m+1}A\sigma^2\right) \tag{2.54}$$

如果令 $A=\frac{m+1}{2m}$，那么式（2.54）可以写成如下形式：

$$E\left[g_m\left(\frac{m+1}{2m}\hat{\sigma}^2\right)\right]=\exp\left(\frac{1}{2}\sigma^2\right) \tag{2.55}$$

可见，$g_m\left(\frac{m+1}{2m}\hat{\sigma}^2\right)$ 是 $\exp\left(\frac{1}{2}\sigma^2\right)$ 的无偏估计量。依照式（2.55）可以类似地得到当 $A=\frac{m+1}{2m}[1-X_i^{\mathrm{T}}(X^{\mathrm{T}}X)^{-1}X_i]$ 时，有

$$E[\exp(\hat{\beta}^{\mathrm{T}}X_i)g_m(A\hat{\sigma}^2)]=\exp(\beta^{\mathrm{T}}X_i)\exp\left(\frac{1}{2}\sigma^2\right)=E[Y_i] \tag{2.56}$$

记 $V=X_i^{\mathrm{T}}(X^{\mathrm{T}}X)^{-1}X_i$，$\hat{\mu}=\hat{\beta}^T X_i$，那么易知$Y_i$ 的无偏估计量为

$$\exp(\hat{\mu})g_m\left[\frac{m+1}{2m}(1-V)\hat{\sigma}^2\right] \tag{2.57}$$

此外，也可以对 Y_i 的方差进行分析：

$$\mathrm{var}[Y_i]=\exp(2\beta^{\mathrm{T}}X_i)[\exp(2\sigma^2)-\exp(\sigma^2)] \tag{2.58}$$

同样可以构造一个无偏统计量：

$$\exp(2\hat{\mu})\left\{\exp(2\hat{\sigma}^2V)G_m\left[(1-V)\frac{\hat{\sigma}^2}{2}\right]-\exp(\hat{\sigma}^2)\right\} \tag{2.59}$$

其中

$$G_m(z)=\sum_{h=0}^{\infty}\frac{\Gamma\left(\frac{m}{2}\right)}{\Gamma\left(\frac{m}{2}+h\right)}\binom{m+2h-2}{h}z^h=\exp(2z)g_m\left[\frac{2(m+1)}{m^2}z^2\right]$$

从以上的推导过程可以发现，LOADEST 模型中所用的最小方差无偏估计量 L_{MVUE} 的期望值和方差的计算公式分别如下：

$$\begin{aligned}E[\hat{L}_{\mathrm{MVUE}}]&=\exp(\hat{\mu})g_m\left[\frac{m+1}{2m}(1-V)\hat{\sigma}^2\right]\\ \mathrm{var}[\hat{L}_{\mathrm{MVUE}}]&=\exp(2\hat{\mu})\left\{\exp(2\hat{\sigma}^2V)G_m\left[(1-V)\frac{\hat{\sigma}^2}{2}\right]-\exp(\hat{\sigma}^2)\right\}\end{aligned} \tag{2.60}$$

（2）置信区间与预测区间估计

区间估计是污染负荷估算不确定性的一种最直观的表达方式。在 LOADEST 模型中，尽管也有对污染负荷进行区间估计，但其关注点更多在于污染负荷本身的估算，而对置信区间的估计显得比较单薄，相关文献的论述也并不详细。由于本书所分析的数据是含有大量缺失值的小样本数据，如果只关心污染负荷本身的估计而忽视置信区间的估计，那么就很难判断估计结果的可靠性。为此，本书根据目前相关的文献报道，梳理了一下对数正态回归的置信区间与预测区间估计方法[82-88]。

在进行对数正态回归分析区间估计之前，为了简化问题，可以先探讨对数正

态均值的置信区间估计的方法。假设 $Y=\ln X \sim N(\mu,\ \sigma^2)$，那么 $\theta=E[X]=\exp\left(\mu+\frac{1}{2}\sigma^2\right)$。分别记 $\bar{Y}=\frac{1}{n}\sum_{i=1}^{n}Y_i$ 和 $S^2=\frac{1}{n-1}\sum_{i=1}^{n}(Y_i-\bar{Y})^2$ 为样本的均值和方差。一般对数正态均值的置信区间估计的方法有 4 种：①朴素的方法；②Cox 方法；③Angus 保守方法；④参数 Bootstrap 方法。

1）朴素的方法。采用朴素的方法进行置信区间估计时，主要有两个步骤，首先构造均值 μ 的置信区间 $\bar{Y}\pm z_{\frac{\alpha}{2}}\frac{S}{\sqrt{n}}$（这里 z_α 表示标准正态分布的上 α 分位数，即 $P(Y\leqslant z_\alpha)=1-\alpha$）；然后对这一区间取指数得到 $\exp\left(\bar{Y}\pm z_{\frac{\alpha}{2}}\frac{S}{\sqrt{n}}\right)$ 作为参数 θ 在 $(1-\alpha)\times 100\%$ 的置信水平下的置信区间。这种方法得到的置信区间实际上是针对 $\exp(\mu)$ 的，因而与真实的区间存在一定的偏差，这种偏差会随着 σ^2 的增大而增大。

2）Cox 方法。由于 $\ln\theta$ 的一致最小方差无偏估计量（UMVU）是 $\bar{Y}+\frac{S^2}{2}$，在假定 $\bar{Y}$ 与 S^2 独立的条件下，这一估计量的方差为

$$\operatorname{var}\left[\bar{Y}+\frac{S^2}{2}\right]=\operatorname{var}[\bar{Y}]+\operatorname{var}\left[\frac{S^2}{2}\right]=\frac{S^2}{n}+\frac{S^4}{2(n-1)} \tag{2.61}$$

那么可以由近似枢轴量：

$$Z=\frac{\bar{Y}+\frac{S^2}{2}-\ln\theta}{\sqrt{\frac{S^2}{n}+\frac{S^4}{2(n-1)}}} \tag{2.62}$$

在大样本条件下，依据中心极限定理可知 Z 的极限分布服从标准正态分布，此时，$\ln\theta$ 近似的 $(1-\alpha)\times 100\%$ 的置信水平下的置信区间为

$$\bar{Y}+\frac{S^2}{2}\pm z_{\frac{\alpha}{2}}\sqrt{\frac{S^2}{n}+\frac{S^4}{2(n-1)}} \tag{2.63}$$

由于该区间估计是在大样本的条件下得到的，在小样本高方差的条件下这个区间估计并非十分有效，因此为解决这个问题，Armstrong 和 El-Shaarawi 等[89,90]建议采用 t 分布的分位数来代替正态分布的分位数，但在理论上仍然存在一个问题，即 S^2 的抽样分布服从 χ^2 分布，因而其分布并非对称的，而是右偏的。

3）Angus 保守方法。通过构造有限样本下与式（2.63）具有相同分布的一个近似枢轴量：

$$T(\sigma) = \frac{N + \sigma\frac{\sqrt{n}}{2}\left(\frac{\chi^2_{n-1}}{n-1} - 1\right)}{\sqrt{\frac{\chi^2_{n-1}}{n-1}\left(1 + \frac{\sigma^2}{2}\frac{\chi^2_{n-1}}{n-1}\right)}} \tag{2.64}$$

这里 N 和 χ^2_{n-1} 是独立的，并且 N 是标准正态分布，χ^2_{n-1} 是自由度为 $n-1$ 的 χ^2 分布，那么 $T(\sigma)$ 的累积分布为

$$F(x;\ \sigma) = P[T(\sigma) \leqslant x] \tag{2.65}$$

值得说明的是当 $\sigma^2 \to 0$ 时，由式（2.64）可知：

$$T(\sigma) \to t = \frac{N}{\sqrt{\frac{\chi^2_{n-1}}{n-1}}} \tag{2.66}$$

这里 t 为自由度为 $n-1$ 的 t 分布。当 $\sigma^2 \to \infty$ 时，

$$T(\sigma) \to \sqrt{\frac{n}{2}}\left(1 - \frac{n-1}{\chi^2_{n-1}}\right) \tag{2.67}$$

这时有

$$\begin{cases} \inf_{\sigma>0} F(x;\ \sigma) = P(t_{n-1} \leqslant x) \\ \sup_{\sigma>0} F(x;\ \sigma) = P\left(\sqrt{\frac{n}{2}}\left(1 - \frac{n-1}{\chi^2_{n-1}}\right) \leqslant x\right) \end{cases} \tag{2.68}$$

记 $t_{\alpha,\ n-1}$ 为自由度为 $n-1$ 的 t 分布的上 α 分位数，$\chi^2_{\alpha,\ n-1}$ 为自由度 $n-1$ 的 χ^2 分布的上 α 分位数，且

$$q_{\alpha,\ n-1} = \sqrt{\frac{n}{2}}\left(\frac{n-1}{\chi^2_{\alpha,\ n-1}} - 1\right) \tag{2.69}$$

那么由 $\bar{Y}$ 和 S^2 构造出来的 $(1-\alpha)\times 100\%$ 的置信水平下的置信区间的边界分别为

$$\begin{cases} L_{1-\alpha}(\bar{Y},\ S^2) = \bar{Y} + \frac{S^2}{2} - \frac{t_{\frac{\alpha}{2},\ n-1}}{\sqrt{n}}\sqrt{S^2\left(1 + \frac{S^2}{2}\right)} \\ U_{1-\alpha}(\bar{Y},\ S^2) = \bar{Y} + \frac{S^2}{2} + \frac{q_{\frac{\alpha}{2},\ n-1}}{\sqrt{n}}\sqrt{S^2\left(1 + \frac{S^2}{2}\right)} \end{cases} \tag{2.70}$$

这种方法计算出来实际的置信水平可能大于或者等于 $(1-\alpha)\times 100\%$，因而是一种保守的估计。

4）参数 Bootstrap 方法。这种方法也是由 Angus 构造的，通过参数 Bootstrap

方法来近似式（2.62）中的枢轴量 Z 。令 t_0 和t_1 分别为枢轴量 Z 的上 $1-\frac{\alpha}{2}$ 分位数和上$\frac{\alpha}{2}$ 分位数，那么理论上 Z 在$(1-\alpha)\times 100\%$ 置信水平下的置信区间为

$$\mathrm{CI}=\left[\bar{Y}+\frac{S^2}{2}-t_1\sqrt{S^2\left(1+\frac{S^2}{2}\right)},\ \bar{Y}+\frac{S^2}{2}-t_0\sqrt{S^2\left(1+\frac{S^2}{2}\right)}\right] \tag{2.71}$$

由于枢轴量 Z 与统计量 $T(\sigma)$具有相同的分布，那么就可以采用如下的方法来估算t_0和t_1的值：①分别从 $N(0,1)$和χ^2_{n-1}中独立地抽取 B 个随机数N_i^* 和χ_i^{2*}；②将 $\sigma=S$，$N=N_i^*$，$\chi^2_{n-1}=\chi_i^{2*}$ 代入式（2.64）中计算出T_i^*；③将T_i^* 进行升序排列，得到顺序统计量$T^*_{(i)}$，满$T^*_{(1)}<T^*_{(2)}<\cdots<T^*_{(B)}$，那么就分别可以用$t_0^*=T^*_{([(1-\frac{\alpha}{2})B])}$ 和 $t_1^*=T^*_{([(\frac{\alpha}{2})B])}$ 来估计t_0和t_1（$[x]$表示不小于 x 的最大整数）。

那么，根据以上步骤，由参数 Bootstrap 方法生成的 $\ln\theta$ 的置信区间为

$$\mathrm{CI}^*=\left[\bar{Y}+\frac{S^2}{2}-t_1^*\sqrt{S^2\left(1+\frac{S^2}{2}\right)},\ \bar{Y}+\frac{S^2}{2}-t_0^*\sqrt{S^2\left(1+\frac{S^2}{2}\right)}\right] \tag{2.72}$$

对于对数正态回归问题 $\ln Y=X\beta+\varepsilon$，$\varepsilon\sim N_n(0,\sigma^2 I)$ 的置信区间估计，如果采用 Cox 方法进行估算时，很容易得到其在某个点 x_0 上$(1-\alpha)\times 100\%$ 置信水平下的置信区间：

$$x_0^{\mathrm{T}}\hat{\beta}+\frac{1}{2}\hat{\sigma}^2 \pm z_{\frac{\alpha}{2}}\hat{\sigma}\sqrt{x_0^{\mathrm{T}}(X^{\mathrm{T}}X)^{-1}x_0+\frac{\hat{\sigma}^2}{2m}} \tag{2.73}$$

式中，$z_{\frac{\alpha}{2}}$为标准正态分布的上$\frac{\alpha}{2}$分位数。该区间是在大样本的基础上得到的，因此对于小样本可以写成如下形式：

$$x_0^{\mathrm{T}}\hat{\beta}+\frac{1}{2}\hat{\sigma}^2 \pm t_{\frac{\alpha}{2},m}\hat{\sigma}\sqrt{x_0^{\mathrm{T}}(X^{\mathrm{T}}X)^{-1}x_0+\frac{\hat{\sigma}^2}{2m}} \tag{2.74}$$

式中，$t_{\frac{\alpha}{2},m}$为自由度为 m 的上$\frac{\alpha}{2}$分位数。由于$\hat{\sigma}^2$服从χ^2分布而使得 $\ln\hat{Y}$ 的真实分布并不一定是对称的，因而在小样本条件下用$t_{\frac{\alpha}{2},m}$在理论上仍然是不准确的。但在实际应用过程中偏差并不十分明显，并且比起 Bootstrap 方法来具有更高的计算效率，因此本书对瞬时污染负荷的区间估计采用这种改进后的 Cox 方法。

类似的，我们也可以计算对于点 x_0 在$(1-\alpha)\times 100\%$ 置信水平下的预测区间：

$$x_0^{\mathrm{T}}\hat{\beta}+\frac{1}{2}\hat{\sigma}^2 \pm t_{\frac{\alpha}{2},m}\hat{\sigma}\sqrt{1+x_0^{\mathrm{T}}(X^{\mathrm{T}}X)^{-1}x_0+\frac{\hat{\sigma}^2}{2m}} \tag{2.75}$$

以此作为预测准度的度量。由于这个区间范围一般会比较大，所以本书仅仅用预测区间作为预测效果的一种参照，而并不将其作为不确定性的度量。

2.2.4.4 升尺度分析方法

在环境统计分析中，尺度变换是十分普遍的，而在数据缺失条件下，往往大尺度的数据能够更好地体现出系统的平均水平，这样对于环境系统的理解以及模拟预测的准确度都有比较好的作用，因此本书从回归分析的基本原理出发，提出了针对线性回归和对数正态回归分析的升尺度分析方法，以解决在升尺度过程中遇到的均值和置信区间的估算问题。对于一般的线性回归问题：

$$Y_i = \beta_0 + \beta_1 X_{1i} + \beta_2 X_{2i} + \cdots + \beta_p X_{pi} + \varepsilon_i,\ \varepsilon_i \overset{\text{i.i.d}}{\sim} N(0,\ \sigma^2),\ i = 1,\ 2,\ \cdots,\ N \tag{2.76}$$

如果将随机变量序列 $\{Y_i\}_N$ 的每 $m_j(j=1,\ 2,\ \cdots,\ M)$ 个样本取出形成一个子样本，这样就可以得到 M 个子样本集合，那么对于每个子样本集合计算其均值 $\bar{Y}_j(\bar{Y}_j = \frac{1}{m_j}\sum_{i\in M_j} Y_i$，其中 M_j 为第 j 个子样本下标集合），这时就生成新的随机变量序列 $\{\bar{Y}_j\}_M$。假定 $Y_i \sim N(\mu_i,\ \sigma^2)$（显然 $\mu_i = \beta_0 + \beta_1 X_{1i} + \beta_2 X_{2i} + \cdots + \beta_p X_{pi}$），那么在 Y_i 独立同分布的假设条件下，$\bar{Y}_j$ 有如下性质。

1）期望：

$$E[\bar{Y}_j] = E\left[\frac{1}{m_j}\sum_{i\in M_j} Y_i\right] = \frac{1}{m_j}\sum_{i\in M_j} E[Y_i] = \frac{1}{m_j}\sum_{i\in M_j}\mu_i \tag{2.77}$$

2）方差：

$$\mathrm{var}[\bar{Y}_j] = \mathrm{var}\left[\frac{1}{m_j}\sum_{i\in M_j} Y_i\right] = \frac{1}{m_j^2}\sum_{i\in M_j}\mathrm{var}[Y_i] = \frac{1}{m_j}\sigma^2 \tag{2.78}$$

3）协方差：

$$\mathrm{cov}[\bar{Y}_j,\ \bar{Y}_k] = \frac{1}{m_j} \times \frac{1}{m_k} \times \sum_{M_j \cap M_k = \Phi}\mathrm{cov}[Y_j,\ Y_k] = 0 \tag{2.79}$$

因此，$\bar{Y}_j$ 也满足独立同分布的性质：

$$\bar{Y}_j \overset{\text{i.i.d}}{\sim} N\left(\frac{1}{m_j}\sum_{i\in M_j}\mu_i,\ \frac{1}{m_j}\sigma^2\right) \tag{2.80}$$

这时，如果用 $\bar{Y}_j$ 来代替 Y_i，就可以将方差缩小到原来的 $\frac{1}{m_j}$。当然，如果要计算子样本集合的总和 $\sum_{i\in M_j} Y_i$ 时，方差也会增大为原来的 m_j 倍。如果令 $X_i = (1,\ X_{1i}$，

X_{2i}，⋯，X_{pi})，$\beta=(\beta_0,\ \beta_1,\ \cdots,\ \beta_p)^{\mathrm{T}}$，那么$\mu_i=\beta^{\mathrm{T}}X_i$，记$\bar{\mu}_j=\frac{1}{m_j}\sum_{i\in M_j}\mu_i$，则$\bar{\mu}_j=\beta^{\mathrm{T}}\bar{X}_j$，其中

$$\bar{X}_j=\left(1,\ \frac{1}{m_j}\sum_{i\in M_j}X_{1i},\ \frac{1}{m_j}\sum_{i\in M_j}X_{2i},\ \cdots,\ \frac{1}{m_j}\sum_{i\in M_j}X_{pi}\right) \tag{2.81}$$

这样就有如下结论：

$$E[\bar{Y}_j]=\beta^{\mathrm{T}}\bar{X}_j \tag{2.82}$$

可见，如果我们能够估计出β的值时，即使不能完全知道所有的X_i而只知道$\bar{X}_j$，同样可以计算出$E[\bar{Y}_j]$的值，这为少量含有缺失值的样本进行升尺度估计提供了理论基础。这时，如果我们取β的最小方差线性无偏估计量$\hat{\beta}=(X^{\mathrm{T}}X)^{-1}X^{\mathrm{T}}Y$时，可以得到$E[\hat{\beta}]=\beta$和$\mathrm{var}[\hat{\beta}]=(X^{\mathrm{T}}X)^{-1}\sigma^2$。那么，$\bar{Y}_j$的估计值$\hat{\bar{Y}}_j=\hat{\beta}^{\mathrm{T}}\bar{X}_j$，即$E[\hat{\bar{Y}}_j]=\beta^{\mathrm{T}}\bar{X}_j=\frac{1}{m_j}\sum_{i\in M_j}\beta^{\mathrm{T}}X_i$，$\mathrm{var}[\hat{\bar{Y}}_j]=\frac{\sigma^2}{m_j^2}\sum_{i\in M_j}X_i^{\mathrm{T}}(X^{\mathrm{T}}X)^{-1}X_i$。于是，在$(1-\alpha)\times 100\%$的置信水平下，$\hat{\bar{Y}}_j$的置信区间为

$$\hat{\beta}^{\mathrm{T}}\bar{X}_j\ \pm t_{\frac{\alpha}{2},\ n-p-1}\times\frac{\sigma}{m_j}\sqrt{\sum_{i\in M_j}X_i^{\mathrm{T}}(X^{\mathrm{T}}X)^{-1}X_i} \tag{2.83}$$

式中，$t_{\frac{\alpha}{2},\ n-p-1}$为自由度是$n-p-1$的$t$分布上$\frac{\alpha}{2}$分位数。

从上面的分析中可以看出，一般的线性回归进行升尺度估计的方法很简单也很直接，但直接采用这种方法进行环境数据分析往往不能满足要求，因为环境数据的非负性和正偏性（右偏）使得在很多情况下环境数据样本都大体满足对数正态分布，这时一般的线性回归变成了如下对数正态回归的形式：

$$\log(Y_i)=\beta^{\mathrm{T}}\log(X_i)+\varepsilon_i,\ \varepsilon_i\overset{\text{i.i.d}}{\sim}N(0,\ \sigma^2),\ i=1,\ 2,\ \cdots,\ N \tag{2.84}$$

这里$\log(X_i)=(1,\ \log(X_{1i}),\ \log(X_{2i}),\ \cdots,\ \log(X_{pi}))^{\mathrm{T}}$，那么由上面的分析可以得到

$$\overline{\log(Y_i)}_j\overset{\text{i.i.d}}{\sim}N\left(\beta^{\mathrm{T}}\,\overline{\log(X_i)}_j,\ \frac{1}{m_j}\sigma^2\right) \tag{2.85}$$

而对于$\overline{\log(Y_i)}_j$有

$$\overline{\log(Y_i)}_j=\frac{1}{m_j}\sum_{i\in M_j}\log(Y_i)=\log\left(\sqrt[m_j]{\prod_{i\in M_j}Y_i}\right)\neq\log(\bar{Y}_j) \tag{2.86}$$

这时，利用以上线性回归升尺度分析方法和之前关于对数正态回归分析的相关性质得到的结果将不是$\bar{Y}_j$，而是其几何平均数。可见，对于对数正态回归，

其升尺度的过程并不能采用简单的对协变量 X_i 进行平均或者对其对数取平均的方法进行计算，而只能通过 Y_i 的均值 $E[Y_i]$ 和方差 $\mathrm{var}[Y_i]$ 估算 $\overline{Y}_j$ 的均值和置信区间。由于 $\overline{Y}_j$ 的分布是未知的（存在但很复杂），那么在分析过程中需要利用对数正态回归分析的相关性质，采用参数 Bootstrap 方法对 $\overline{Y}_j$ 的均值和置信区间进行估计，方法如下。

1）由 $E[Y_i]=\exp\left(\mu_i+\dfrac{\sigma_i^2}{2}\right)$ 和 $\mathrm{var}[Y_i]=\exp(2\mu_i+\sigma_i^2)[\exp(\sigma_i^2)-1]$ 计算 μ_i 和 σ_i^2 的值：

$$\begin{cases}\sigma_i^2=\log\left(\dfrac{\mathrm{var}[Y_i]}{E[Y_i]^2}+1\right)\\ \mu_i=\log(E[Y_i])-\dfrac{\sigma_i^2}{2}\end{cases}\tag{2.87}$$

2）分别从 $N(\mu_i, \sigma_i^2)(i=1, 2, \cdots, N)$ 抽取 s（s 越大越好）个样本 $X_{ik}^*(k=1, 2, \cdots, s)$，计算其对数值 $Y_{ik}^*=\exp(X_{ik}^*)$，那么 $Y_{i\cdot}^*$ 即是对第 i 个样本从 $LN(\mu_i, \sigma_i^2)$ 中抽取的一个子样本；

3）计算 $\overline{Y}_{j\cdot}^*=\dfrac{1}{m_j}\sum_{i\in M_j}Y_{i\cdot}^*$，然后利用 $\overline{Y}_{j\cdot}^*$ 的经验分布分别对每个 $\overline{Y}_{j\cdot}^*$ 求取其均值 $\hat{\overline{Y}}_j^*$、下 $\dfrac{\alpha}{2}$ 分位数 $L(\overline{Y}_{j\cdot}^*)_{\frac{\alpha}{2}}$ 和上 $\dfrac{\alpha}{2}$ 分位数 $U(\overline{Y}_{j\cdot}^*)_{\frac{\alpha}{2}}$，这样就可以得到 $\overline{Y}_j$ 的均值和 $(1-\alpha)\times 100\%$ 的置信水平的置信区间。当然，值得指出的是在采用 Bootstrap 方法进行估算的过程中会产生一定的偏差 $B=\hat{\overline{Y}}_j^*-\overline{Y}_j$，那么在进行区间估计时需要进行调整，调整后的置信区间为 $[L(\overline{Y}_{j\cdot}^*)_{\frac{\alpha}{2}}-B, U(\overline{Y}_{j\cdot}^*)_{\frac{\alpha}{2}}-B]$。

2.3 基于统计的缺失数据处理方法

2.3.1 缺失数据统计分析基本原理

在给定了流域模型的模型结构 η 与观测到的模型输入条件 x 和输出响应 y，一个重要的研究内容就是通过模型输入条件 x 和输出响应 y 来拟合流域模型 η，实现对流域模型中参数 θ 的估计和评价模拟拟合效果的好坏 $h(\varepsilon)$（$h(\varepsilon)$ 表示的是评价模型结果好坏的指标，为 ε 的某个函数）。对于不含有缺失值的输入条件

x 和输出响应 y，采用传统的统计学分析方法（如最小二乘法（OLS）或者最大似然估计法）即可以得到对参数的估计。然而这样的情形并不总是发生，更多的时候我们需要对含有缺失值的输入条件 x 或（和）输出响应 y 进行统计分析。对于少量的数据缺失，似乎直接删掉这些缺失的样本后对剩下的完全样本进行统计分析也不会出现太大问题。而对于有相当一部分比例的数据缺失，以及数据缺失模式（下面将会介绍）呈现出任意的不规则状态时，采用删除的方法将会损失大量样本，从而给统计结论的提出带来了很大的挑战。这个时候，我们就需要建立缺失数据的分析方法，即将缺失数据看成是随机变量在满足某种假设的条件下实现对缺失数据的统计分析[91]。这种假设将依赖于下面所提到的缺失数据模式与缺失数据机制。

2.3.1.1 缺失数据模式

缺失数据模式描述了含有缺失值的数据矩阵中哪些值是有观测的，哪些值是缺失的，以及缺失值与观测值之间的关系。它是我们对矩阵型数据集（数据矩阵）的一种直观认识。为了表述的方便，我们作如下的术语说明。

假设我们研究的数据矩阵为 $Y=(y_{ij})_{n\times p}$（这里假设 Y 为完全样本，即 Y 中缺失值真实存在但没有被观测到），Y 有 n 个观测样本，记第 i 个观测样本为 $y_i=(y_{i1}, \cdots, y_{ip})$，每个观测样本中含有 p 个观测变量（如监测指标），那么 y_{ij} 就表示数据矩阵 Y 中第 j 个变量 Y_j 的第 i 个观测值。由于数据矩阵 Y 中含有缺失值，我们可以将数据矩阵划分为有观测响应的数据和缺失的数据两个部分，即 $Y=\{Y_{obs}, Y_{mis}\}$。式中，Y_{obs} 为数据矩阵 Y 中有观测响应的数据；Y_{mis} 为数据集 Y 中缺失的数据。为了进一步说明数据矩阵哪些元素是有观测响应的和哪些是缺失的，可以构造一个指示矩阵 $M=(m_{ij})$，我们称 M 为缺失数据模式矩阵，m_{ij} 为 M 中的元素，定义如下：

$$m_{ij}=\begin{cases}0, & y_{ij}\in Y_{mis}\\ 1, & y_{ij}\in Y_{obs}\end{cases} \tag{2.88}$$

即当 y_{ij} 为缺失值时，记 $m_{ij}=0$，反之当 y_{ij} 有观测响应时，记 $m_{ij}=1$。一个简单的例子如下①：

① Y 中的问号表示缺失的数据。

$$Y = \begin{bmatrix} 1 & 2 & ? & 4 \\ 5 & ? & 7 & 8 \\ ? & 10 & ? & 12 \\ ? & 14 & 15 & 16 \end{bmatrix} \qquad M = \begin{bmatrix} 1 & 1 & 0 & 1 \\ 1 & 0 & 1 & 1 \\ 0 & 1 & 0 & 1 \\ 0 & 1 & 1 & 1 \end{bmatrix} \tag{2.89}$$

Little 和 Rubin[92] 曾以 5 个变量为例（Y_1，Y_2，…，Y_5）罗列了以下几种类型的缺失数据模式（图 2.8）：①单一变量不响应模式；②多变量两式样模式；③单调模式；④一般模式；⑤文件匹配模式；⑥因子分析模式。其中单一变量不响应模式和多变量两式样模式可以看成是单调模式的一种特例，而对于单调模式的缺失数据，如果数据服从多元正态分布，那么可以通过一种比较简单的方式对其参数进行最大似然估计。一般模式是我们常见的数据缺失模式类型，没有表现出明显的规律性。文件匹配模式可以看成是多源数据进行汇总分析的一个例子，这对于解决流域多源数据的匹配有很好的指导意义。而因子分析模式则是把潜在的因子看作是一种缺失的变量，这种变量由于无法观测到所以完全缺失，这样就可以从缺失数据的视角来看待因子分析的问题。

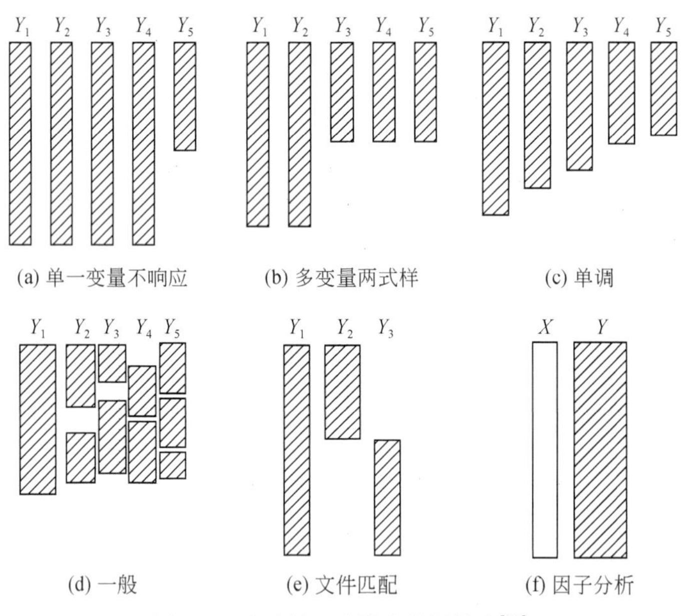

图 2.8　常见的几种缺失数据模式[92]

Figure 2.8　Some patterns of missing data

2.3.1.2 缺失数据机制

对于缺失数据，我们总能很直观地看到其缺失数据模式，但在大多数情况下很难得知导致数据缺失的原因，特别是在所获得的资料并非第一手资料的时候，而导致数据缺失的原因可能是多种多样的。例如，在对水样进行监测的时候，偶尔会出现采样时样品保存不善或者分析员分析过程中出现操作失误的状况而导致最后的结果缺失或异常，这种数据的缺失往往是以一定概率随机出现的。再如，我们有时很难得到极端天气条件下的水质监测数据，因为在某些极端天气状况下水质监测人员可能无法完成水质采样工作或者实现水质观测，这种数据的缺失是受到其他可以观测的指标所控制而不依赖于自身的观测值。另外，监测数据的获取一般会受到所采用的监测仪器的限制，当实际结果低于仪器的检出限时，将无法获得这部分数据，这种情况的数据缺失又被称为“删失数据”中的“左删失”，其缺失的数据除了受到其他外部条件的限制外，还取决于数据自身数值的大小。在分析缺失数据时，我们一般会假定缺失数据的真实值是存在的，而从以上的例子中我们也不难发现导致数据缺失的原因在一定程度上决定了缺失数据真实值的大小和分布情况。缺失数据机制就是表征数据集中变量的缺失与否与该数据集中的变量真实值之间是否存在相依关系而提出的一系列统计学假设，它是对数据缺失的原因在统计学意义上的某种抽象和概括。这一概念是由 Rubin[93] 于 1976 年在其缺失数据推断理论中首次提出，以解决多年来对含有缺失数据的统计分析中忽视缺失数据机制所带来的理论和方法上的缺陷。Rubin 首先提出了随机缺失（missing at random，MAR）和随机观测（observed at random，OAR）这两个概念，用来表示缺失数据模式矩阵 M 与完全数据集 Y 之间的关系，在此基础上提出了 3 种缺失数据机制。

假设完全数据集 Y 服从参数为 θ 的分布 $f(Y|\theta)$，即 $Y \sim f(Y|\theta)$。同时假定存在一个缺失数据模式矩阵 M 来决定完全数据集 Y 中哪些元素有观测响应，哪些是缺失的，并且 M 取决于参数 ϕ。这时我们记 Y 和 M 的服从联合分布 $f(Y, M|\theta, \phi)$，即 $(Y, M) \sim f(Y, M|\theta, \phi)$。于是当参数 θ 和 ϕ 的取值空间不交叉时，可以对 $f(Y, M|\theta, \phi)$ 作如下分解：

$$f(Y, M|\theta, \phi) = f(Y|\theta)f(M|Y, \phi) \tag{2.90}$$

式（2.90）的第二项 $f(M|Y, \phi)$ 可以写成：

$$f(M|Y, \phi) = f(M|Y_{obs}, Y_{mis}, \phi)$$

式中，M 和 Y_{obs} 为我们实际观测到了的数据，记为 (Y_{obs}, M)；Y_{mis} 为没有观测到的缺失的数据，可以通过 $f(Y, M|\theta, \phi)$ 对 Y_{mis} 求积分得到 (Y_{obs}, M) 的联合

分布：

$$(Y_{\mathrm{obs}},\ M)\ \sim f(Y_{\mathrm{obs}},\ M \mid \theta,\ \phi)=\int f(Y,\ M \mid \theta,\ \phi)\,\mathrm{d}\,Y_{\mathrm{mis}} \tag{2.91}$$

为了说明 M 与Y_{obs} 和Y_{mis} 之间的关系，我们可以作如下假设。

假设1：在 ϕ 每取一个值的时候，对所有的 Y_{mis} ，$f(M \mid Y,\ \phi)$ 的取值都相同，即

$$f(M \mid Y,\ \phi)=f(M \mid Y_{\mathrm{obs}},\ \phi),\ \ \forall Y_{\mathrm{mis}} \tag{2.92}$$

假设2：在 ϕ 和 Y_{mis} 每取一个值的时候，对所有的 Y_{obs} ，$f(M \mid Y,\ \phi)$ 的取值都相同，即

$$f(M \mid Y,\ \phi)=f(M \mid Y_{\mathrm{mis}},\ \phi),\ \ \forall Y_{\mathrm{obs}} \tag{2.93}$$

在假设 1 的条件下，式（2.91）可以作如下简化：

$$\begin{aligned}
f(Y_{\mathrm{obs}},\ M \mid \theta,\ \phi) &= \int f(Y,\ M \mid \theta,\ \phi)\,\mathrm{d}Y_{\mathrm{mis}} \\
&= \int f(Y \mid \theta) f(M \mid Y,\ \phi)\,\mathrm{d}Y_{\mathrm{mis}} \\
&= \int f(Y \mid \theta) f(M \mid Y_{\mathrm{obs}},\ \phi)\,\mathrm{d}Y_{\mathrm{mis}} \\
&= f(M \mid Y_{\mathrm{obs}},\ \phi)\int f(Y \mid \theta)\,\mathrm{d}Y_{\mathrm{mis}} \\
&= f(Y_{\mathrm{obs}} \mid \theta) f(M \mid Y_{\mathrm{obs}},\ \phi)
\end{aligned} \tag{2.94}$$

这时，如果参数（$\theta,\ \phi$）$\in \Omega_{\theta,\ \phi}$ 满足其参数空间不交叉，即 $\Omega_{\theta,\ \phi}=\Omega_{\theta}\times\Omega_{\phi}$ ，那么 θ 和 ϕ 可以独立地进行估值，即参数 θ 的估计只取决于 Y_{obs} 而与缺失数据模式矩阵 M 无关，这种情况被称为可忽略的缺失数据机制，而满足假设 1 的缺失数据机制又称为 MAR。

假设 2 所表达的意思是：对于每一个 Y_{mis} 的取值（如缺失数据的真实值），如果缺失数据模式矩阵（M）关于完全数据集（Y）的条件密度函数只取决于当前给定的 Y_{mis} 的取值，那么就可以认为观测响应值的获得是随机的，即 OAR。特别地，如果假设 1 和假设 2 同时满足时：在 ϕ 每取一个值的时候，对所有的 Y ，$f(M \mid Y,\ \phi)$ 的取值都相同，即

$$f(M \mid Y,\ \phi)=f(M \mid \phi),\ \ \forall Y \tag{2.95}$$

此时缺失数据模式矩阵（M）独立于完全数据集（Y），即

$$f(Y,\ M \mid \theta,\ \phi)=f(Y \mid \theta) f(M \mid \phi) \tag{2.96}$$

参数 θ 的估值只取决于完全数据集 Y 中有观测响应的部分Y_{obs}，而可以不用考虑缺失数据模式矩阵 M。这种缺失数据机制被称为完全随机缺失（missing completely at random，MCAR），它是 MAR 的一种特例。对于不满足假设 1 的缺失

数据模式，即缺失数据模式矩阵（M）关于完全数据集（Y）的条件密度函数既取决于 Y 中有观测响应的部分Y_{obs}，又取决于其缺失的部分Y_{mis}，这种情况被称为不可忽略的缺失数据机制（non-ignorable missingness mechanism），而满足这一条件的缺失数据机制又称为非随机缺失（not missing at random，NMAR）。对于NMAR，我们在进行参数估值的时候，除了要考虑完全数据集中有观测响应部分Y_{obs}的分布外，还需要考虑在给定完全数据集条件时缺失数据模式矩阵 $M|Y$ 的分布，在处理上比可忽略的缺失数据机制要复杂很多。

以下对 3 种缺失数据机制作一个简单的小结。

1）MCAR

缺失数据模式矩阵（M）与完全数据集（Y）无关，这种缺失数据机制表明缺失数据与观测数据之间没有系统上的区别，所以其统计影响可以忽略。其表达式如下：

$$f(M \mid Y, \phi) = f(M \mid \phi) \tag{2.97}$$

2）MAR

缺失数据模式矩阵（M）仅仅依赖于完全数据集（Y）中的观测变量集（Y_{obs}），这种缺失数据机制表明缺失数据与观测数据之间的系统差异可以完全由已观测的数据之间的差异性表达出来，所以其统计影响也可以忽略。其表达式如下：

$$f(M \mid Y, \phi) = f(M \mid Y_{obs}, \phi) \tag{2.98}$$

3）NMAR

缺失数据模式矩阵（M）依赖于完全数据集（Y）中的有观测响应的部分（Y_{obs}）和缺失的部分（Y_{mis}），这种缺失数据机制表明即使考虑了观测数据之间的差异性，但仍然不足以衡量缺失数据与观测数据之间的系统差异，所以其统计影响不可忽略，模型结构不可以简化，那么在分析此类数据时必须要增加关于缺失数据模式 M 的假设。其表达式如下：

$$f(M \mid Y, \phi) = f(M \mid Y_{obs}, Y_{mis}, \phi) \tag{2.99}$$

为了更加直观地说明以上 3 种缺失数据机制，我们可以做如下的模拟数据实验：假设有二元数据（X，Y），其中 $X \sim N(2, 1)$，$Y=4X+5+\varepsilon$，$\varepsilon \sim N(0, 3)$，这时我们从 X 和 ε 的分布中抽取 100 个样本，计算出 Y 的值，得到二元数据（X，Y）的观测数据集（x，y）。令 x 为完全数据，y 为部分缺失数据，可作如下模拟。

1）模拟 MCAR：随机抽取 40 个 y 的观测数据使其缺失。

2）模拟 MAR：令 x 大于其上 0.4 分位数时的 y 缺失。

3）模拟 NMAR：令 x 大于其上 0.2 分位数同时 y 小于其下 0.2 分位数时的 y 缺失。

实验结果如图 2.9 所示。图 2.9（a）表示完全数据集下的回归关系，空心圆点为数据样本点，实线表示对这些点作的回归曲线。图 2.9（b）表示 MCAR 条件下的回归关系，其中实心三角点表示删除缺失值后剩余的点，虚线表示对这些点作的回归曲线。可以发现虚线几乎与实线重合，说明 MCAR 机制下可以忽略缺失数据对统计分析的影响。图 2.9（c）表示 MAR 条件下的回归关系，其结果与图 2.9（b）类似但整体上要比图 2.9（b）效果差一些，因为 MAR 条件比 MCAR 条件更弱，但同样可以忽略缺失数据对统计分析的影响。图 2.9（d）表示 NMAR 条件下的回归关系，其虚线与实线有明显的差异，说明删除缺失数据

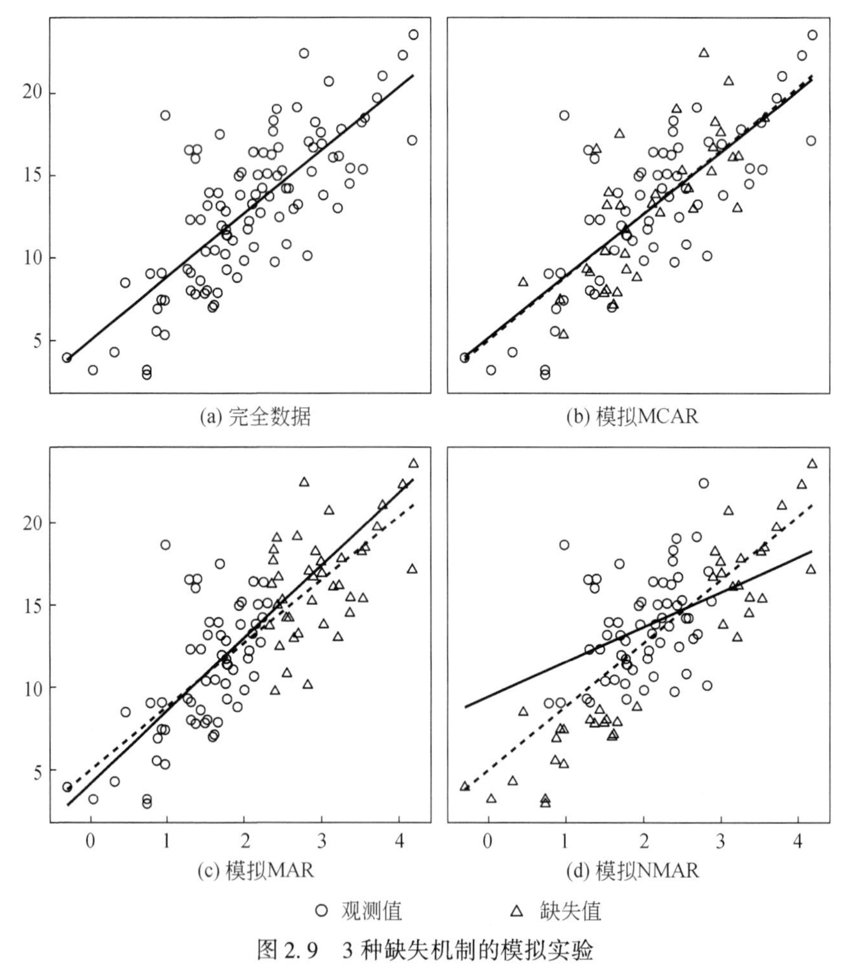

图 2.9　3 种缺失机制的模拟实验

Figure 2.9　Testing of three missingness mechanisms

后回归结果明显有偏，由此可见，在 NMAR 机制下不能忽略缺失数据对统计分析的影响。

2.3.1.3 缺失数据处理方法

（1）经典缺失数据处理方法

经典缺失数据处理方法比较简单，主要包括列表删除（listwise deletion）、成对删除（pairwise deletion）、哑变量调整（dummy variable adjustment）、单一插补（single imputation）等。

1）列表删除：又称为完全样本分析（complete case analysis），通过删除含有缺失值的所有观测样本来生成完全的数据样本集。这种方法简便易行，所有一般的统计学软件基本上都包含这样一种处理方式。通过列表删除的方法处理后数据量一般会损失 20%～50%，如果遇到多源数据整合而成的数据样本集，则会有更大量的数据损失，甚至不能支撑统计分析，这个时候列表删除的方式就不适用了。当数据满足 MCAR 假设时，均值的估计是无偏的。但是如果样本量不够大，那么就会导致标准误增大，降低均值的显著性，从而减少统计势。对于大样本少量数据的缺失，列表删除不会对参数的估值产生太大影响。当数据不满足 MCAR 假设时，一般会在参数估值中产生偏差，但也不绝对[94]。

2）成对删除：又称为可用样本分析（available case analysis），在对样本进行统计分析时，对所有有观测的变量删除缺失值后分别进行均值估计，对所有有观测的变量成对匹配删除存在缺失值的样本对后分别进行样本协方差计算，从而构成样本协方差矩阵。这种方法尽管在许多统计软件中都存在，同时也能够尽可能地利用到样本数据集的信息，但在实际分析过程中却并不多用，其原因是：①由观测到的变量对计算出来的协方差矩阵往往会与真实的协方差矩阵存在偏差；②通过这种方法构造的协方差矩阵可能是非正定矩阵而不可逆，从而无法进行后续的统计分析；③由于不同的变量对的样本量不一致，所以在统计分析过程中自由度很难计算出来。

3）哑变量调整：构造一个二分类指示变量来表征解释变量是否缺失，如当变量缺失时记为 1，没有缺失的时候记为 0，然后对缺失的解释变量用均值或者任意值替代，再将解释变量与指示变量共同对响应变量做回归分析。这种方法尽管能够利用到所有的观测信息，同时也可以得到与列表删除相同的参数估计值，但是也存在着明显的不足之处：①新增加的指示变量会消耗部分的自由度，同时采用的是所有的样本量从而又比列表删除的自由度要大，在二者的作用下统计势将变得不可靠，而参数的标准误差估计也会存在偏差；②对于多个解释变量存在缺失的情况，有时变量与变量之间是协同缺失的，那么构造的指示变量就会存在多重共线性，使得参数的估计不准确。

4）单一插补：是一类方法的总称，主要包括①无条件均值（均值插补）；②无条件分布（热平台方法，即随机抽取观测值插补）；③条件均值（回归模型预测值插补）；④条件分布（回归模型预测值加上随机误差插补）。在 MCAR 假设下，对于均值插补方法，方差与协方差估计有偏；对于热平台方法和回归模型预测值插补方法，协方差估计有偏；对于条件分布插补方法，参数估值没有偏差。在 MAR 假设下，对于均值插补方法和热平台方法，均值、方差与协方差估计均有偏；对于回归模型预测值插补方法，方差与协方差估计有偏；对于条件分布插补方法，均值、方差与协方差估计均无偏。

（2）现代缺失数据处理方法

现代缺失数据处理方法主要包括最大似然（maximum likelihood），多重插补（multiple imputation），完全贝叶斯（full Bayes）等。其中最大似然是一种具有一致性、渐近有效性和渐近正态性的方法，对最小化偏差、最大化信息利用、较好的不确定性估计这 3 个评价标准都能够很好的满足。一致性表明在大样本条件下参数估计近似无偏，渐近有效性表明在大样本条件下标准误差的估计接近于最小值，渐近正态性表明在样本条件下可以采用正态近似的方法来计算置信区间和 p 值。可见，最大似然方法最大的限制条件是大样本。除此以外，由于最大似然方法需要对变量的联合分布进行假定，其结果对于模型的选择是十分敏感的。一般在 MAR 假设下最大似然方法能够很好地进行缺失数据分析，而在 NMAR 假设下如果模型选择是正确的也能够很好地进行缺失数据分析。这里简要说明最大似然方法的原理：假设有二元变量 (X, Y)，其联合分布为 $f(x, y \mid \theta)$，边际分布分别为 $f_X(x \mid \theta)$ 和 $f_Y(y \mid \theta)$，其中 θ 为参数，由于 X 和 Y 中均含有缺失值，因此这里把 X 记作 (X_{obs}, X_{mis})，把 Y 记作 (Y_{obs}, Y_{mis})，同时假定样本量为 n，其中前 r 个样本形式是 (X_{obs}, Y_{mis})，接下来的 s 个样本形式是 (X_{mis}, Y_{obs})，剩下的 $(n - r - s)$ 个样本形式是 (X_{obs}, Y_{obs})，那么对于完全样本 (X_i, Y_i)，$i = 1, 2, \cdots, n$，其似然函数为

$$L(\theta \mid x, y) = \prod_{i=1}^{n} f(x_i, y_i \mid \theta) \tag{2.100}$$

但由于 (X, Y) 中存在缺失值，所以似然函数可以写成如下形式：

$$\begin{aligned} L(\theta \mid X_{obs}, Y_{obs}) &= \int \prod_{i=1}^{n} f(X_i, Y_i \mid \theta)\, \mathrm{d}X_{mis}\, \mathrm{d}Y_{mis} \\ &= \prod_{i=1}^{r} f_X(x_i \mid \theta) \prod_{i=r+1}^{r+s} f_Y(y_i \mid \theta) \prod_{i=r+s+1}^{n} f(x_i, y_i \mid \theta) \end{aligned} \tag{2.101}$$

这个时候可以完全利用（X_{obs}，Y_{obs}）和联合分布$f(x, y| \theta)$（边际分布可以由联合分布积分求得）的信息来对含有缺失数据的模型进行参数估计。这种直接利用最大似然估计的方法往往在计算上是比较复杂的，尽管这种方法能够给出准确的标准误差估计。在这种情况下，expectation-maximization（EM）算法的提出无疑是具有划时代意义的，它是一种采用迭代的手段进行最大似然估计的数值算法，在E步在给定观测样本以及当前参数估计值的条件下的对数似然函数关于缺失值的期望值，在M步通过最大化对数似然函数的期望值来得到新的参数估计用于下一步计算，直到收敛为止（EM算法的详细介绍见附录）。本质上讲，最大似然方法并非直接对缺失数据进行插补，而只是考虑在有缺失数值存在的条件下如何对参数进行有效估计的一种方法。当然在给出参数的估计值后，缺失数据的期望值也很容易计算了，这一数值可以作为缺失数据插补值。可以采用EM算法对缺失数据进行单一插补。

尽管最大似然方法比经典的列表删除、成对删除、哑变量调整及单一插补方法要有效得多，而且被广泛地应用于各个领域，但其依赖于多元变量的联合分布。在实际处理中，一般假设连续变量服从多元正态分布，这样会因为多元正态分布这一强假设而使得参数估计存在偏差。这时，更先进的多重插补和完全贝叶斯方法就应运而生，这两种方法都建立在将缺失数据看成在随机变量的基础上，对缺失数据联合分布进行插补或者估计。其中，多重插补方法是先通过对数据样本集中的每个缺失值都构造一个以上的插补值而生成多个完全数据集，然后采用相同方法对每个完全数据集进行统计分析并对结果进行综合的方法。可见，多重插补方法分缺失值插补和模型分析两个步骤进行。而完全贝叶斯方法则将这两个步骤整合到贝叶斯统计分析体系中，使得二者同步进行。对于回归模型，如果响应变量（输出变量）存在数据缺失，该方法采用类似于列表删除的方式通过对参数的后验分布进行估算，然后在该后验参数的条件下计算出响应变量的后验预测分布；如果解释变量（输入变量/协变量）存在数据缺失，则通过给定缺失数据的先验分布或者构建一个在考虑了缺失数据机制下的插补模型，来实现对缺失数据的处理。这两种方法在处理缺失数据方面各有优劣，但对于解决数据缺失下流域模拟问题却都有实用价值。

2.3.2 多重插补方法

2.3.2.1 多重插补方法基本原理

多重插补方法是一种分析不完全数据集（含有缺失数据）的统计学分析方

法，它最初是在 1978 年由 Rubin 提出[95]，经过 30 多年的研究和发展，目前已经成为一种被普遍接受的缺失数据处理方法。Buuren 在其最新出版的书[96]中给出了他在 2011 年 7 月 11 日对 Scopus 数据库按照 3 种不同的检索方式得到的多重插补方法在 1977 ~ 2010 年出版数目的对数值随着时间变化的趋势图（图 2. 10）。他指出图 2. 10 中最右边的那条趋势线检索的是标题中出现“多重插补”方法的出版物数目，其表征的是这种方法在方法学上的研究进展；中间的那条趋势线检索的是标题、摘要和关键词中出现“多重插补”方法的出版物数目，其中还包含有这种方法的应用研究进展；最左边的趋势线包含早期的出版物，涵盖自 1977 ~ 2001 年关于多重插补方法的各种相关出版物，同时还包括书本章节、学位论文、会议论文、技术报告等。从图 2. 10 中可以发现这 3 条趋势线几乎都有比较好的线性趋势，特别是我们比较关注的中间那条曲线，由于其纵坐标轴是经过对数化后的，这就意味着关于多重插补方法的研究出版物呈现指数增长的趋势，可见这一领域正处于蓬勃发展之中[97-106]。

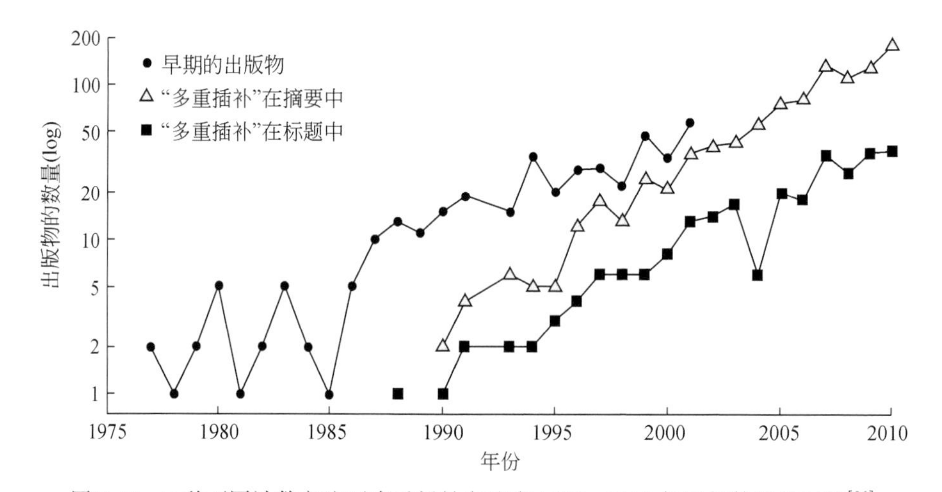

图 2. 10　3 种不同计数方法下多重插补方法在 1977 ~ 2010 年出版数目的对数[96]

Figure 2. 10　Number of publications（log）on multiple imputation during the period 1977 ~ 2010 according（to three counting methods）

关于多重插补，其核心思想是对样本数据集中的缺失值构造多个插补值而生成多个完全的数据样本集，然后对这些数据样本集采用相同的方法分别进行统计分析，最后将这些计算的结果进行综合得到我们感兴趣的参数的期望值和方差。这里，假设 Y 为所分析的数据样本集，存在部分的观测（Y_{obs}）和部分的缺失（Y_{mis}），需要估计的一个统计量为样本 Y 的一个函数 $\hat{Q} = \hat{Q}(Y) = \hat{Q}(Y_{obs},\ Y_{mis})$，

用来估计真实的 Q，$U=U(Y_{obs}, Y_{mis})$ 表示其标准误差的平方，这时如果假定 $(\hat{Q}-Q)/\sqrt{U} \sim N(0, 1)$，那么我们就很容易对 Q 进行推断，对于小样本可以用 t 分布来近似。然而Y_{mis}是缺失的，可用通过某种缺失值插补方式来获取 m 个插补值$Y_{mis}^{(1)}$，$Y_{mis}^{(2)}$，…，$Y_{mis}^{(m)}$。这时，可以分别对这 m 个插补值来计算 $\hat{Q}$ 和 U 得到 $\hat{Q}^{(i)}=\hat{Q}(Y_{obs}, Y_{mis}^{(i)})$ 和$U^{(i)}=U(Y_{obs}, Y_{mis}^{(i)})$，其中 $i=1, 2, \cdots, m$。那么总的均值估计为

$$\overline{Q}=\frac{1}{m}\sum_{i=1}^{m}\hat{Q}^{(i)} \tag{2.102}$$

总的方差估计为

$$T=\left(1+\frac{1}{m}\right)B+\overline{U} \tag{2.103}$$

式中，$B=\frac{1}{m-1}\sum_{i=1}^{m}(\hat{Q}^{(i)}-\overline{Q})^2$ 为组内方差；$\overline{U}=\frac{1}{m}\sum_{i=1}^{m}\hat{U}^{(i)}$ 为组间方差。对置信区间的估计可以依据 t 分布近似：

$$(\overline{Q}-Q)/\sqrt{T} \sim t_{\nu} \tag{2.104}$$

其自由度满足：

$$\nu=(m-1)\left[1+\frac{\overline{U}}{(1+m^{-1})B}\right]^2 \tag{2.105}$$

如果Y_{mis}中不包含任何关于 Q 的信息，那么 B 将会变为 0，这时 $T=\overline{U}$。可见 $r=(1+m^{-1})B/\overline{U}$可以看成是由于缺失所导致方差的相对增量，那么缺失数据信息比率可以定义为 $\lambda=r/(1+r)$。对于这个比率，更精确的估计为

$$\lambda=\frac{r+2/(\nu+3)}{1+r}$$

在采用贝叶斯方法进行缺失数据多重插补时，$\hat{Q}$ 和 U 可以看成是对完全数据样本集下的 Q 的后验均值 $\hat{Q}=E(Q \mid Y_{obs}, Y_{mis})$ 和方差 $U=\mathrm{var}(Q \mid Y_{obs}, Y_{mis})$，这时在给定$Y_{obs}$条件下的 Q 的均值为

$$E(Q \mid Y_{obs})=E(\hat{Q} \mid Y_{obs}) \tag{2.106}$$

方差为

$$\mathrm{var}(Q \mid Y_{obs})=\mathrm{var}(\hat{Q} \mid Y_{obs})+E(U \mid Y_{obs}) \tag{2.107}$$

综上，采用多重插补方法进行缺失值处理主要包括 3 个步骤：插补、分析和综合，详细过程如图 2.11 所示。其中，对于插补这个环节，目前比较推荐的方法有 DA 算法、EMB 算法和 MICE 算法，以下将对这 3 种算法进行简要说明[107]。

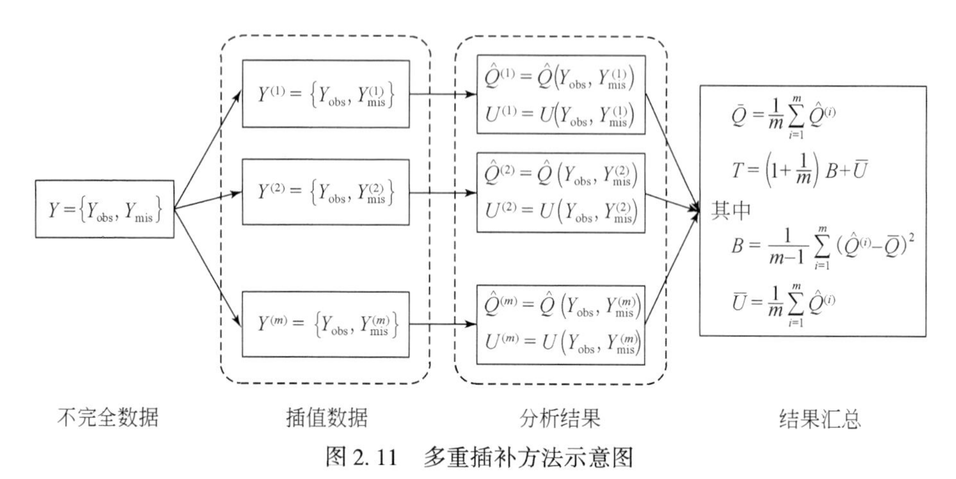

图 2.11　多重插补方法示意图

Figure 2.11　The diagram for multiple imputation

2.3.2.2　常用的多重插补方法

(1) DA 算法

DA（data augmentation）算法是一类特殊的 MCMC（Markov Chain Monte Carlo）方法（类似于 Gibbs 抽样），首先是由 Tanner 和 Wong 在 1987 年提出的，用来解决缺失数据处理问题[108]。与 EM 算法类似（见附录 1.1.1.1 节），DA 算法也分为两个步骤[98,109-111]，分别为 I 步和 P 步。

1）I 步。在给定观测样本和上一步迭代参数的条件下，从缺失数据的后验分布中抽取一个随机样本用于下一步计算：

$$Y_{mis}^{(t+1)} \sim f(Y_{mis} \mid Y_{obs}, \theta^{(t)}) \tag{2.108}$$

2）P 步。在给定观测样本和从 I 步中抽取的缺失值样本的条件下，从参数的后验分布中抽取一个随机样本用于下一步迭代：

$$\theta^{(t+1)} \sim f(\theta \mid Y_{obs}, Y_{mis}^{(t+1)}) \tag{2.109}$$

在第一步的迭代中我们需要给定（Y_{mis}，θ）一个初始值（$Y_{mis}^{(0)}$，$\theta^{(0)}$），然后通过 I 步和 P 步的后验迭代可以得到一条的 Markov 链$\{(Y_{mis}^{(1)}, \theta^{(1)}), (Y_{mis}^{(2)}, \theta^{(2)}), \cdots\}$，该 Markov 链收敛于（$Y_{mis}$，$\theta$）的联合后验分布$f(\theta, Y_{mis} \mid Y_{obs})$。假设 Markov 链迭代 k 步后就可以满足收敛条件，那么可以从参数 θ 的后验分布中随机抽取一个 θ^*，然后在这个参数的条件下抽取一个缺失值Y_{mis}^*进行插补，这样的步骤重复 m 次即可以得到 m 个完全数据样本集。

（2）EMB 算法

EMB 算法是建立在 EM 算法和 Bootstrap 算法基础上的一种多重插补方法，是由 Honaker 和 King 提出的[107,112,113]。EMB 算法是建立在两个基本假设之上的：①数据服从多元正态分布，即 $Y \sim N_p(\mu, \sum)$，其中 Y 为 $n \times p$ 维样本数据集，包括观测部分 Y_{obs} 和缺失部分 Y_{mis}，$Y=(Y_{obs}, Y_{mis})$；②缺失数据机制为 MAR，即 $f(M|Y, \phi)=f(M|Y_{obs}, \phi)$，其中 $M=(m_{ij})_{n\times p}$ 为缺失数据模式矩阵，当数据样本集中的元素 $y_{ij}\in Y_{mis}$ 时，$m_{ij}=1$，反之当 $y_{ij}\in Y_{obs}$ 时，$m_{ij}=0$。ϕ 为决定缺失数据模式 M 分布的参数。在以上假设条件下，令 $\theta=(\mu, \sum)$，我们可以对 θ 和 ϕ 的似然函数 $L(\theta, \phi | Y_{obs}, M)=f(Y_{obs}, M|\theta, \phi)$ 进行如下分解：

$$f(Y_{obs}, M|\theta, \phi)=f(Y_{obs}|\theta)f(M|Y_{obs}, \phi) \tag{2.110}$$

这时参数 θ 的最大似然估计仅仅取决于 $f(Y_{obs}|\theta)$（$L(\theta|Y_{obs})\propto f(Y_{obs}|\theta)$）。当参数 θ 的先验分布为一个平的先验分布（如均匀分布）时，有

$$f(\theta|Y_{obs})\propto f(Y_{obs}|\theta)=\int f(Y|\theta)\,\mathrm{d}Y_{mis} \tag{2.111}$$

对于不完全数据样本集统计分析，其主要计算难点就在于如何得到参数 θ 的后验分布 $f(\theta|Y_{obs})$。EM 算法能够得到参数的后验众数估计值[114]，EMB 算法则是在 EM 算法的基础上通过 Bootstrap 方法来对后验分布 $f(\theta|Y_{obs})$ 进行抽样。EMB 算法的主要计算步骤如图 2.12 所示。首先通过 Bootstrap 算法对原始含有缺失数据的样本集进行有放回的重复抽样，得到 m 个缺失数据样本集，然后再分

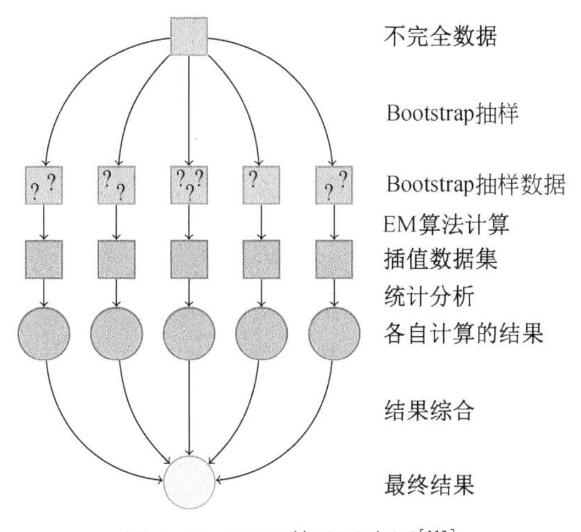

图 2.12　EMB 算法示意图[113]

Figure 2.12　The diagram for EMB algorithm

别对这 m 个缺失数据样本集采用 EM 算法对参数进行后验众数估计，计算在该估计下的缺失数据的期望值并填补到缺失数据样本集中缺失的位置，再分别对每个样本进行统计分析得到各个统计模型参数及其方差的估计值，最后采用式（2.102）和式（2.103）来对结果进行综合。以上计算过程中 Bootstrap 算法主要用于得到参数的不确定性估计，而 EM 算法则是为了得到参数的估计值。

(3) MICE 算法

假定完全数据样本集 Y 服从 p 元联合分布 $f(Y|\theta)$，其中 θ 是该分布的参数。当给定 θ 的值时，分布函数 $f(Y|\theta)$ 的形式唯一确定[115-117]。MICE 算法就是采用从以下的条件分布中逐次地抽取来获得对多元参数 θ 的后验分布：

$$\begin{gathered} f(Y_1 \mid Y_{-1},\ \theta_1) \\ \vdots \\ f(Y_p \mid Y_{-p},\ \theta_p) \end{gathered} \tag{2.112}$$

式中，θ_1，θ_2，…，θ_p分别为以上各个变量Y_1，Y_2，…，Y_p条件分布的参数，它们并不一定是由联合分布 $f(Y|\theta)$ 分解所得到的。以某个变量（如Y_1）为出发点，在给定的辅助变量Y_1^{obs}，$Y_2^{(t-1)}$，…，$Y_p^{(t-1)}$条件下从Y_1条件分布参数的后验密度中抽取$\theta_1^{*(t)}$，然后在给定$\theta_1^{*(t)}$和其他辅助变量Y_1^{obs}，$Y_2^{(t-1)}$，…，$Y_p^{(t-1)}$的条件下抽取缺失值$Y_1^{*(t)}$，作为下一个变量（如Y_2）及其参数（如θ_2）迭代计算的辅助变量$Y_1^{(t)}$的取值。依次按照以下的方法进行逐步的 Gibbs 抽样进行计算：

$$\begin{aligned} &\theta_1^{*(t)} \sim f(\theta_1 \mid Y_1^{\text{obs}},\ Y_2^{(t-1)},\ \cdots,\ Y_p^{(t-1)}) \\ &Y_1^{*(t)} \sim f(Y_1 \mid Y_1^{\text{obs}},\ Y_2^{(t-1)},\ \cdots,\ Y_p^{(t-1)},\ \theta_1^{*(t)}) \\ &\vdots \\ &\theta_p^{*(t)} \sim f(\theta_p \mid Y_p^{\text{obs}},\ Y_2^{(t-1)},\ \cdots,\ Y_{p-1}^{(t-1)}) \\ &Y_p^{*(t)} \sim f(Y_p \mid Y_p^{\text{obs}},\ Y_2^{(t-1)},\ \cdots,\ Y_p^{(t-1)},\ \theta_p^{*(t)}) \end{aligned} \tag{2.113}$$

式中，$Y_i^{(t)}=(Y_i^{\text{obs}},\ Y_i^{*(t)})$ 为在第 t 步迭代过程中第 i 个插值变量。采用这种方法能够以比其他 MCMC 方法更快地得到缺失数据的多重插补值，一般通过 10 ~ 20 步的迭代过程就可以实现 Markov 链的收敛。采用 MICE 算法进行缺失数据多重插补的主要步骤如图 2.13 所示。图 2.13 与图 2.11 类似，也分为插补、分析和综合 3 个步骤。

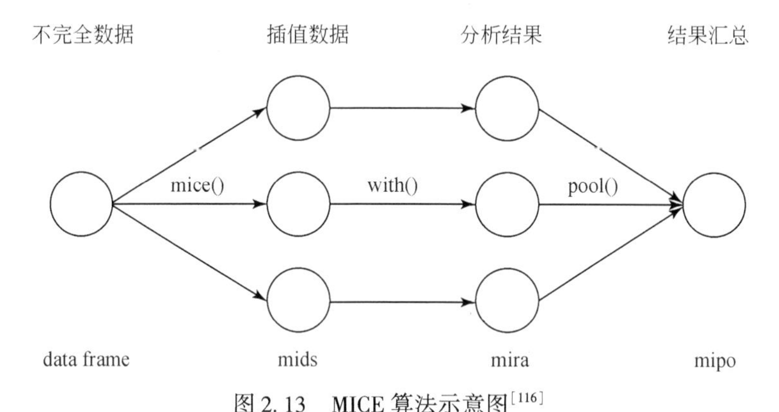

图 2.13　MICE 算法示意图[116]

Figure 2.13　The diagram for MICE algorithm

2.4　两种缺失数据处理方法的统一

将式（2.2）嵌入完全贝叶斯方法的框架体系中，即可以用完全贝叶斯方法来对式（2.2）中的缺失数据进行贝叶斯估值。而前面所述的缺失数据的多重插补方法本质上也可以认为是对贝叶斯方法的一种简化。因此，以上两种缺失数据处理方法在本质上是一致的。完全贝叶斯方法即我们通常所说的贝叶斯方法（贝叶斯方法的基本思想与统计推断方法见附录）。它要求对所有的未知参数的先验分布进行设定，然后通过计算所有未知参数的联合后验分布来实现对每个参数的推断，一般采用 MCMC 方法中的 Gibbs 抽样技术来进行计算（见附录）。完全贝叶斯方法比多重插补方法更加直观，同时能够将缺失数据插补与模型参数估值同时考虑，能够比较方便的解决 NMAR 假设下的参数估值问题。但由于其采用同步计算的方式，在计算效率上要低于多重插补方法，一般适合于小样本少量缺失数据与模型参数条件下的缺失数据分析。这里主要采用完全贝叶斯方法图模型来对这种方法进行介绍，然后分别对响应变量与解释变量中含有缺失值的问题进行说明[118-123]。

2.4.1　完全贝叶斯方法图模型

完全贝叶斯方法可以采用贝叶斯图模型（bayesian graphic model）的方式来表达变量之间的关系（附录 1.2 节）。这里以流域模型基本式（2.2）为例来说明如何使用完全贝叶斯方法图模型。由于有缺失值存在，完全贝叶斯方法图模型在贝叶斯图模型的基础上新增了一些元素和符号，以式（2.2）的完全贝叶斯方法图模型为例（图 2.14）来对完全贝叶斯方法的基本特征进行说明，具体如下：①图 2.14 中的圆圈表示变量，其中涂成灰色的为有观测值的变量，而没有涂色的为没有观测值的变量或者参数变量，另外虚线圈表示有部分观测值（即存在缺失值）的变量；②图 2.14 中的箭头表示变量间的关系，其中实线箭头表示变量间存在着确定性关系（即可以用一个确定性的表达式来表征这种关系），而虚线箭头表示变量间存在着不确定性关系（即需要用一个分布来表征这种关系）；③图2.14 中方框表示变量的下标，用于标记当前的样本和样本的取值范围。如

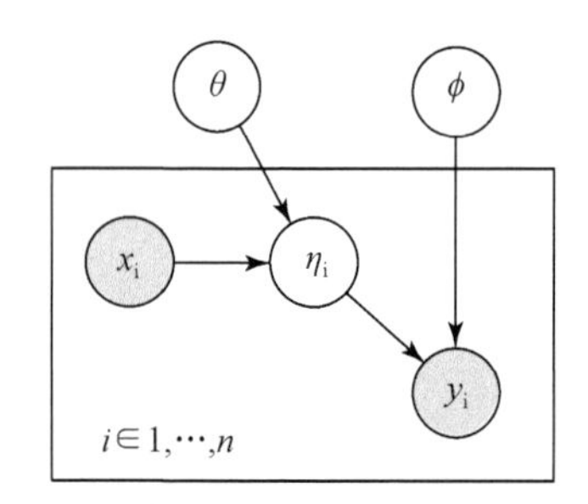

图 2.14　流域模型的完全贝叶斯方法图模型

Figure 2.14　Graphic model of full Bayesian approach for watershed model

果假定式（2.2）中 $\varepsilon \sim N(0,\ \phi^{-1})$，那么这个图所表达的意义为

$$
\begin{aligned}
& y_i \sim N(\eta_i,\ \phi^{-1}) \\
& \eta_i = \eta(x_i;\ \theta) \\
& \theta,\ \phi \sim f(\theta,\ \phi) \\
& i \in 1,\ \cdots,\ n
\end{aligned}
\tag{2.114}
$$

式中，$f(\theta,\ \phi)$ 为参数 θ，ϕ 的先验分布。由于 y_i 中含有缺失值，这里我们假定缺失数据机制为可忽略的缺失数据机制，那么在贝叶斯估值时，仅仅只对含有观测的 y_i 进行参数估值，对于没有观测的 y_i，可以采用如下的方式对其进行后验密度估计（详细过程可以参考附录）：

$$
f(y_{\text{mis}} \mid y_{\text{obs}},\ x) = \iint f(y_{\text{mis}} \mid x,\ \theta,\ \phi) f(\theta,\ \phi \mid y_{\text{obs}},\ x)\,\mathrm{d}\theta \mathrm{d}\phi \tag{2.115}
$$

2.4.2　响应变量中含有缺失数据

对于响应变量 y 中含有缺失数据而协变量 x 为完全观测的情况，一般可以对

似然函数作如下分解：

$$
\begin{aligned}
f(y_{\text{obs}},\ m \mid x,\ \theta,\ \phi,\ \psi) &= \int f(y_{\text{obs}},\ y_{\text{mis}} \mid x,\ \theta,\ \phi,\ \psi) \\
&\quad \cdot f(m \mid y_{\text{obs}},\ y_{\text{mis}},\ x,\ \theta,\ \phi,\ \psi)\,\mathrm{d}\,y_{\text{mis}} \\
&= \int f(y_{\text{obs}},\ y_{\text{mis}} \mid x,\ \theta,\ \phi) f(m \mid y_{\text{obs}},\ y_{\text{mis}},\ x,\ \psi)\,\mathrm{d}\,y_{\text{mis}}
\end{aligned}
\tag{2.116}
$$

这个时候我们感兴趣的模型（model of interest）为 $f(y_{\text{obs}},\ y_{\text{mis}} \mid x,\ \theta,\ \phi)$，表征缺失数据模式的模型（model of missingness）为 $f(m \mid y_{\text{obs}},\ y_{\text{mis}},\ x,\ \psi)$。如果假定缺失数据机制为可忽略的缺失数据机制，那么有 $f(m \mid y_{\text{obs}},\ y_{\text{mis}},\ x,\ \psi) = f(m \mid y_{\text{obs}},\ x,\ \psi)$，则式（2.116）可以简写成：

$$
f(y_{\text{obs}},\ m \mid x,\ \theta,\ \phi,\ \psi) = f(y_{\text{obs}} \mid x,\ \theta,\ \phi) f(m \mid y_{\text{obs}},\ x,\ \psi) \tag{2.117}
$$

其中，$f(y_{\text{obs}} \mid x,\ \theta,\ \phi)$ 的完全贝叶斯方法可以参考式（2.114），而对于 $f(m \mid y_{\text{obs}},\ x,\ \psi)$，如果我们进一步假定 m 与 y_{obs} 独立，那么 $f(m \mid y_{\text{obs}},\ x,\ \psi) = f(m \mid x,\ \psi)$。由于 m 为 0～1 变量，服从 Bernoulli 分布，因而对于 $f(m \mid x,\ \psi)$ 的完全贝叶斯方法表达式如下①：

$$
\begin{aligned}
& m_i \sim \text{Bernoulli}(p_i) \\
& \text{link}(p_i) = g(x_i,\ \psi) \\
& \psi \sim f(\psi)
\end{aligned}
\tag{2.118}
$$

式（2.118）又可以用完全贝叶斯方法图模型表征，图 2.15 即为可忽略的缺失数据机制下的完全贝叶斯方法图模型。从图 2.15 中可以看出，当变量 x_i 给定时，左边的虚线框（感兴趣的模型）中的变量和右边的虚线框（缺失数据模式的模型）中的变量将完全独立，这点也说明了可忽略的缺失数据机制下用于表征缺失数据模式的完全贝叶斯式（2.118）对于我们感兴趣的式（2.114）是没有影响的。但如果缺失数据机制为不可忽略缺失数据机制时，式（2.116）将不能简化，此时我们需要对缺失数据模式 m 进行建模分析。与式（2.118）类似，不可忽略缺失数据机制下的完全贝叶斯方法的表达式如下：

$$
\begin{aligned}
& m_i \sim \text{Bernoulli}(p_i) \\
& \text{link}(p_i) = g(x_i,\ y_i,\ \psi) \\
& \psi \sim f(\psi)
\end{aligned}
\tag{2.119}
$$

---

① 以下表达式仅突出了对缺失数据模式的建模，需要联立式（2.114）后才是完全贝叶斯方法的完整形式。另外，在用贝叶斯方法进行参数估值的过程中，任何未知的数据（包括模型参数和缺失数据）都必须给定其先验分布，此处仅给出了模型参数的先验分布。特此说明，下同。

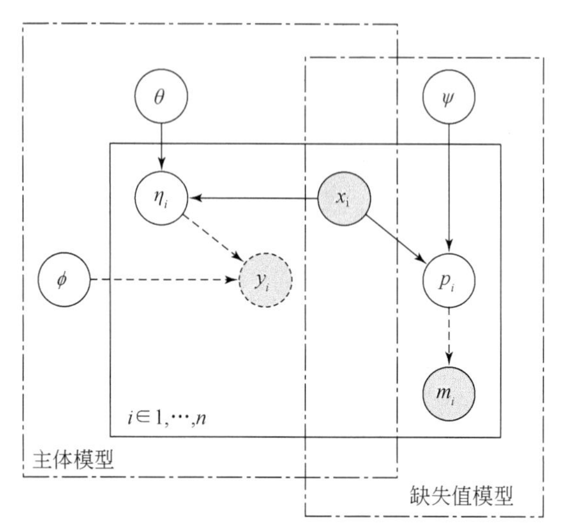

图 2. 15　可忽略缺失数据机制下的完全贝叶斯方法图模型

Figure 2. 15　Graphic model of full Bayesian approach under ignorable missingness mechanisms

由式（2. 119）所得到的不可忽略缺失数据机制下的完全贝叶斯方法图模型如图 2. 16 所示。图 2. 16 与图 2. 15 十分相似，唯一的差别就在于多了一条从 y_i 到 p_i 的连接线，那么此时在给定 x_i 的条件下，左边的虚线框（感兴趣的模型）中的变

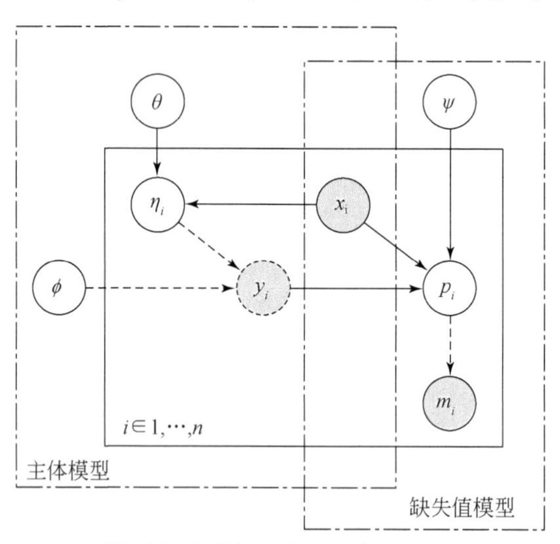

图 2. 16　不可忽略缺失数据机制下的完全贝叶斯方法图模型

Figure 2. 16　Graphic model of full Bayesian approach under non-ignorable missingness mechanisms

量和右边的虚线框（缺失数据模式的模型）中的变量仍然是由 y_i 取得关联，可见不可忽略的缺失数据机制下用于表征缺失数据模式的完全贝叶斯式（2.119）对于我们感兴趣的式（2.114）是有影响的，这种影响不能被忽略。另外，从图2.16与图2.15的对比中可以发现，只需要通过一个很小的变动，就可以实现从可忽略的缺失数据机制到不可忽略的缺失数据机制的转变。可见，采用完全贝叶斯方法对于模型及缺失数据的假设是十分灵活的，这也便于我们评估不同的模型结构以及不同的缺失数据假设对于模型模拟效果的敏感性分析，以评估模型结构的不确定性。

2.4.3 解释变量中含有缺失数据

对于解释变量 x 中含有缺失数据的问题，需要建立一个根据已知数据估算未知数据的缺失数据插补模型，为了简化问题，假定仅仅是解释变量 x 中含有缺失数据，对于响应变量 y 是完全观测的。这里，将解释变量分解成为 $x=(x_{obs}, x_{mis})$ 两个部分，其中 x_{obs} 表示所有的观测都是完全的变量，x_{mis} 表示其中有部分数据缺失的变量，这里假定 x_{mis} 中的每个变量服从独立的多元正态分布，那么可以构造如下的缺失协变量插补模型：

$$\begin{aligned} x_i^{mis} &\sim N(\mu_i, \sigma^2 I) \\ \mu_i &= \beta x_i^{obs} \\ \beta, \sigma &\sim f(\beta, \sigma) \end{aligned} \qquad (2.120)$$

式中，$f(\beta, \sigma)$ 为 β 和 σ 的联合先验分布。式（2.119）表示的是在多元正态分布的假设下，x_{mis} 对 x_{obs} 进行回归。将式（2.120）以完全贝叶斯方法图模型的形式表示可以得到图2.17。另外一种方式则是当 x_i 所有变量都含有缺失数据的时候，可以通过假定 x_i 的每个变量都服从独立的多元正态分布 $N(\mu, \sigma^2 I)$，并且给出参数 μ 和 σ 的联合先验分布 $f(\mu, \sigma)$，来对缺失的数据进行插补，方法如下：

$$\begin{aligned} x_i &\sim N(\mu, \sigma^2 I) \\ \mu, \sigma &\sim f(\mu, \sigma) \end{aligned} \qquad (2.121)$$

根据（式2.121）很容易得到完全贝叶斯方法图模型（图2.18）。当然，以上只是一种简单的分析，如果需要的话也可以采用分层贝叶斯方法（hierarchy Bayesian method，HBM）建立更加复杂的完全贝叶斯方法图模型。另外，对于同时有解释变量和响应变量缺失的问题，可以综合前面分析中的内容进行联合分析，这样模型就会变得复杂得多，同时在模型求解方面也将会面临计算效率低的问题。

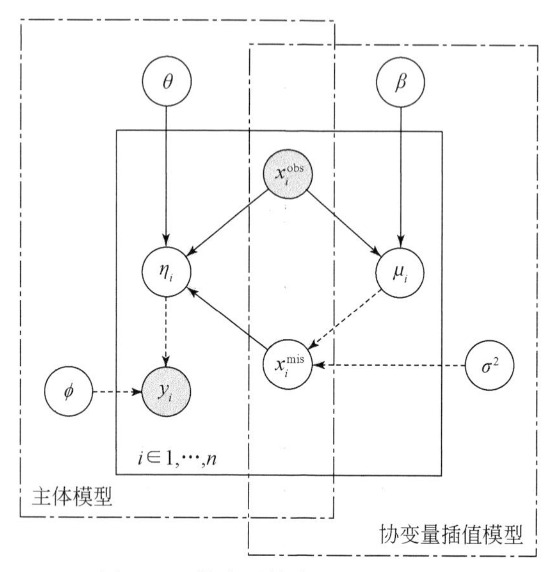

图 2. 17　协变量缺失时的回归插补

Figure 2. 17　Regression for the missing covariates

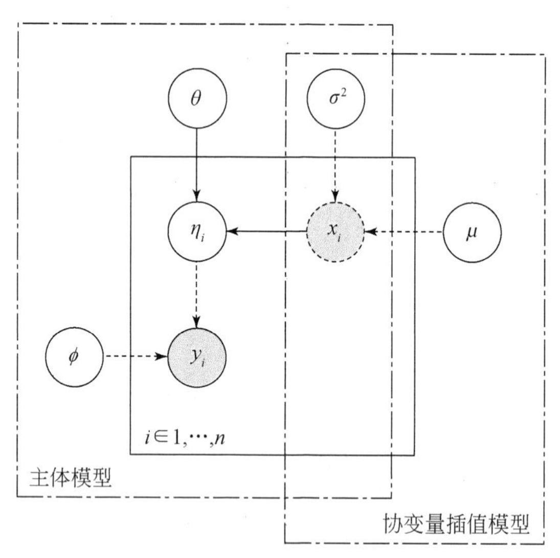

图 2. 18　协变量缺失时的先验估值

Figure 2. 18　Prior estimation for the missing covariates

2.5 小结

本章主要介绍了流域模拟中缺失数据处理方法框架与原理。首先给出了流域模拟模型的基本表达式及其在流域模拟、估值、预测、决策中的作用，然后针对滇池流域入湖污染负荷这个问题，提出采用 GLM 降雨模拟模型、IHACRES 水文模拟模型和 LOADEST 负荷估算模型这种串接式的基于模拟的缺失数据处理方法体系以解决流域模拟中单调型数据缺失问题。当然流域模拟中缺失数据类型往往是混合型的，即存在随机型的数据缺失。而要解决这个问题，需要有一套统计学上完善的缺失数据处理理论与方法，因而本章接着便将研究转向缺失数据分析基本原理与方法上，包括缺失数据模型、缺失数据机制和缺失数据处理方法 3 个方面的内容，并对各种目前已被广泛应用的缺失数据处理方法之间的关系进行了梳理。在此基础上，分别对包括 DA、EMB、MICE 等算法的多重插补方法进行较为详细的论述，并通过处理缺失数据的完全贝叶斯方法将基于模拟和基于统计的缺失数据处理方法进行了统一。通过综合比较各种缺失数据处理算法的优缺点，本书最终选择了以 EMB 算法为基础的多重插补方法进行缺失数据下滇池流域气象水文模拟与入湖污染负荷估计。

3 数据缺失下滇池流域降雨模拟

在一个流域范围内，水资源的时空分配取决于这个流域的气候状况与地形地貌特征。在流域水资源与水环境规划管理中，降雨量作为流域水文模型的输入条件，成为了流域水资源量大小的一个重要衡量指标。因此，降雨量的研究对于流域水文、农业生产、营养盐迁移、洪水控制等研究有着十分重要的意义。然而，我们所观测到的降雨量数据往往在时间和空间尺度上是有限的，并且会因为缺乏观测、资料不匹配、数据丢失或无法获取等原因而导致数据不完整，从而限制了我们对流域长期降雨时空分布的认识，以至于阻碍了我们关于在气候变化条件下降雨对于分布式流域水文模型的影响的研究。为了解决以上问题，考虑到降雨现象的发生与降雨量的观测值的随机性，随机降雨模拟模型采用随机的方法生成满足某个或者多个观测站点观测数据统计规律的降雨序列，用于分析流域降雨时空分布与变化趋势，填补观测序列中缺失的数据，降低全球气候模型输出结果的尺度，从而产生流域水文模拟模型的输入条件[124]。

在对降雨量进行模拟之前，我们需要先对降雨量数据的基本特征进行研究，以提出适合的统计学模型。一般而言，观测到的降雨量数据序列都具有如下特征：①所有的观测值都大于等于0；②存在相当一部分为0的数值表示当天没有降雨，这时0是具有实际意义的而由于非删失造成的，不能当做缺失值处理；③对于非0数值，数据分布一般为右偏（正偏），即大量的数据集中在较小的数值上，而较大的数值意味着发生了比较极端的事件。

对于满足特征①、②的数据我们称之为半连续性数据（semi-continuous data），更一般地，半连续性数据是指在连续的数值中存在一个或者多个发生跳变的数值（这里指0）。对于半连续性数据（这里数据区间为［0，+∞）），常规的统计分析方法无法准确地表征跳变点的统计规律，因而我们需要将跳变点和连续点分别地进行统计建模分析，这样就形成了二阶段统计分析模型：第一阶段模拟跳变是否发生；第二阶段模拟在不发生跳变的时候连续点的数值。事实上，常规的降雨模拟模型也是分为两个部分进行的：①降雨事件的预报，即根据已有的降雨事件记录通过构造统计模型来分析未来发生降雨的可能性；②降雨量的估计，即在已经发生降雨的条件下，估算降雨量的时间与空间分布统计特征，用于对未来发生降雨时的雨量大小进行估计。本章的研究目的在于解决数据缺失条件下滇池流域降雨事件的预报与降雨量的估计问题，为流域水文模拟提供输入条件。

3.1 数据类型与特征

滇池流域内目前长期数据监测的气象站点有 1 个，位于昆明市大观楼附近，称为昆明站（图 3.1 中五角星标记的地方）。该观测站点从 1951 年起就有气象数据的观测，而辐射数据则起步与 1961 年，观测频率都是一天一次，所观测到的指标包括：平均气压（MP）、日最高气压（DHP）、日最低气压（DLP）、平均温度（MT）、日最高温度（DHT）、日最低温度（DLT）、平均相对湿度（MRH）、最低相对湿度（LRH）、20—20 时降水量（PP）、平均风速（MWS）、最大风速（10min 平均风速）（HWS）、最大风速风向（DHWS）、极大风速（EWS）、极大风速风向（DEWS）、日照时数（SH）、总辐射（GR）、净全辐射（NTR）、散射辐射（DR）、水平面直接辐射（HDR）、反射辐射（RR）、垂直面直接辐射（VDR）。

这些气象数据观测指标的基本特征与缺失情况见表 3.1。从表 3.1 中可以看出，滇池流域气象数据主要有 6 个类型：气压、气温、湿度、风速与风向、日照、辐射。在这 6 个类型数据中，有连续型的数据，如气压、气温、湿度、风速、日照、辐射，也有离散型的数据，如风向。在连续型的数据中，有有界数据，如湿度的取值范围为 0 ~ 1；也有大于 0 的数据，如气压、风速等；同时部分数据可能小于 0，如气温、辐射；还有部分数据包含 0 的，比如日照。对于不同类型的数据，在分析上需要作分别的处理，下面将有针对性的进行说明。另外，表 3.1 还表明了气象数据观测指标的缺失情况，除了极大风速（EWS）和极大风速风向（DEWS）含有几乎一半的缺失值外，其他的变量基本上很少具有缺失数据，这点对于我们之后的分析是十分关键的。

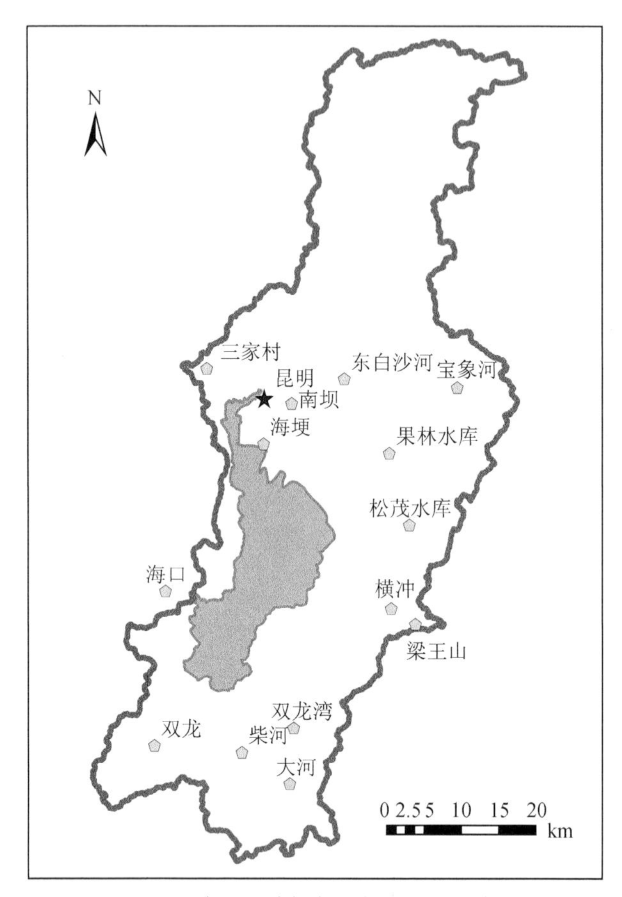

图 3.1　滇池流域气象站与雨量站分布图

Figure 3.1　Distribution of meteorological station and rainfall station in Lake Dianchi Watershed

表 3.1　滇池流域气象数据类型与缺失情况

Table 3.1　Types and missing features of the meteorological data in Lake Dianchi Watershed

类型	指标	单位	缺失数据（个）	缺失数据比例（%）
气压	本站平均气压	hPa	0	—
	本站日最高气压	hPa	1	0.02
	本站日最低气压	hPa	1	0.02
气温	平均气温	℃	0	—
	日最高气温	℃	0	—
	日最低气温	℃	0	—

续表

类型	指标	单位	缺失数据（个）	缺失数据比例（%）
湿度	平均相对湿度	1%	0	—
	最小相对湿度	1%	0	—
风速与风向	平均风速	m/s	0	—
	最大风速（10 分钟平均风速）	16 个方位	2	0.05
	最大风速的风向	m/s	2	0.05
	极大风速	16 个方位	1858	42.39
	极大风速的风向	m/s	1858	42.39
日照	日照时数	h	6	0.14
辐射	总辐射	MJ/m^2	80	1.83
	净全辐射	MJ/m^2	81	1.85
	散射辐射	MJ/m^2	72	1.64
	水平面直接辐射	MJ/m^2	160	3.65
	反射辐射	MJ/m^2	64	1.46
	垂直面直接辐射	MJ/m^2	62	1.42

表 3.2 给出了滇池流域气象数据描述性统计量，包括变量的最小值、下四分位数、中位数、均值、上四分位数和最大值。这些统计结果中不包含风向这个指标。从结果上看，明确为正的指标有 MP、DHP、DLP、MRH、LRH、HWS、EWS，包含有 0 的指标有 MWS、SH、GR、DR、HDR、RR、VDR，可以为负值的有 MT、DHT①、DLT、NTR。由于雨量数据的时间范围为 1999 ~ 2010 年，所以这些统计量也是在这段时间范围内进行计算的。

表 3.2　滇池流域气象数据描述性统计

Table 3.2　Basic statistics of the meteorological data in Lake Dianchi Watershed

变量	最小值	下四分位数	中位数	均值	上四分位数	最大值
MP	801.4	807.9	810	810.3	812.6	822.6
DHP	802.3	809.6	812.1	812.3	814.8	826.3
DLP	798.5	805.4	807.5	807.8	810.1	819.4
MT	-0.5	12.4	17.2	16.16	20.1	24.6

① DHT 这个指标虽然在表中没有负值的出现，但原则上还是可以为负值的。

续表

变量	最小值	下四分位数	中位数	均值	上四分位数	最大值
DHT	1.8	18.8	22.5	21.79	25.4	31.3
DLT	-2.4	7.7	13	12.1	16.7	20.6
MRH	24	59	71	67.99	78	100
LRH	8	29	43	43.54	56	100
MWS	0	1.5	2	2.12	2.6	8.6
HWS	1.3	3.9	4.9	5.294	6.3	15.5
EWS	3	7	8.9	9.641	11.7	25
SH	0	2.2	6.4	5.813	9.3	12.5
GR	0	10.89	15.68	15.08	19.8	30.58
NTR	-2.71	3.92	6.035	6.251	8.45	18.32
DR	0	4.56	7.05	7.109	9.55	20.77
HDR	0	1.78	7.29	7.955	13.31	25.43
RR	0	1.69	2.54	2.527	3.33	6.07
VDR	0	2.13	9.41	10.98	18.6	39.3

对于雨量观测，除了昆明站有20—20时降水量观测外，在滇池流域还分布有14个雨量站（图3.1中正五边形标记的地方），主要是：南坝、海埂、三家村、东白沙河、宝象河、果林水库、松茂水库、横冲、梁王山、大河、双龙湾、柴河、双龙和海口。这些雨量站观测的数据范围为1999～2010年，观测频率也是一天一次。目前，除了南坝这个观测点位外，其他站点的监测数据从1999～2010年的逐日观测数据都是完整的。南坝观测点的观测数据自2008年起就完全缺失了（原因暂时不明确），为了充分利用目前所能够获得的数据信息，探讨气象数据与雨量数据之间的统计规律，本书的研究就是建立在对南坝缺失掉的数据进行估计的基础上的。

3.1.1 降雨量数据分析

从以上数据基本情况介绍中可知，本书用于分析的降雨量数据主要是15个站点的逐日数据。除了雨量数据外，每个站点的经纬度坐标及高程也可以通过GIS图件进行获取。为了直观反映各个站点雨量数据在年尺度和月尺度上的分布规律，本书采用Toews等开发的基于R的seas软件包来进行作图分析[125]，得到的结果如图3.2所示（以昆明站为例）。从图中可以看出，对于昆明站，从1999～

2010年年降雨量差异不大，降雨主要集中在5～10月。多年平均降雨量接近于1000mm，而这样一个雨量在所观测的样本中大概处于60%略高一点的分位数水平。在雨季，降雨量低于2mm/d的情况一般只有0%～20%的可能性，而在旱季，这一可能性提高到了80%～100%的水平。另外，在1999～2005年，基本上年降雨量都高于多年平均值，而在2005～2010年，则低于这一值，尤其是在2009年，其降雨量几乎接近500mm。事实上，在2009～2010年，昆明市出现了比较严重的旱情。随着雨量的减少，滇池流域各条河流的径流量都有所降低，这对于滇池的水质状况有较大的影响。

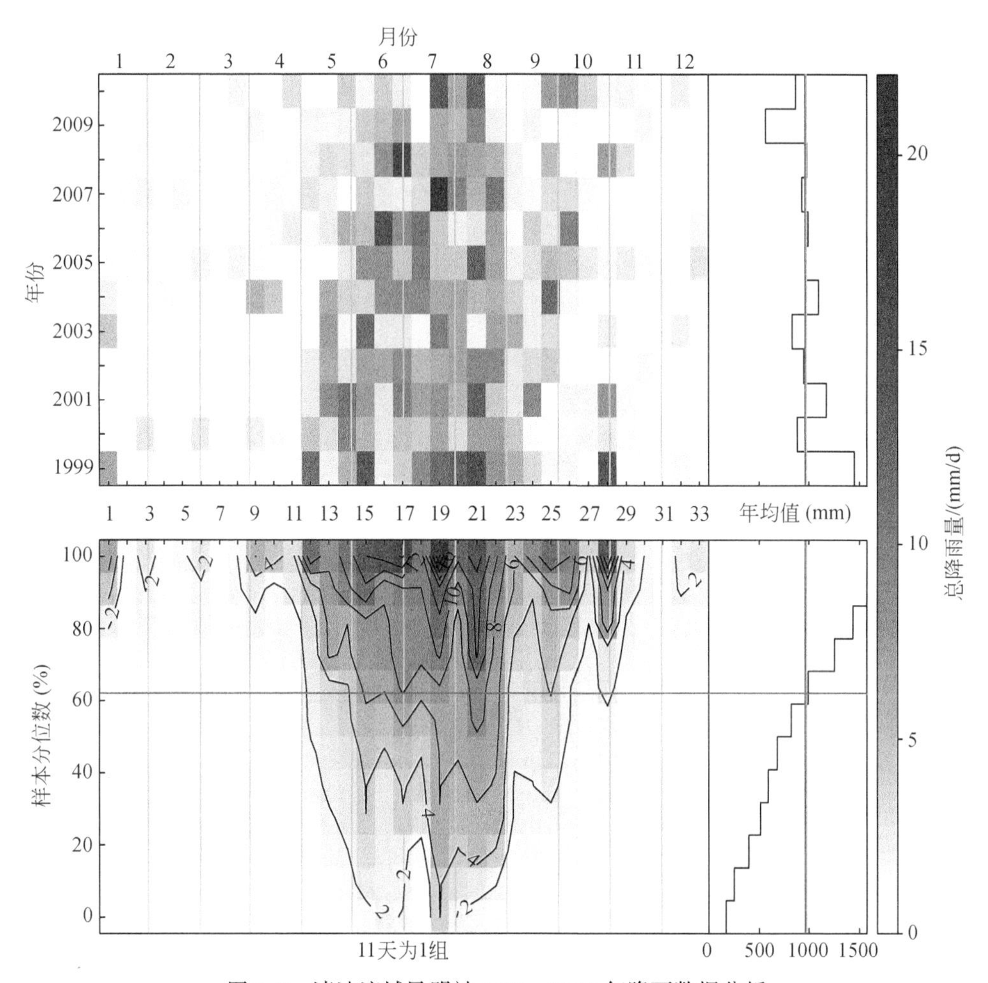

图3.2　滇池流域昆明站1999～2010年降雨数据分析

Figure 3.2　Precipitation data of Station Kunming in Lake Dianchi Watershed from 1999 to 2010

3.1.2 气象数据分析

滇池流域的气象数据主要包括气压、气温、湿度、风速与风向、日照、辐射6类，以下分别对这几类数据的基本统计特征及年际变化规律进行说明。图3.3给出了滇池流域昆明站1999～2010年气压数据，包括平均气压、日最高气压、日最低气压。从图3.3中可以看出滇池流域的气压变化范围大体在800～825hPa，从1～6月这3种气压都呈现略微的下降趋势，而从7～12月则先上升之后略有下降，在10月达到最高值。从图3.3中的3个箱线图可以发现，平均气压、日最高气压、日最低气压具有很强的相关性，因此在后续的分析中需要对此加以考虑。

图3.4给出了滇池流域昆明站1999～2010年气温数据，包括平均气温、日最高气温和日最低气温，其变化趋势似乎与气压值相反，从1～6月明显上升，而7～12月则明显下降。平均气温、日最高气温、日最低气温三者有明显的正相关，但这种相关性没有气压那么强烈，但也表现出一个十分鲜明的特点：日最高气温变化比较平缓，而日最低气温变化则比较剧烈，对于平均温度而言，处于中位，为二者的平衡值。这一现象表明滇池流域的日最高气温相对比较稳定，保证了昆明市冬天不会太冷，而日最低气温相对比较波动，也保证了昆明市夏天不会太热，从这个角度也反映了昆明市气候宜人。

图3.5给出了滇池流域昆明站1999～2010年相对湿度与日照时数年内变化趋势。从图3.5中可以看出，平均相对湿度和最低相对湿度有一定的正相关性，大体上都表现出1～5月的一个低谷，然后5～10月的持平，以及11月和12月的略有降低，可见滇池流域在冬季和春季都相对比较干燥，尤其是在3月，其平均相对湿度的均值只有约为50%，而最低相对湿度的均值只有约为30%。与此相反，日照时数在1～4月处于一年中比较高的水平，在这期间正好处于春季，光照充足有利于作物的生长。而从5～10月基本上都处于光照的低谷，到11月和12月时才逐渐恢复到1～4月的水平。

图3.6给出了滇池流域昆明站1999～2010年风速年内变化情况，包括平均风速、最大风速和极大风速。这3种风速指标的变化趋势总体上是一致的，都是1～5月出现一个高峰，峰值就在3月，而6～10月处于滇池流域风速最小的时段，11月和12月又开始恢复正常，整个趋势有些像日照时数，但却与平均相对湿度和最低相对湿度呈现水平轴对称，而与平均气压、日最高气压和日最低气压呈现垂直轴对称。最大风速和极大风速都对应着一个风向，后面将专门对这两个指标进行说明。

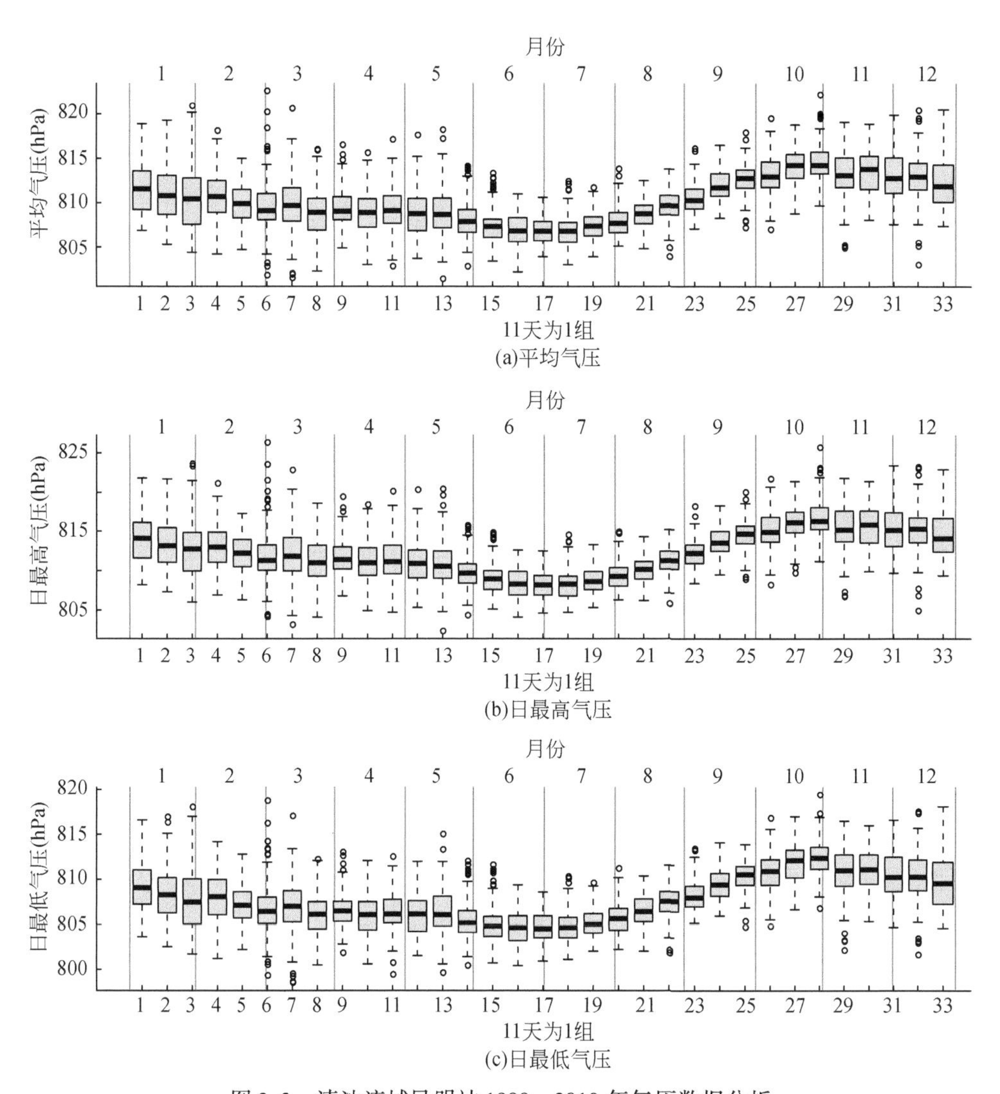

图 3.3 滇池流域昆明站 1999 ~ 2010 年气压数据分析

Figure 3.3 Atmospheric pressure data of Station Kunming in Lake Dianchi Watershed from 1999 to 2010

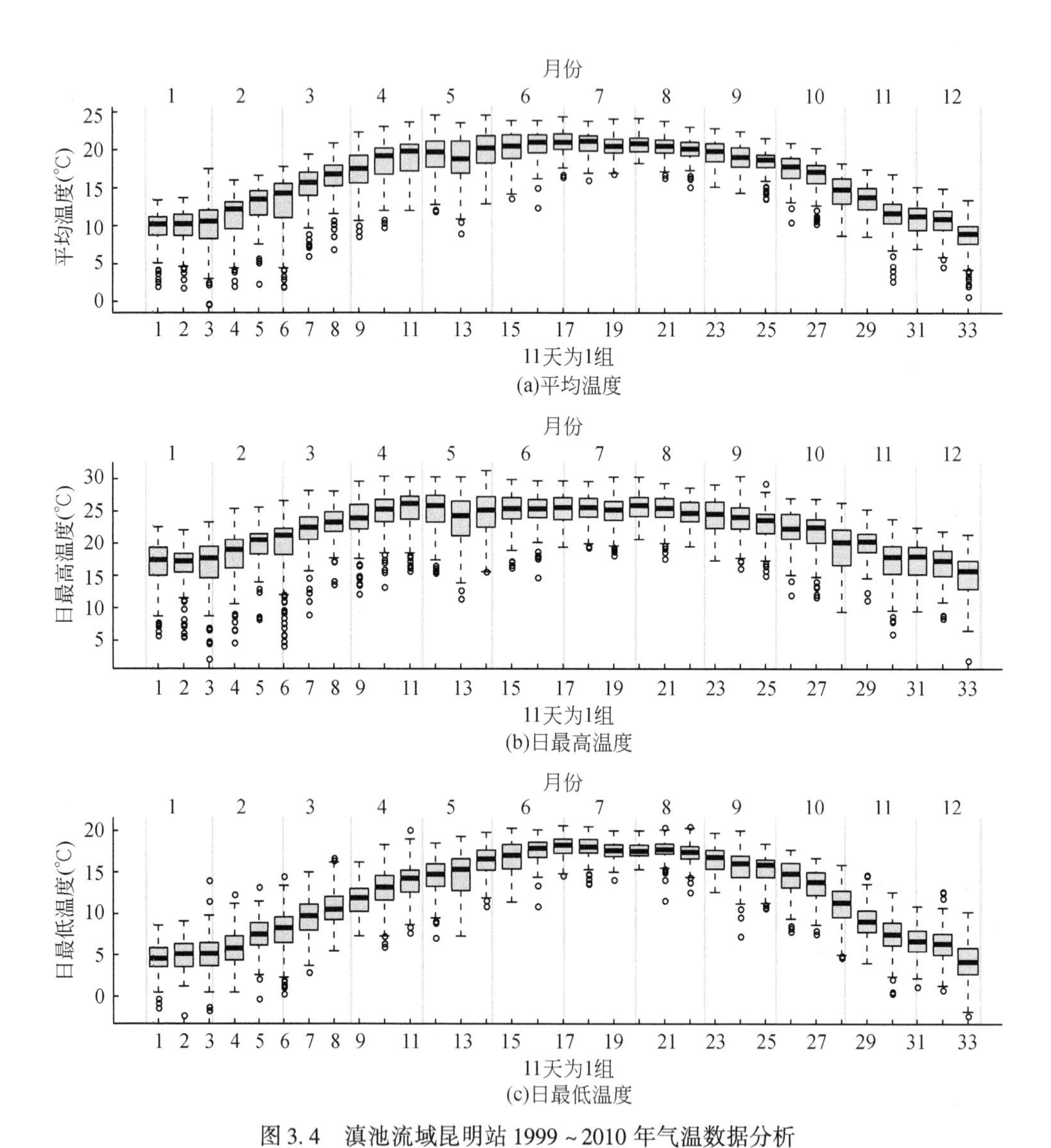

图 3.4 滇池流域昆明站 1999 ~ 2010 年气温数据分析

Figure 3.4 Air temperature data of Station Kunming in Lake Dianchi Watershed from 1999 to 2010

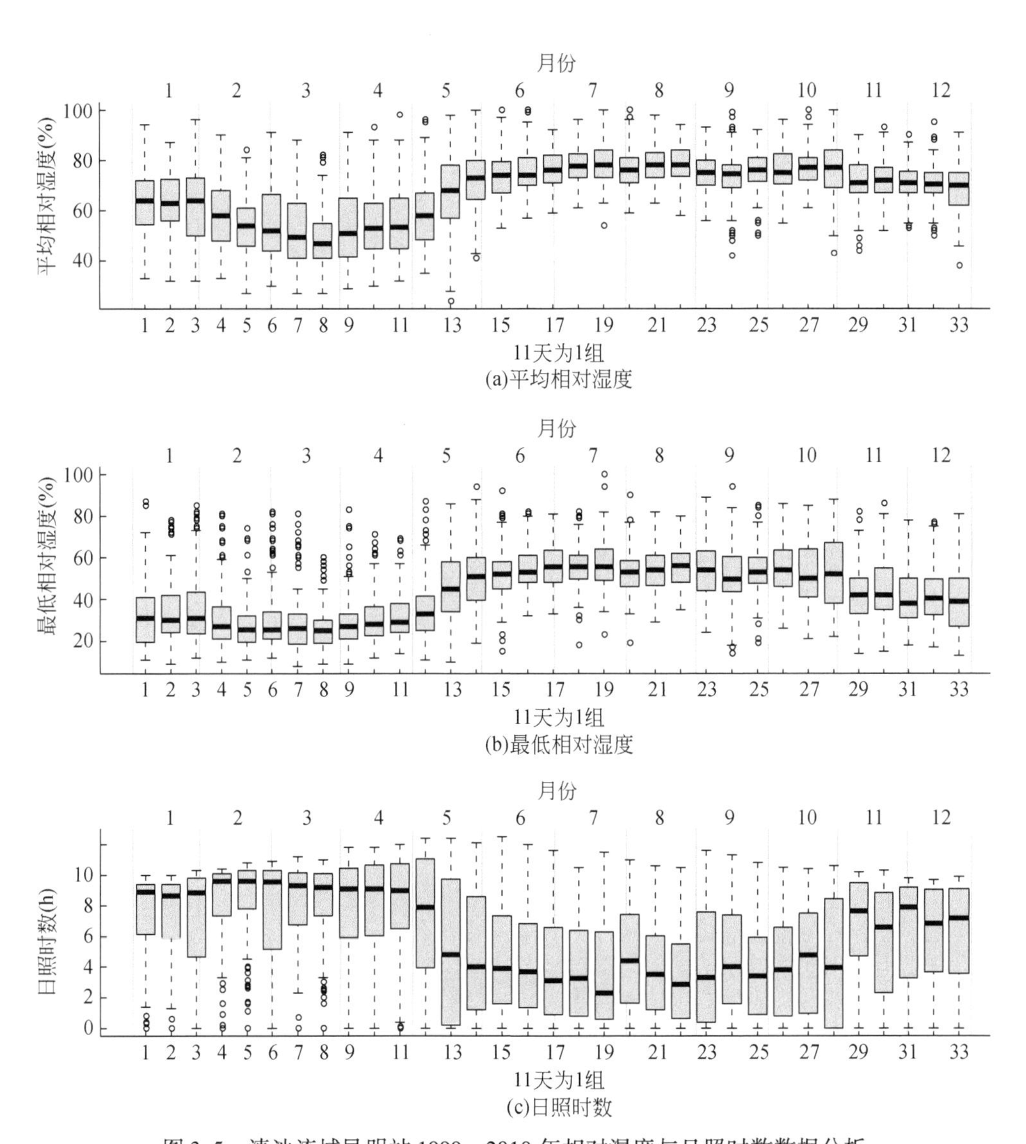

图 3.5 滇池流域昆明站 1999 ~ 2010 年相对湿度与日照时数数据分析

Figure 3.5 Relative humidity and sunshine hours data of Station Kunming in Lake Dianchi Watershed from 1999 to 2010

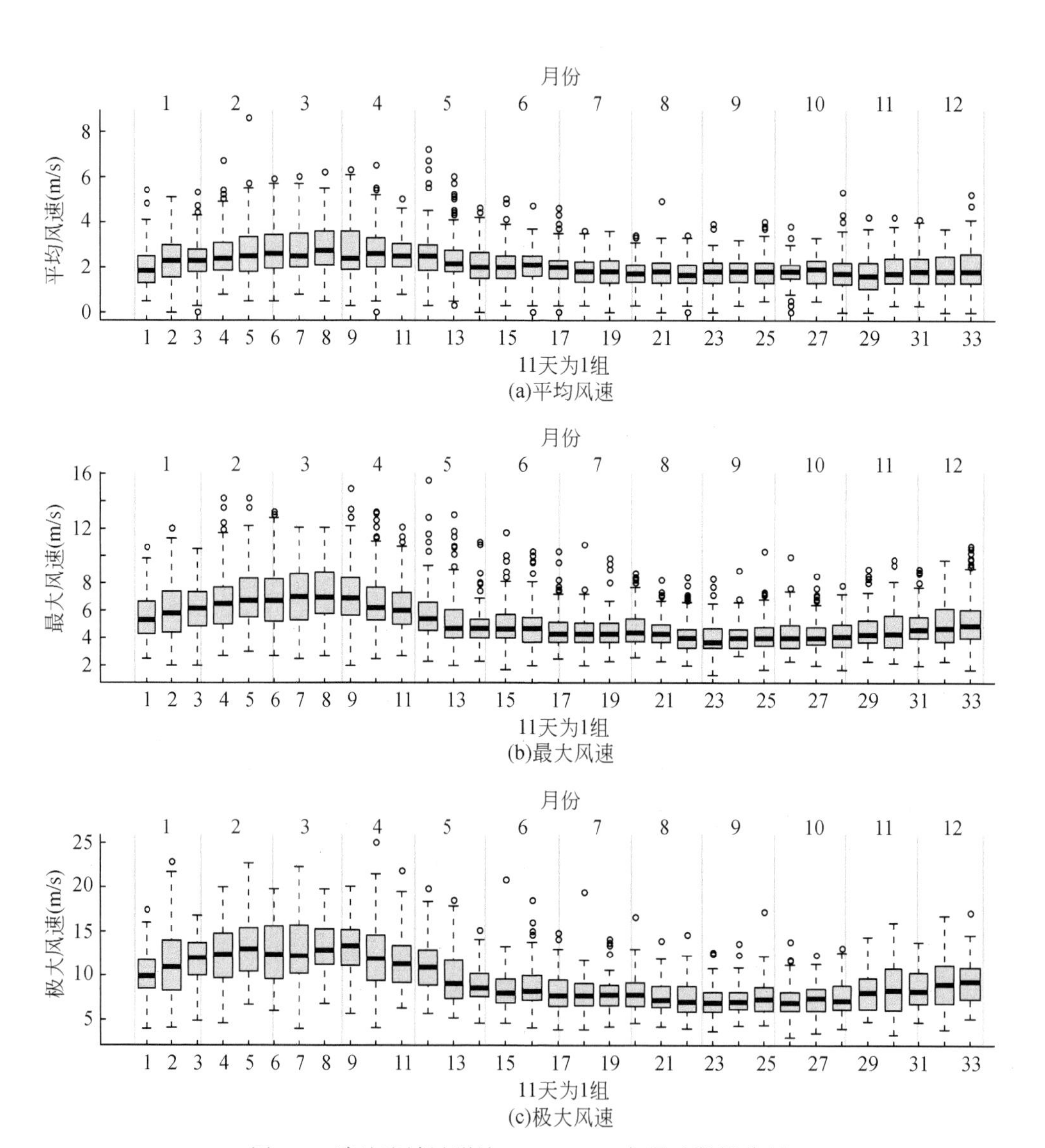

图 3.6　滇池流域昆明站 1999～2010 年风速数据分析

Figure 3.6　Wind speed data of Station Kunming in Lake Dianchi Watershed from 1999 to 2010

图 3.7 给出了滇池流域昆明站 1999 ~ 2010 年辐射指标年间变化趋势，包括总辐射、净全辐射、散射辐射、水平面直接辐射、反射辐射和垂直面直接辐射这 6 个指标。从图 3.7 中可以直观地看出这 6 个指标的年内变化趋势大体上可以分为 3 类：第 1 类趋势是先上升后持平，上升期主要发生在 1 ~ 4 月，持平期主要发生在 5 ~ 12 月，包括的指标有总辐射和反射辐射；第 2 类趋势是先上升后下

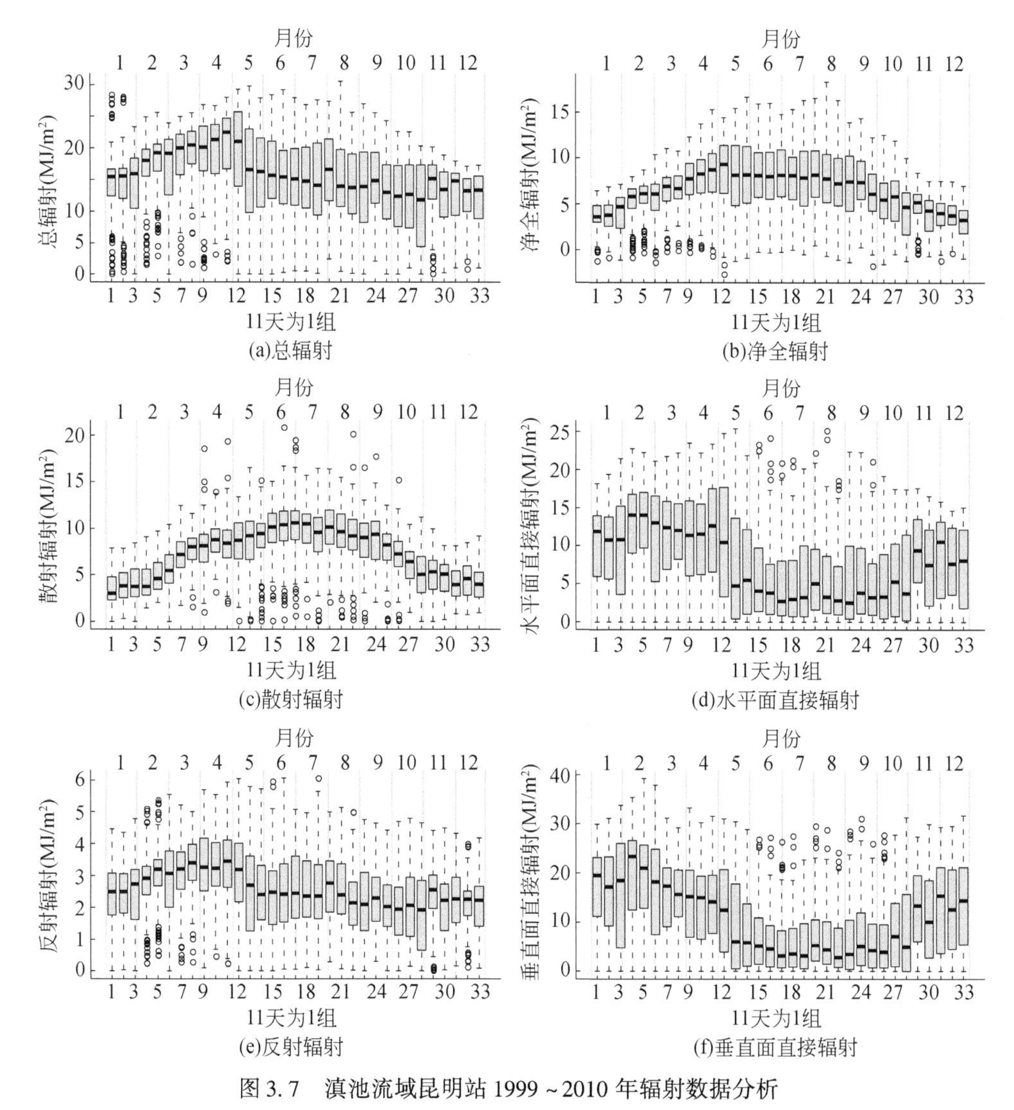

图 3.7　滇池流域昆明站 1999 ~ 2010 年辐射数据分析

Figure 3.7　Solar radiation data of Station Kunming in Lake Dianchi Watershed from 1999 to 2010

降，这点与气温的变化趋势类似，峰值位于6月和7月，包括的指标有净全辐射和散射辐射；第3类趋势是高、低、中3段持平，第1段位于1~4月，第2段位于5~10月，第3段位于11月和12月，包括的指标有水平面直接辐射和垂直面直接辐射。大体上看，第3类趋势与第1类趋势也较为相似。可见，辐射指标之间的相关性也是比较明显的。

图3.8给出了滇池流域昆明站1999~2010年风向玫瑰图，主要包括最大风速风向和极大风速风向。从表3.1中可以看出极大风速和极大风速风向含有较大量的缺失值（42.39%），但从风向玫瑰图上看这种缺失的影响似乎并没有太明显，极大风速风向与最大风速风向频率几乎是一致的。然而，在风速分布上，极大风速比最大风速要更显极端，因为最大风速并非是所有风速中最大的，而是在10分钟内的平均风速。从图3.8中可以看出，滇池流域常年盛行风向为西南风（准确的应该是SWW和S），最大风速多位于7~10m/s，而极大风速在主导风向上>10m/s的可能性很大。由于滇池流域的湖流系统是风生环流，因此风向及风速对于滇池水质和水生态系统的影响也是比较显著的，尤其是在滇池外海北部区域，水体比较静缓，而风却是自西南而北的，污染物难以扩散，此外滇池北部坐落有昆明市主城区，其污染负荷输入量本身也是十分巨大的，因此滇池外海北部区域的水质是滇池外海最差的部分，而治理难度也是最大的。

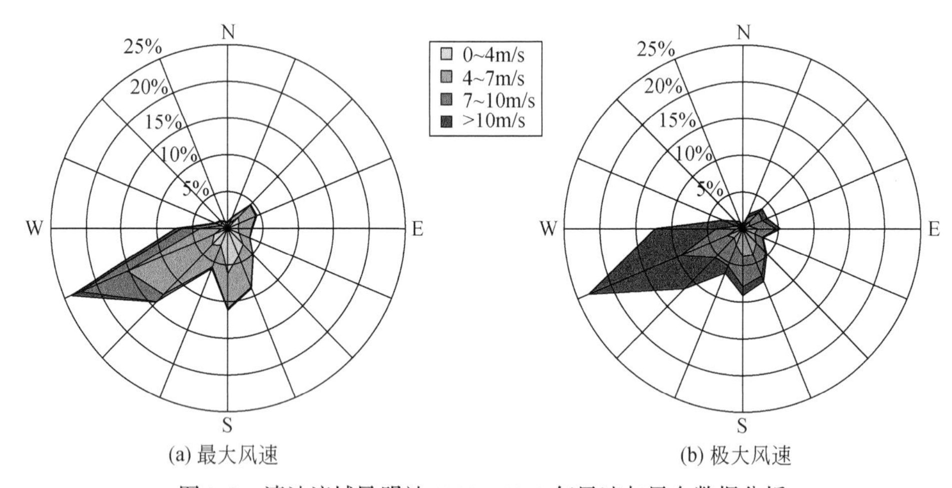

图3.8　滇池流域昆明站1999~2010年风速与风向数据分析

Figure 3.8　Wind speed and direction data of Station Kunming in Lake Dianchi Watershed from 1999 to 2010

3.2 模型假设与结构

3.2.1 模型基本假设

本书在 GLM 模型中所用到的协变量主要有两个类型的数据，第一个类型的数据是 15 个雨量站的经纬度坐标和高程值，第二个类型的数据是昆明气象站中气压、气温、湿度、风速与风向、日照、辐射这 6 个类型的气象数据。由于气象数据只有 1 个站点的，为了分析的方便，本书不考虑气象数据在空间上的异质性，假定整个滇池流域的所有的气象数据都是均一的。响应变量则是 15 个雨量站从 1999 ~ 2010 年逐日的降雨量数据。在建模过程中，不考虑前一天降雨与否的状态对模拟当天降雨事件发生的概率以及发生降雨事件时的雨量大小的影响，即采用的是 0 阶 Markov 链模型。

3.2.2 降雨事件模拟模型

对滇池流域 15 个雨量站进行降雨事件模拟主要采用的是 logistic 回归模型，其表达式如下：

$$\ln\left(\frac{p_{ij}}{1-p_{ij}}\right)=\alpha+\beta^{\mathrm{T}}(s_i * t_{ij}) \tag{3.1}$$

其中

$$p_{ij}=E\,[W_{ij}] \tag{3.2}$$

式中，i 为监测站点的个数，$i=1, 2, \cdots, m$；j 表示第 i 个监测站点的监测时长，$j=1, 2, \cdots, n_i$；p_{ij}为在第 i 个监测站点第 j 个时间点上观测到降雨事件的概率；W_{ij}为在第 i 个监测站点第 j 个时间点上是否观测到降雨事件，为 0 ~ 1 变量，一般假定其服从 Bernoulli 分布；s_i 为第 i 个监测站点空间信息指标，如经纬度坐标与高程；t_{ij}为第 i 个监测站点第 j 个时间点上相关时间信息与相关协变量的监测数值，如一年中的某一天以及这天温度、湿度等指标的监测值；α 和 β 为相关回归系数；“ * ”为因素单一效应与交叉效应的混合，如 $x * y$ 表示（x，y，xy）。

采用最大似然估计可以得到回归系数 α 和 β 的估计值 $\hat{\alpha}$ 和 $\hat{\beta}$，将 $\hat{\alpha}$ 和 $\hat{\beta}$ 代入式（3.1）就可以得到第 i 个监测站点第 j 个时间点上发生降雨事件的概率的期望值 $\hat{p}_{ij}$。如果我们认为 $\hat{p}_{ij}>0.5$ 时就表明发生降雨事件，那么通过这种方法我们可以得到第 i 个监测站点第 j 个时间点上发生降雨事件的期望值 $\hat{W}_{ij}$。可以通过比较

$\hat{W}_{ij}$和 W_{ij}来判断 logistic 回归模型的拟合效果。

3.2.3 降雨量估算模型

如果我们忽略降雨量原始序列中的 0 值，那么剩下的数据都为大于 0 并且其经验分布为右偏分布，一般采用 Γ 分布对这些数据进行拟合。如果取自然对数为连接函数，那么降雨量估算模型可以写成如下的形式：

$$\ln\mu_{ij} = \delta + \gamma^{\mathrm{T}}(s_i * t_{ij}) \tag{3.3}$$

其中

$$\mu_{ij} = E[Y_{ij}] \tag{3.4}$$

式中，i、j、s_i、t_{ij}及“ * ”的含义同前；μ_{ij}为第 i 个监测站点第 j 个时间点上观测到降雨事件时降雨量的期望值；Y_{ij}为第 i 个监测站点第 j 个时间点上观测到降雨事件时降雨量的观测值，这里一般假定其服从 Γ 分布；δ 和 γ 为相关回归系数。

为了便于对残差进行分析与讨论，式（3.3）可以近似成以下的对数正态回归模型：

$$\ln Y_{ij} = \delta + \gamma^{\mathrm{T}}(s_i * t_{ij}) + \varepsilon_{ij} \tag{3.5}$$

其中

$$\mu_{ij} = E[\ln Y_{ij}] \tag{3.6}$$

式中，ε_{ij}为残差项，这里假定 $\varepsilon_{ij} \sim N(0, \sigma^2)$，那么可知 $\mu_{ij} = \delta + \gamma^{\mathrm{T}}(s_i * t_{ij})$，这时 Y_{ij}服从对数正态分布，即 $Y_{ij} \sim LN(0, \sigma^2)$。

3.3 协变量预处理

3.3.1 协变量初选

在进行多元线性回归的时候，往往容易受到多重共线性的影响而使得参数估计的方差变大，方差膨胀因子（variance inflation factor，VIF）就是一个用来表示由于自变量间存在多重共线性时方差增加的倍数。对于一般的线性回归问题：

$$Y_j = \beta_0 + \beta_1 X_{1j} + \cdots + \beta_p X_{pj} + \varepsilon_j \tag{3.7}$$

其第 i 个变量回归系数估计值 $\hat{\beta}_i$ 的方差满足如下表达式：

$$\mathrm{var}(\hat{\beta}_i) = \frac{\sigma^2}{\sum_{j=1}^{n}(X_{ij} - \bar{X}_i)^2} \times \frac{1}{1 - R_i^2} \tag{3.8}$$

式中，前面一项为当 X_i 与其他协变量不相关（$R_i^2=0$）时回归系数估计值 $\hat{\beta}_i$ 的方差；而后面一项为由于存在多重共线性而使得 $R_i^2 \neq 0$，进而导致回归系数估计值 $\hat{\beta}_i$ 的方差增加的倍数，记为 $\hat{\beta}_i$ 的 VIF：

$$\mathrm{VIF}(\hat{\beta}_i) = \frac{1}{1 - R_i^2} \tag{3.9}$$

式中，R_i^2 为 X_i 与其他协变量回归时的可决系数。

一般认为 VIF>10 即存在多重共线性问题，甚至更严格的认为 VIF>5 就说明产生了多重共线性问题。本书为了减少后续的分析负担，尽可能地删除冗余信息，采用 VIF>5 作为多重共线性的评判标准，并以此标准来对变量进行筛选。

这里，首先对用于回归分析的气象变量之间的相关性进行描述性的说明。根据表 3.1 给出的各个变量缺失数据的比例信息并且结合前面对滇池流域气象特征规律的分析，去掉了极大风速（EWS）和极大风速风向（DEWS）这两个指标，并对余下的变量绘制相关系数矩阵图（图 3.9）。从图 3.9 中可以发现剩余的气象变量根据其相关系数大体上可以分为 6 个类别：①气压相关的变量，包括平均气压（MP）、日最高气压（DHP）和日最低气压（DLP）；②湿度相关的变量，包括平均相对湿度（MRH）和最低相对湿度（LRH）；③温度相关的变量，包括平均温度（MT）、日最高温度（DHT）、日最低温度（DLT）和反射辐射（RR）；④辐射相关的变量，包括日照时数（SH）、总辐射（GR）、净全辐射（NTR）、散射辐射（DR）、水平面直接辐射（HDR）、垂直面直接辐射（VDR）；⑤风速相关的变量，包括平均风速（MWS）和最大风速（10min 平均风速）（HWS）；⑥风向相关的变量，主要是最大风速风向（DHWS）。从变量相关度上看（图 3.9 中圆圈的颜色深浅程度），每一组变量内部都存在着较强的正相关，尤其是气压相关的变量，其相关程度非常高。这时不免会出现多重共线性的问题，不利于后续的回归分析。

为此，本书利用 VIF>5 作为多重共线性的评判标准，采用如下步骤对以上变量进行筛选：①设定初始变量集为全部变量；②计算初始变量集中各个变量的 VIF，如果所有的 VIF 值都低于 5，则结束分析；否则，删除 VIF 值最大的那个变量，得到新的变量集；③对新的变量集重复第②步的操作，直到变量集中所有变量的 VIF 都低于 5 时停止计算，此时得到的变量集即为最终的变量集。

通过上述方法，最终得到的变量集按照 VIF 从大到小的顺序依次是[①]：MRH

---

① 括号中的数字表示相应的方差膨胀因子。

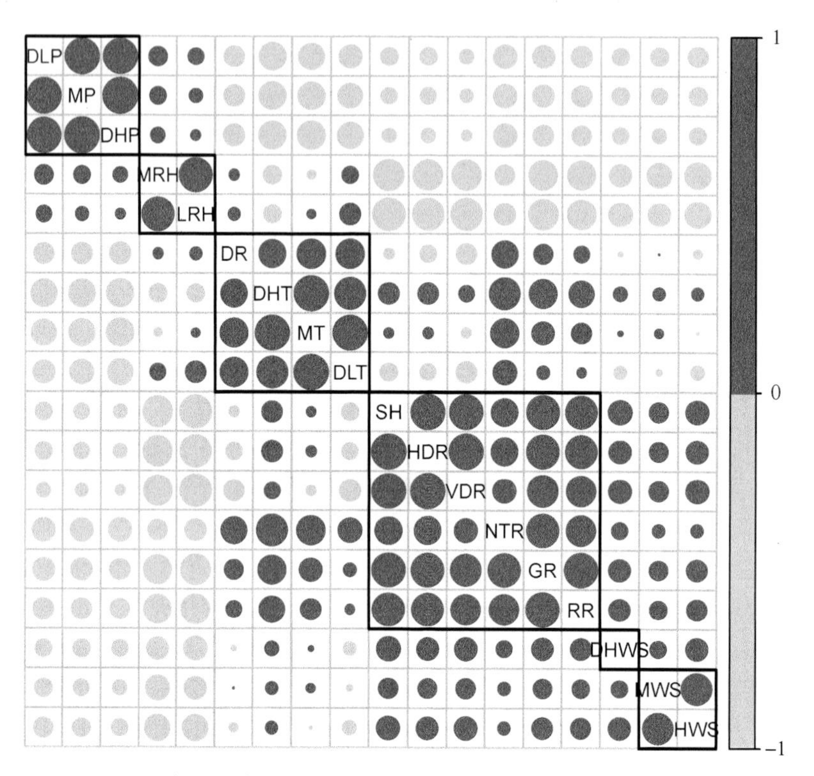

图 3.9　滇池流域昆明站 1999 ~ 2010 年气象变量相关系数矩阵图

Figure 3.9　Correlation matrix plot of station Kunming in Lake Dianchi Watershed from 1999 to 2010

(4.96)、NTR (3.94)、RR (3.46)、DHT (3.01)、HWS (2.85)、MWS (2.39)、DR (1.90)、DLP (1.72)、DHWS (1.34)。从这个结果上看，气压相关的变量中选了 DLP，湿度相关的变量中选了 MRH，温度相关的变量中选了 DHT 和 RR，辐射相关的变量中选了 NTR 和 DR，风速相关的变量中选了 HWS 和 MWS，风向相关的变量中选了 DHWS。可见每组变量里面都有相应的变量得以入选，并且对于相关性较强的变量，仅仅选择一个最有代表性的变量，如在气压相关的 3 个变量中，最后只选了日最低气压（DLP）作为用于分析的变量，这样大大降低了集中变量的多重共线性，减少了信息的冗余程度，为之后的回归分析减轻了负担。

3.3.2　缺失值多重插补

根据协变量初选的结果，我们可以构造出含有部分缺失值的数据集，包括

MRH、NTR、RR、DHT、HWS、MWS、DR、DLP、DHWS 这些气象变量和时间变量。利用基于多重插补的 EMB 算法对整个数据集进行缺失值填补，得到 100 个数据样本集。由于气象数据的分布大多右偏分布，因此本书在插值前首先对非负样本取对数，将离散变量（风向）变成哑变量。通过这种方法计算的结果如图 3.10 所示。图 3.10 并没有给出全部的插补结果，仅仅给出了缺失比例相对较高的变量。事实上这些变量的缺失比例并不高，其中 NTR 仅仅缺失 1.8%，DR

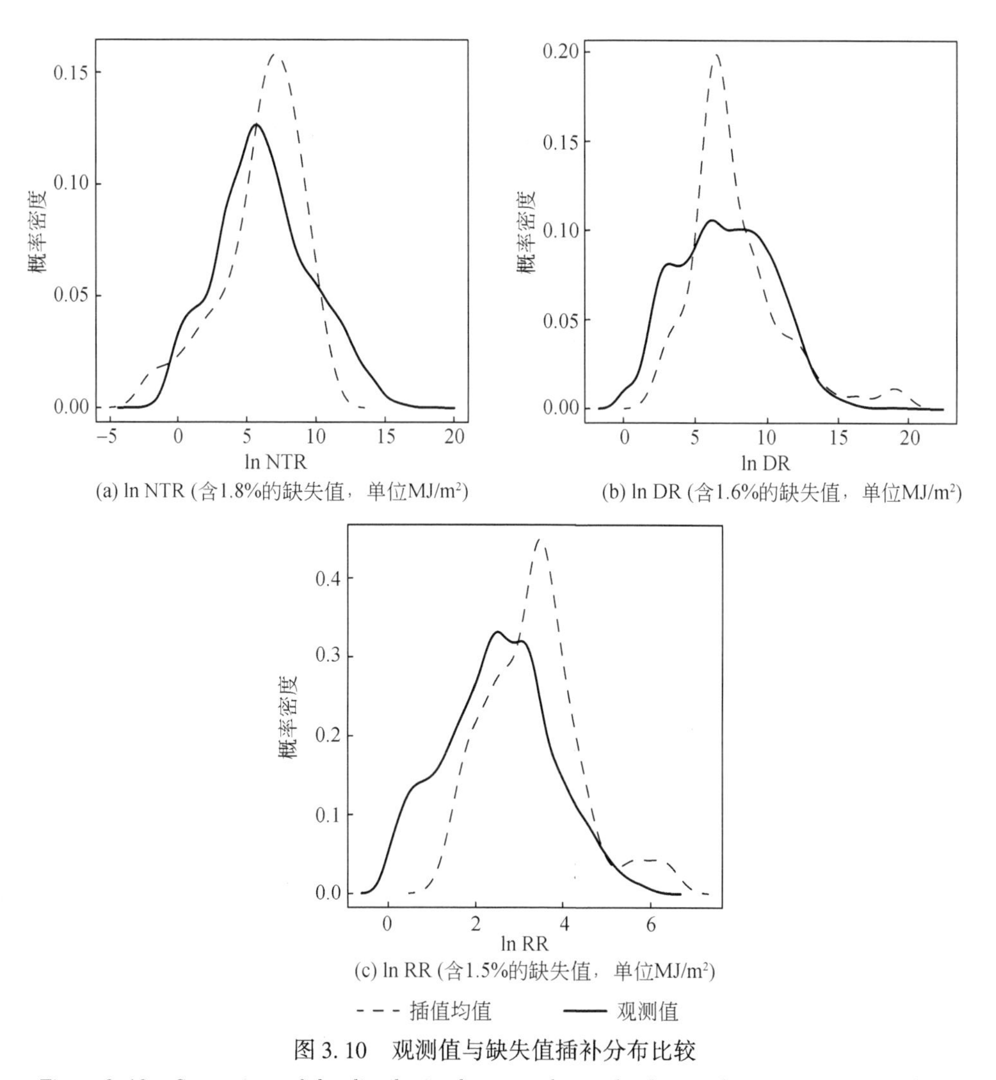

图 3.10 观测值与缺失值插补分布比较

Figure 3.10 Comparison of the distribution between observed values and mean imputation values

仅仅缺失 1.6%，RR 仅仅缺失 1.5%。对比观测值的分布与插值均值的分布，可以发现这 3 个变量的观测值分布与插值均值分布比较接近（插值均值众数的峰值略高于观测值众数的峰值），说明所填补的缺失值的分布基本保持了原始数据的分布类型。由于整体上所分析的样本缺失值比例不高，而插值均值分布与观测值分布接近，因此本书为了简化分析过程，将插值均值作为缺失值的期望值填补到原始数据中，得到不含缺失值的完整样本用于后续分析。

3.4 降雨事件模拟

3.4.1 Logistic 回归模型拟合

Logistic 回归模型的协变量主要包括雨量站的经纬度坐标与高程、观测的年份、观测天在一年中出现位置的正弦与余弦变换①、气象变量（MRH、NTR、RR、DHT、HWS、MWS、DR、DLP、DHWS），采用逐步回归的方法通过比较 AIC 指标最终可以得到 Logistic 回归系数估计与相关统计量的计算结果，见表 3.3②。从表 3.3 中可以看出，在雨量站的空间信息上，仅仅只有经度坐标与降雨事件发生的概率有比较显著的回归关系，但这一显著变量的回归系数相比其他回归系数显得尤其小，可见各个雨量站对于降雨事件发生概率的模拟在空间上的差异性并不十分显著。另外，在时间上，除了 2001 年和 2010 年的回归系数不显著外，其余都十分显著。从回归系数的数值上看，从 1999 ~ 2005 年的回归系数都大于等于 0（1999 年的回归系数为 0），而 2006 ~ 2010 年的回归系数都小于 0，说明在分析的年份中前 7 年的降雨概率要明显高于后 5 年的降雨概率，由此可见前 7 年可能处于丰水年而后 5 年则处于枯水年。同时，观测天的正弦与余弦值的回归系数也十分显著。在气象变量方面，逐步回归的过程舍弃了 DLP，而其他的气象变量的回归系数都非常显著。从以上的分析过程可以发现，通过协变量的初选，能够有效的删除冗余信息，而通过逐步 GLM 回归，能够大大提高回归系数

---

① $\sin\left(\frac{2\pi}{365}kx\right)$ 与 $\cos\left(\frac{2\pi}{365}kx\right)$，$x$ 表示一年中的第几天，k 表示正弦与余弦变换的阶数，其取值为正整数，如果为闰年，式中的 365 将变成 366。

② 表中 Intercept 表示截距，Lati 表示经度坐标，year2 ~ year12 表示从 2000 ~ 2010 年这 11 年观测年份的哑变量（哑变量的个数等于离散变量取值个数减 1），tsin1 和 tcos1 分别表示观测天的正弦与余弦变换，DHWS2 ~ DHWS16 表示 16 个风向的哑变量。

的显著性，从而提高各个回归系数的可解释性。

表 3.3　Logistic 回归系数估计与相关统计量计算

Table 3.3　Coefficients estimation and relative statistics of logistic regression

变量	估计值	标准误	*Z* 值	Pr(>| *Z* |)	显著性
Intercept	-9.781	0.262	-37.356	0.000	***
Lati	-0.002	0.001	-2.957	0.003	**
year2	0.242	0.056	4.326	0.000	***
year3	0.064	0.057	1.118	0.264	
year4	0.328	0.061	5.394	0.000	***
year5	0.333	0.061	5.482	0.000	***
year6	0.880	0.059	14.982	0.000	***
year7	1.068	0.057	18.872	0.000	***
year8	-0.387	0.063	-6.189	0.000	***
year9	-0.518	0.061	-8.526	0.000	***
year10	-0.125	0.057	-2.183	0.029	*
year11	-0.175	0.059	-2.969	0.003	**
year12	-0.041	0.062	-0.669	0.504	88
tsin1	0.265	0.024	11.219	0.000	***
tcos1	-1.152	0.037	-31.107	0.000	***
DHT	0.042	0.006	7.161	0.000	***
MRH	0.119	0.002	59.079	0.000	***
MWS	-0.208	0.021	-10.086	0.000	***
HWS	0.285	0.011	25.827	0.000	***
NTR	-0.083	0.007	-11.245	0.000	***
DR	-0.023	0.005	-4.278	0.000	***
RR	-0.243	0.021	-11.416	0.000	***
DHWS2	0.082	0.134	0.609	0.542	
DHWS3	0.303	0.117	2.583	0.010	**
DHWS4	-0.322	0.117	-2.755	0.006	**
DHWS5	-0.115	0.119	-0.963	0.336	
DHWS6	-0.350	0.118	-2.965	0.003	**
DHWS7	-0.277	0.114	-2.422	0.015	*
DHWS8	-0.575	0.112	-5.147	0.000	***

续表

变量	估计值	标准误	Z 值	Pr(>｜Z｜)	显著性
DHWS9	−0. 581	0. 111	−5. 249	0. 000	***
DHWS10	−0. 646	0. 117	−5. 524	0. 000	***
DHWS11	−0. 672	0. 112	−5. 990	0. 000	***
DHWS12	−0. 768	0. 111	−6. 915	0. 000	***
DHWS13	−0. 483	0. 118	−4. 086	0. 000	***
DHWS14	0. 394	0. 135	2. 930	0. 003	**
DHWS15	0. 263	0. 135	1. 945	0. 052	.
DHWS16	0. 397	0. 144	2. 762	0. 006	**

*** 表示显著性水平在 0 ~ 0. 001； ** 表示显著性水平在 0. 001 ~ 0. 01； * 表示显著性水平在 0. 01 ~ 0. 05； · 表示显著性水平在 0. 05 ~ 0. 1；空格表示显著性水平在 0. 1 ~ 1

根据 Logistic 回归分析的结果，可以计算出 15 个站点在 1999 ~ 2010 年逐日降雨事件发生概率的期望值。这时，将这些概率期望值按从小到大的顺序进行排列，就可以生成新的序列（重复的数值只取一次）。然后分别以新生成序列中的每一个点为阈值，当计算出来的概率期望值大于这个阈值时，就认为发生了降雨事件，反之小于这个阈值时就没有发生降雨事件。这时通过比较该阈值下所得到的预测结果与真实结果的列联表构造的混淆矩阵（图 2. 6），可以分别计算出假阳性率和真阳性率的数值点，然后将这些数值点连成一条光滑的曲线，即可以得到图 3. 11 中所示的 ROC 曲线，根据 ROC 曲线计算出 AUC 的值为 0. 8812，说明采用 Logistic 回归分析能够较大程度地预测出滇池流域降雨事件发生概率的期望值。

3. 4. 2 与其他方法比较

从机器学习的角度，降雨事件发生与否的判别属于分类问题。对于分类问题，常见的机器学习算法，如支持向量机（SVM）、分类与回归树（CART）以及人工神经网络（NN）等都可以用来解决这类问题。为此，本书为了确定 GLM 模型模拟的效果以及改进的空间，将 GLM 模型与 SVM、CART 和 NN 计算的结果进行比较。在计算过程中，随机抽取 20% 的数据作为测试数据，另外 80% 的数据作为训练数据，先用训练数据将模型的参数学习出来，然后在测试集上进行测试，得到的结果见表 3. 4。表中 $n(i \mid j)$ $(i, j \in \{0, 1\})$ 表示预测结果为 i 而真实结果为 j 的样本个数，根据这一结果可以得到各自的准确率（表 3. 4 中的最后一列）。从准确率的结果上看，GLM 在训练集和测试集上的表现差不多，说明采

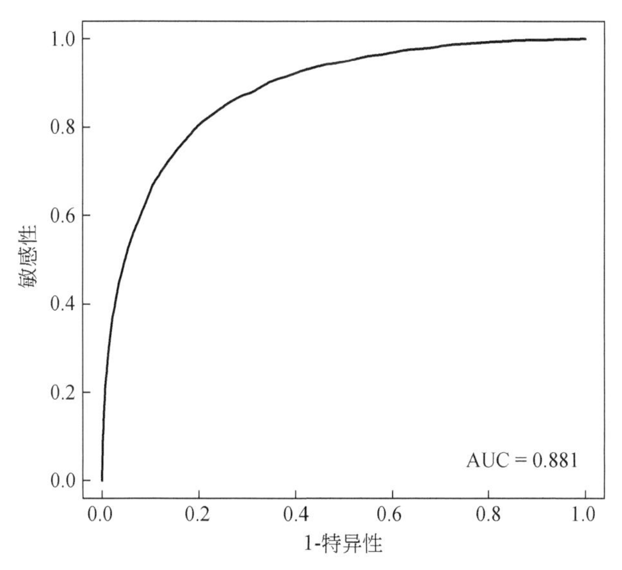

图 3.11　降雨事件预测的 ROC 曲线

Figure 3.11　ROC curve for rainfall occurrence predictions

用 GLM 的泛化能力是比较强的，NN 在训练上的准确率非常高，但在测试集上的准确率还不及 GLM，说明 NN 存在过拟合的状态，SVM 的分类效果是最好的，其训练集和测试集上的准确率都比 GLM 要高，但二者的差别并不大，因此如果用“奥卡姆剃刀原理”进行取舍的话，在相同的模拟效果的条件下选择最简单的模型，

表 3.4　GLM 降雨事件模拟模型与其他机器学习算法的比较

Table 3.4　Comparison of GLM models for rainfall occurrence and other machine learning algorithm

类型	模型	$n(0\|0)$	$n(0\|1)$	$n(1\|0)$	$n(1\|1)$	准确率（%）
训练	GLM	2130	280	205	891	86.2
	NN	2243	123	92	1048	93.9
	SVM	2175	270	160	901	87.7
	CART	2138	336	197	835	84.8
测试	GLM	533	68	51	225	86.4
	NN	523	67	61	226	85.4
	SVM	541	67	43	226	87.5
	CART	534	100	50	193	82.9

这时就会选择 GLM。CART 是这几个模型中计算效果最差的一个，无论是在训练集上还是在测试集上，都要比其他模型低。

除了比较 Logistic 回归模型回归的准确度之外，还可以直观地通过 ROC 曲线及 AUC 的值来比较这 4 个模型的表现（图 3.12）。图 3.12 中结果所表达的含义与表 3.4 是一致的，其中粗线表示训练的结果，细线表示测试的结果，二者越接近说明模型的泛化效果越好，AUC 的取值越大则模型的准确性越高。无疑，GLM 是最优的选择。

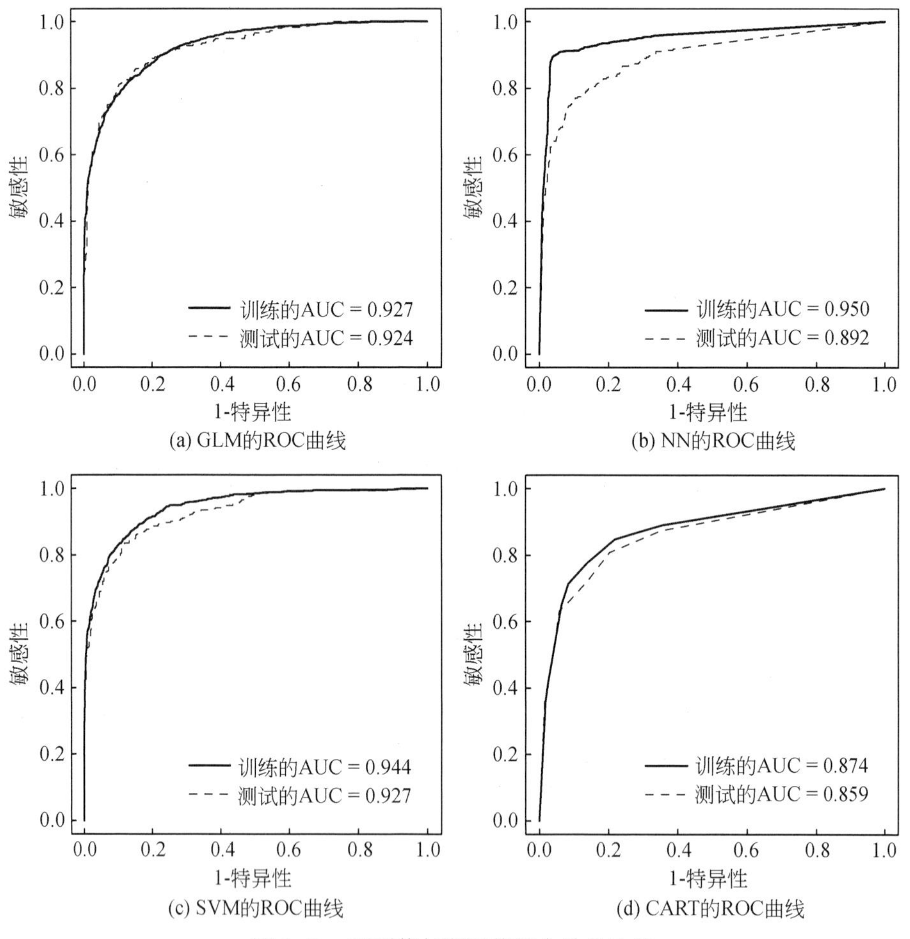

图 3.12　观测值与预测值拟合效果比较

Figure 3.12　Comparison of the goodness of fit between log observed values and log predicting values

3.5 降雨量估算

3.5.1 对数正态回归模型拟合

一般在进行降雨量估算时，采用的方法一般是以 Γ 分布为响应变量分布，以自然对数为连接函数的 GLM 模型。本书为了更好地分析残差的结构，将该 GLM 模型近似成对数正态回归模型。通过最大似然估计的方法可以得到各个回归系数的估计值，将这个估计值带入回归模型中可以计算出相应的期望值，那么真实值与期望值之差则是回归模型的残差。对于滇池流域降雨量估算，其对数正态回归模型的残差分布如图 3.13 所示。从图 3.13 左边的 Q-Q 图以及右边的直方图上看，对数正态回归模型的残差有较好的正态性，这点说明对残差服从正态分布的假定是合理的。

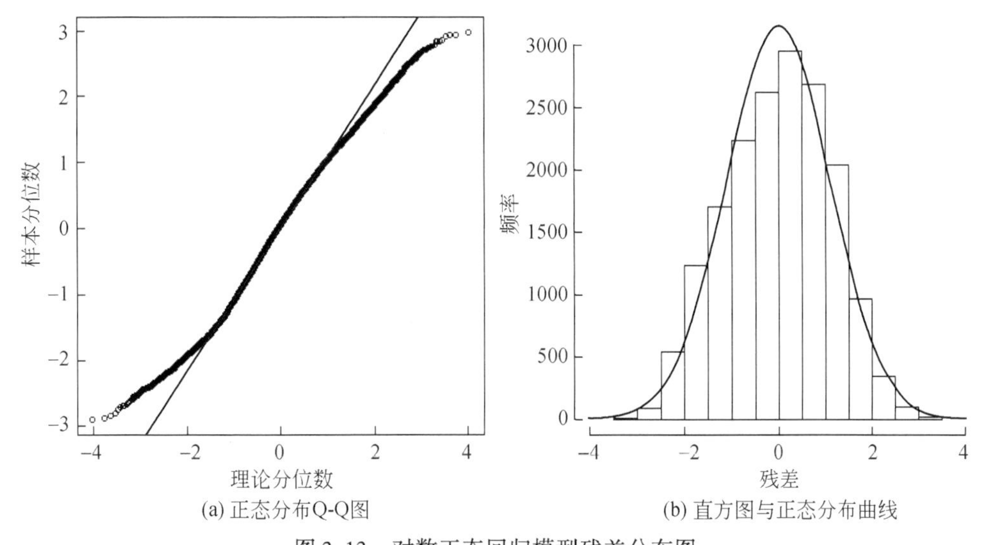

图 3.13　对数正态回归模型残差分布图

Figure 3.13　Distribution of residuals from log normal regression model

另外，我们还可以将回归的结果与真实的结果直接通过散点图进行比较，结果如图 3.14 所示[①]。从该结果中可以看出，模拟的效果与真实的效果相去甚远，

① 图中斜率为 1 的对角线为理论值，下同。

可见采用对数正态回归模型（近似的 GLM 模型）对滇池流域进行降雨量估计是不够准确的。从逐步回归的结果上看，15 个雨量站的降雨量大小似乎与其空间信息并没有直接的回归关系，其经纬度坐标与高程最终全部排除在协变量之外。由于对数正态回归模型的拟合结果不好，本书认为对于滇池流域 15 个雨量站的降雨量估计，采用对数正态回归模型在当前所给的协变量的条件下不能很好地解释降雨量的产生过程（这点从后面内容中也可以看出）。因此，需要采用其他的方法得到更好的结果。此处回归的结果并不重要，故并没有将回归变量的选择、回归系数的估计及其显著性评价指标等结果罗列出来。

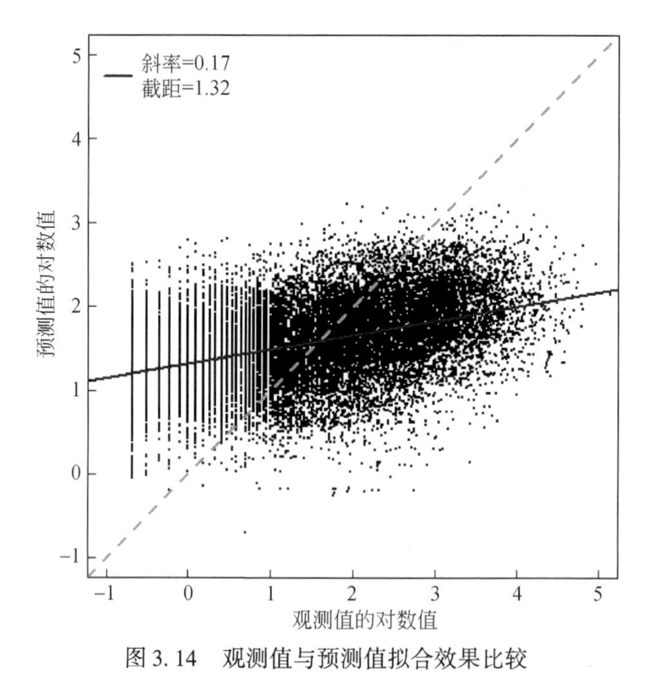

图 3.14　观测值与预测值拟合效果比较

Figure 3.14　Comparison of the goodness of fit between log observed values and log predicting values

图 3.15 给出了昆明站降雨量模拟与区间估计效果图①。图中的圆点表示实际观测到的结果，叉点表示降雨量估值均值，灰线表示其置信区间。从图 3.15 中可看出，采用对数正态回归模型（近似的 GLM 模型）计算出的降雨量估值均值

① 其他各个站点的结果均有计算，但考虑到篇幅限制，这里仅给出了一个站点的模拟结果。后面内容也作类似处理。

完全只能把握原始数据的平均水平，对于高值和低值的估计都很差，而95%的置信区间也没有能够很好地将大多数的观测值覆盖掉。

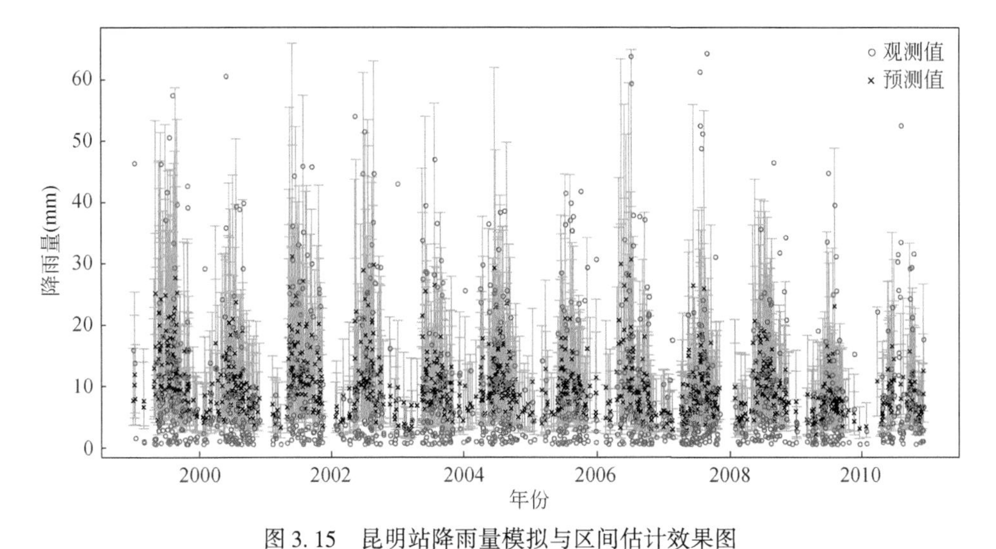

图3.15　昆明站降雨量模拟与区间估计效果图

Figure 3.15　Simulation and confident intervals estimation of rainfall in Site Kunming

3.5.2　与其他方法比较

从前面的分析可知，滇池15个雨量站降雨量大小与其空间坐标关系不大。为了简化计算过程，降低计算的时间和空间复杂度，提高计算效率，此处在进行方法比较时仅仅针对昆明站的降雨量数据作分析。类似地，从机器学习的角度，降雨量估计属于回归问题。由于采用GLM并没有很好地解决降雨量估算的问题，因此这里再次采用SVM、CART、NN等机器学习算法来对降雨量与相关协变量进行回归分析，以探求一种更好的降雨量估算方法。在计算过程中，仍然随机抽取20%的数据作为测试数据，将另外80%的数据作为训练数据。计算时，先用训练数据将模型的参数学习出来，然后在测试集上进行测试，得到的结果见表3.5。表3.5给出了4种模型计算的RMSE、SQRT. RMSE、LOG. RMSE、BLAS、NSE和SQRT. NSE这些指标的结果。如果单看NSE这个指标，一般认为该指标值如果大于0.6，那么拟合效果就比较好，而表3.5中给出的数据只有NN在训练集上能够满足这一要求，但在测试集上NSE却是负值，说明NN是过拟合的。再看BLAS这个指标，一般也都超过或者接近60%的相对误差（较低的相对误差是由于过拟合引起的)。对比所有的这些指标可以发现，SVM 无论在训练集上还是在测试集上，其表现都要好于 GLM，但这种改进的效果非常有限。由以上分析可知，SVM、CART、NN 等方法并没有给降雨量估算带来本质上的改善。

表 3.5　GLM 降雨量估算模型与其他机器学习算法的比较

Table 3.5　Comparison of GLM models for rainfall amounts and other machine learning algorithm

类型	模型	RMSE	SQRT. RMSE	LOG. RMSE	BLAS (%)	NSE	SQRT. NSE
训练	GLM	10.616	1.322	1.462	66.39	0.338	0.369
	NN	7.608	0.837	1.143	35.32	0.660	0.747
	SVM	11.085	1.283	1.358	58.68	0.279	0.406
	CART	11.548	1.357	1.395	63.57	0.217	0.335
测试	GLM	11.519	1.411	1.528	69.09	0.303	0.340
	NN	15.087	1.851	1.693	85.77	-0.195	-0.134
	SVM	12.621	1.446	1.440	66.58	0.163	0.308
	CART	14.023	1.690	1.555	78.40	-0.033	0.054

GLM、SVM、CART、NN 这 4 种方法进行回归分析在训练集合测试集上对降雨量估计效果分别如图 3.16 ~ 图 3.19 所示。对于所有的图，预测的结果与理论结果的差别都十分大。其中图 3.16 和图 3.18 是十分类似的，但从斜率上看，SVM 比 GLM 更加接近于理论值。图 3.17 在训练集和测试集上的表现差别很大，说明存在过拟合的现象，而测试集上的散点相比其他的图而已显得格外离散，说明拟合效果很差。图 3.19 给出的散点图在训练集和测试集上呈现出一种规则的条带状，这是因为 CART 算法给出的结果类似于一个分段函数，其光滑性不及其他算法，而整体上这些点的离散程度也高，尽管规避了过拟合的状态，但本质上相对于 GLM 和 SVM 是欠拟合的。

3.5.3　估算结果改进

由于采用 GLM、SVM、CART、NN 这 4 种方法对降雨量进行回归分析都没有能够对估算结果进行改进，但这一结果又直接影响到后续分析。为此，必须寻求一种降雨量估算结果的改进方法。由于基于多重插补的 EMB 算法在一定意义上也是通过回归的方法建立各个变量之间的关系，从而用回归期望值对缺失进行多次填补的方法，那么可以再次利用这种性质来估算出我们所关心的缺失数据的期

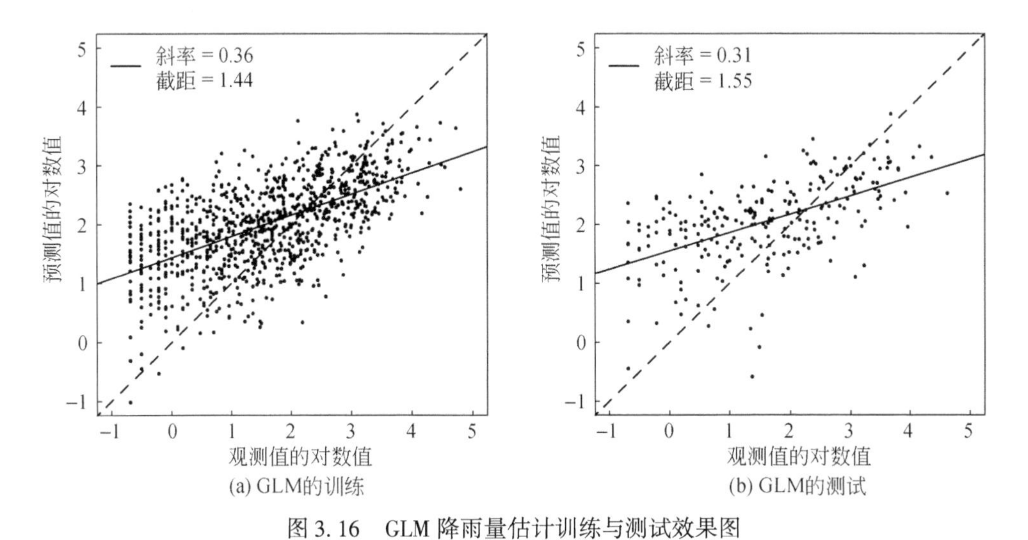

(a) GLM的训练　　(b) GLM的测试

图 3. 16　GLM 降雨量估计训练与测试效果图

Figure 3. 16　Training and testing results of GLM rainfall amount estimation

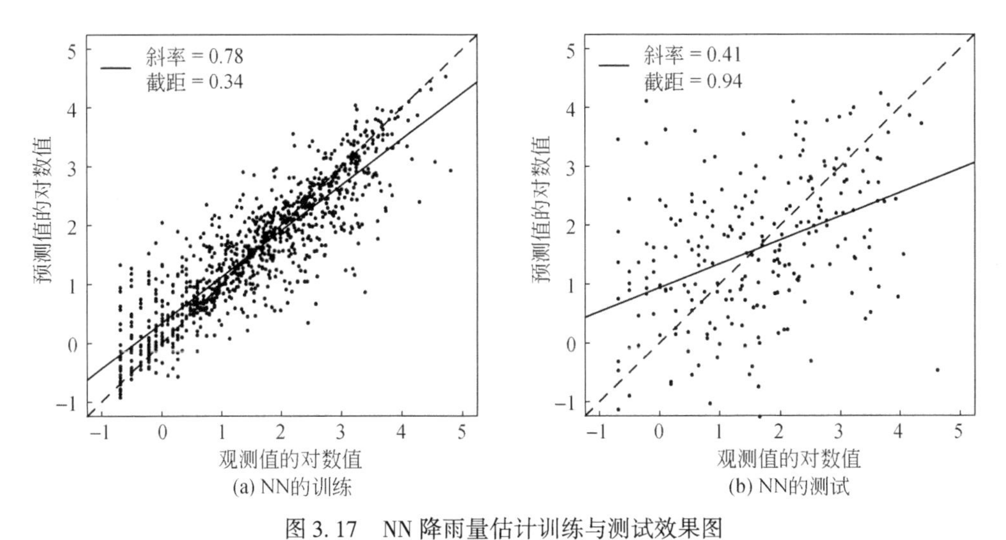

(a) NN的训练　　(b) NN的测试

图 3. 17　NN 降雨量估计训练与测试效果图

Figure 3. 17　Training and testing results of NN rainfall amount estimation

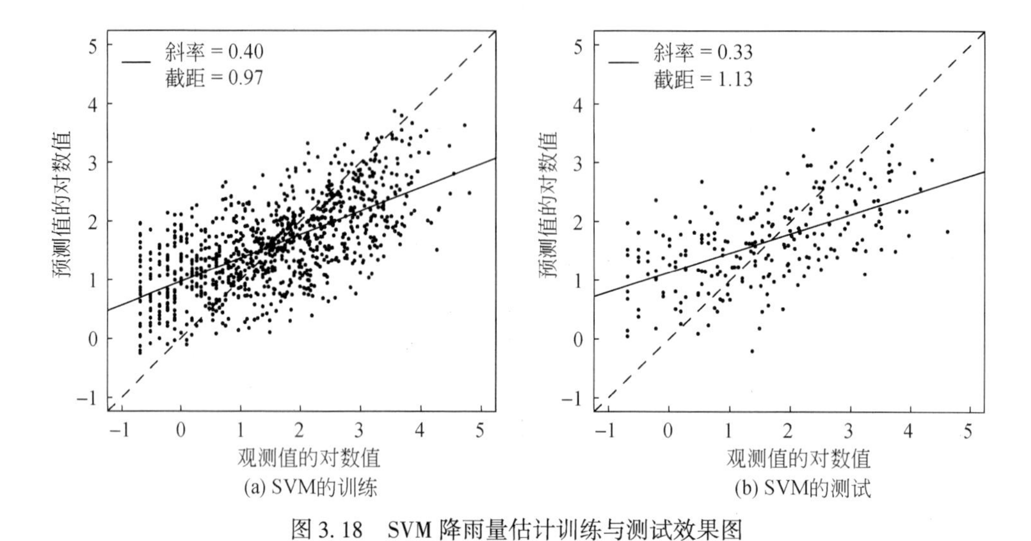

图 3.18　SVM 降雨量估计训练与测试效果图

Figure 3.18　Training and testing results of SVM rainfall amount estimation

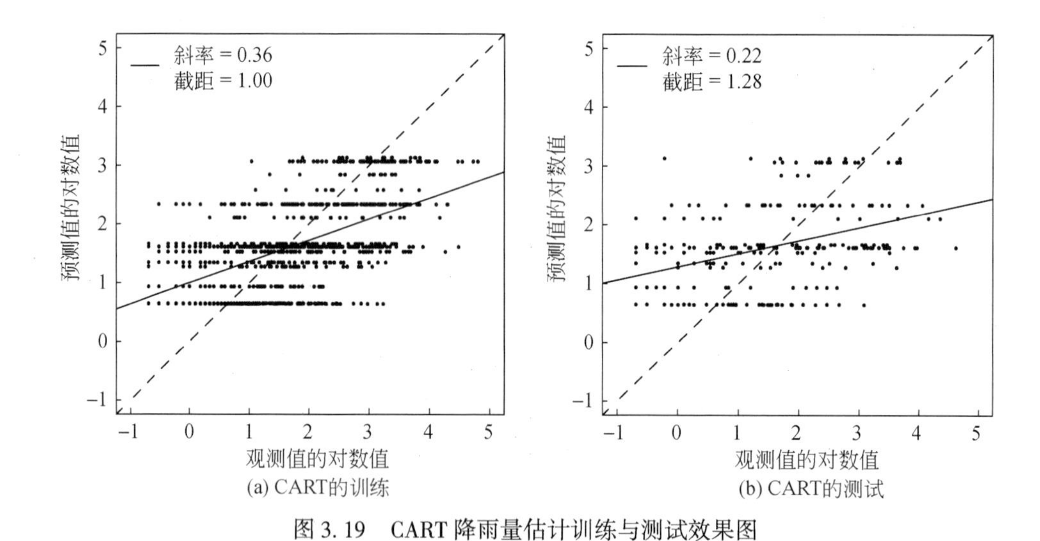

图 3.19　CART 降雨量估计训练与测试效果图

Figure 3.19　Training and testing results of CART rainfall amount estimation

望值分布。为了简化计算过程，在采用 EMB 算法进行多重插补之前，可以做如下假定和处理：①假定降雨量为 0 的数据本质上存在一个潜在的降雨量，只是因为某种原因而没有形成真实的降雨，而对于降雨量非 0 的数据，其潜在降雨量即为真实降雨量。在这种假设下，如果对潜在降雨量做分析时，所有为 0 的数据都可以看成是缺失值；②用于多重插补的数据样本指标包括日期、初选的 9 个气象因子和各个站点的雨量数据，共有 25 个变量，由于所有为 0 的数据都用缺失值代替了，这样大大地增加了缺失数据的比例。通过 EMB 算法进行多重插补生成 5 个样本集，然后分别对这 5 个样本集中的观测值和插补的缺失值进行 GLM 回归分析，得到的结果如图 3. 20 所示。从图 3. 20 中可以看出，尽管采用 GLM 对观测值与缺失值的插补值的回归效果都不理想，但这两种不理想的结果却表现出同样不理想的特征，即缺失值的插补值在一定意义上能够有效地反映出原始样本的信息。这点可以从下面的分析得到进一步验证。

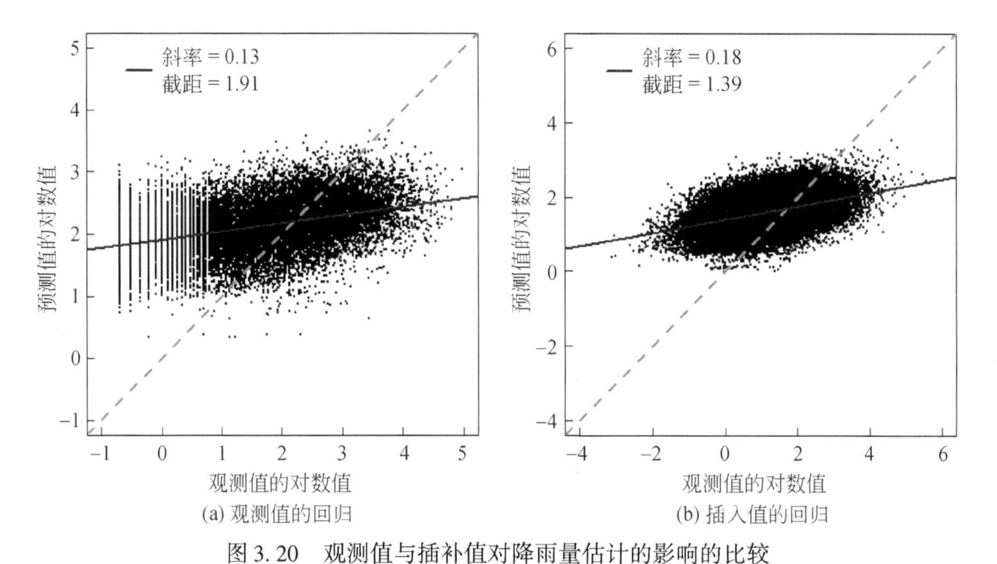

图 3. 20 观测值与插补值对降雨量估计的影响的比较

Figure 3. 20 Comparison of regression for rainfall amount estimation between observations and imputations

图 3. 21 中给出了南坝站降雨量估计“过插补”分析的结果。这里“过插补”是对缺失值的插补值能否有效地代替真实值的一种评价方法，其计算过程类似于交叉验证中的留一法（leave one out，LOO）：将每个变量中的观测值逐一设置成缺失值，然后进行多重插补，得到这个值的均值和 90% 置信水平下的置信区间。理论上，如果插补的数据能够完全满足 MAR 和正态性假设，那么图 3. 21

中所有的散点将落在斜率为 1 且通过原点的那条直线上，而实际上这种情况往往会受到随机因素的影响而发生偏离，一般认为只要 90%（或 95%）置信水平下的置信区间能够覆盖这一直线就认为是满足要求的，这时我们在看插补数据在多大程度上满足 EMB 算法的假设时，只需要通过“过插补”方法计算各个变量对理论直线的覆盖率即可。图 3. 21 反映了南坝站雨量估计的置信区间大多能够覆盖理论直线，这说明采用 EMB 算法对南坝站中缺失的降雨量进行插补能够满足 EMB 算法关于 MAR 和正态性假设。

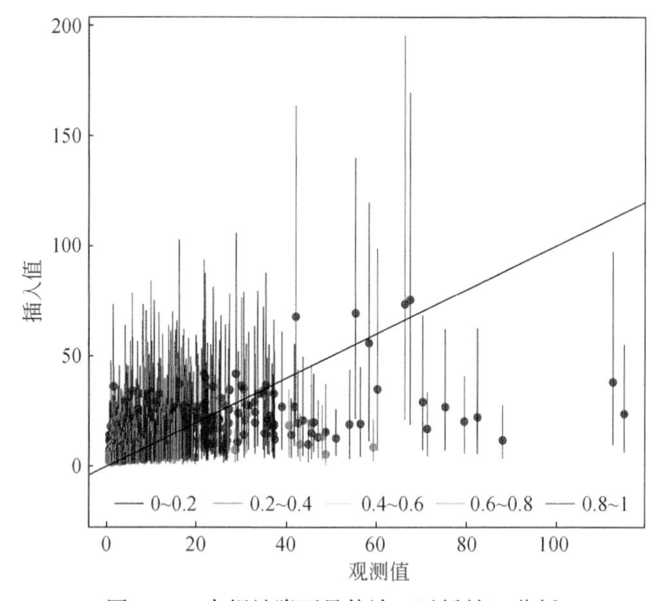

图 3. 21　南坝站降雨量估计“过插补”分析

Figure 3. 21　Overimputation analysis of rainfall amount estimation in Site Nanba

图 3. 22 反映了南坝站降雨量插值均值分布与观测值分布之间的关系。二者在分布上是十分接近的，唯一的差别在于插值均值分布中众数的比重要高于观测值分布（概率密度曲线的峰值要高）。这说明插值的结果更趋向于中心化。由插值均值分布与观测值分布的一致性可以推知通过插值处理并没有因为引入过多的信息而歪曲了观测值分布，而是很好地再现了观测值分布，因而对缺失值具有比较好的替代性。

最后，回到我们最初所关心的一个问题上，即如何估计出南坝站 2008 ~ 2010 年的降雨数据。从前面的分析中可知，关于降雨事件发生概率的估计是比较准确的，而对于发生降雨事件时的降雨量的估计是不准确的，但是可以采用多重插补

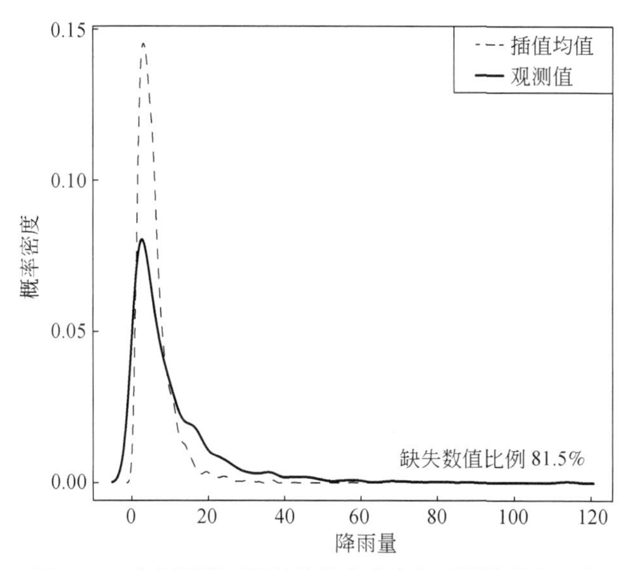

图 3.22 南坝站降雨量插值均值分布与观测值分布比较

Figure 3.22 Comparison of the distribution for rainfall amount estimation between mean imputations and observed values in Station Nanba

的均值代替。对于已经通过 Logistic 回归模型预测到的发生降雨事件的时间序列，分别采用 EMB 算法和 GLM 回归来对南坝的降雨量期望值及置信区间进行估计，结果如图 3.23 所示。图 3.23 中叉点表示降雨量的期望值，灰线表示降雨量期望值的 95% 置信水平下的置信区间。从图 3.23 中能很明显地看出二者的差异性。在期望值的估计上，EMB 算法计算的期望值时间序列与南坝历史降雨量序列十分相似，而 GLM 回归计算的期望值只能反映出南坝历史降雨量序列的平均水平；在置信区间的估计上，EMB 算法得到的置信区间的宽度要明显小于 GLM 回归得到的结果。可见，采用 EMB 算法得到的估计结果要全面优于 GLM 回归计算的结果。

3.6 小　结

本章主要目的在于实现数据缺失下滇池流域降雨模拟，而降雨模型主要采用 GLM 回归模型。首先分析了滇池流域雨量数据与其他气象数据的类型与特征，然后在此基础上确立了模型的假设与基本结构，给出了模型模拟效果的评价指标。在此基础上通过采用 VIF 小于某个阈值的方法逐步筛选出用于 GLM 建模的

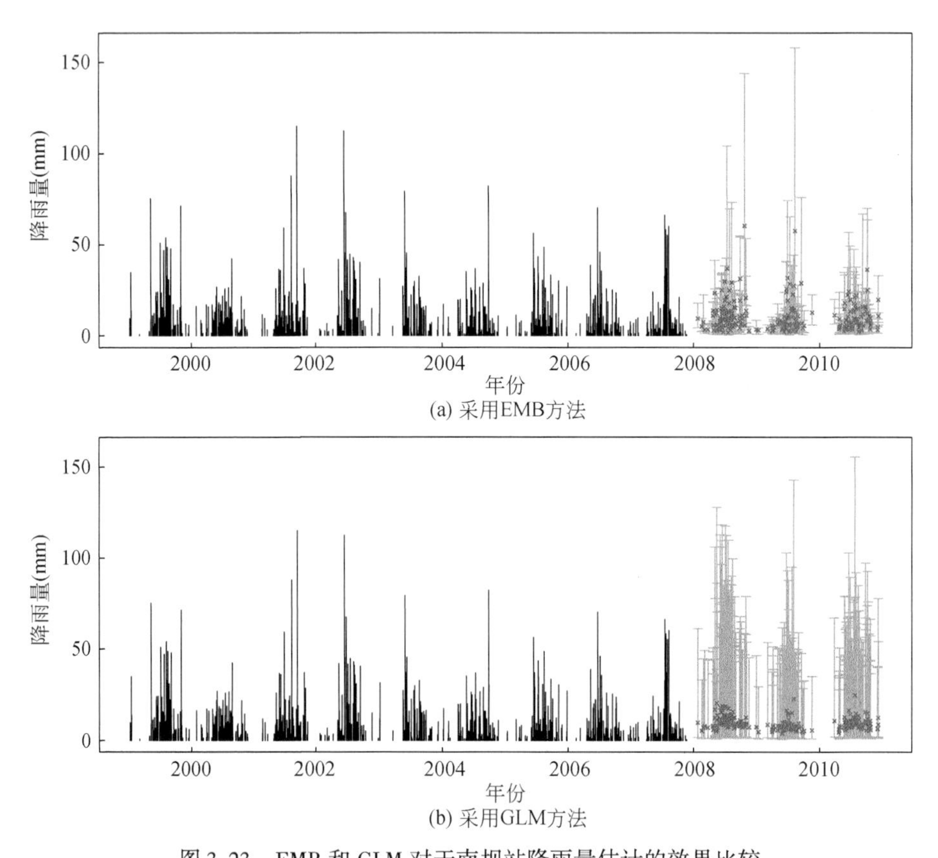

图 3.23 EMB 和 GLM 对于南坝站降雨量估计的效果比较

Figure 3.23 Comparison of the rainfall amount estimation results between EMB and GLM

气象协变量，消除潜在的多重共线性问题。然后采用 EMB 算法对数据中的缺失值进行多重插补，恢复出一套可用于分析的基础数据。进而分别采用 Logistic 回归和对数正态线性回归的方法进行降雨事件预报与降雨量估计。其中对数线性回归是对响应变量服从 Γ 分布且连接函数为自然对数的 GLM 回归的一种近似替代，用以分析回归模型残差的特性。为了提高降雨事件预报与降雨量估计的精度，分别采用机器学习中 SVM、CART 和 NN 算法来对降雨事件进行分类和对降雨量进行回归，得到的结果又分别采用 ROC 曲线的方法（包括分类准确率的计算）和回归理论值与实际值对比的方法（包括 NSE 和 BLAS 等指标的计算）来评估模拟效果的好坏。研究发现对于降雨事件的分类问题，GLM 是模型结构最简单而效果略低于 SVM 的一种方法，而对于降雨量的回归问题，所有的方法都不能准确的计算出降雨量的期望值。这时，为了得到比较好的降雨量期望值，采用之前缺失值插补的方法计算出潜在降雨量的插补值，评估插补过程对 EMB 算法假设的满足程度及插补值的分布与观测值分布的相似性，最终得到了比 GLM 回归可靠性强很多的降雨量期望值，并将其作为后续章节分析的数据基础。

4 数据缺失下滇池流域水文模拟

关于基于物理过程的流域水文模型，如SWAT模型和HSPF模型，由于其在水文过程时空模拟上具有较高的模拟精度和较强的解释能力，并且对于相似的流域具有很好的移植性，因而被很多从事水环境工作的研究人员所推崇并且广泛使用。尽管这类水文模型在应用上具有十分明显的优势，并且其软件包开发得也比较完善，然而它们往往也会因为具有以下缺陷而给实际工作带来诸多不便。

1）这些模型需要收集大量的流域数据，诸如气象条件、水文状况、数字高程、土壤属性、用地类型等，并且在获得了这些数据之后也需要对这些数据进行检查、匹配和格式化以适应这些模型的输入需求，这其中会遇到很多问题，如数据在时间和空间上的不匹配，以及数据中含有缺失值等，因而其在数据整理与加工方面的工作量很大。然而，在对这些问题进行处理的过程中又缺乏相应地规范化操作流程，以至于基础工作的随意性也较大，而建模的成功与否也往往与这些因素相关。

2）在对这类模型进行参数估计时，特别是那些对流量模拟结果有控制作用的变量，往往很难通过优化模型进行较为有效地估算。解决这个问题的常规思路是采取试错法通过比较模拟值和观测值之间的差异来手动地对参数进行调整并从中选择模拟效果最好的那组参数。这样一来模型模拟的效果往往取决于建模人员的实践经验及其参数率定技巧，因而很难得到一个统一的、规范的操作方法。

3）这类模型往往是“过参数化”（over-parameterised）的，可能存在大量的不敏感参数，需要对这些参数进行较为繁琐的识别过程，包括敏感性分析和不确定性分析。然而这些过程缺乏严格的统计学基础，其对于模型输出结果不确定性度量的可靠性值得怀疑。

针对以上问题，本书采用参数较少、结构简单、数据要求不高的流域集总式概念模型 IHACRES 模型来弥补以上基于物理过程的流域水文模型在实际应用中的缺陷，以适应数据缺失条件下的滇池流域水文模拟与预测的需求[62,67,121,126,127]。

4.1 数据处理与分析

4.1.1 降雨量数据处理

降雨量和气温（或潜在蒸发量）的时间序列数据是 IHACRES 模型的主要输入条件，相对于气温数据而言，降雨量数据与水文模拟的关系更为密切，因为降雨量是径流量的主要来源。在滇池流域，从第 3 章对数据的描述中可以看出，气温仅有昆明站一个站点从 1999 ~ 2010 年逐日的数据，从数据的可获得性上，本书在用 IHACRES 模型进行水文模拟时，不考虑气温在空间上的异质性，即所有河流的入湖流量估算均采用相同的气温时间序列。而对于降雨量数据，通过第 3 章的研究，已经得到了 15 个雨量站从 1999 ~ 2010 年逐日的数据。由于 IHACRES 模型模拟是以流域或者子流域为空间尺度单元的，因此在模拟之前，首先要将 15 个雨量站的数据转化成为滇池流域 14 个用于水文模拟的子流域（除去滇池西岸子流域，因为该子流域位于滇池西山处，没有入湖河流，是一片湖滨散流区）。这里，主要采用泰森多边形的方法来确定各个雨量站观测数据对各个子流域的降雨量贡献的大小。该方法是由荷兰气象学家 Thiessen 提出来的，其操作步骤如下：①将所有相邻的雨量站连成三角形；②作出这些三角形各条边的垂直平分线；③由这些垂直平分线可以将每个雨量站都围成一个多变形；④用多边形内部的雨量站代替多边形区域内的降雨强度。本质上讲，泰森多边形是按照最近邻的方法进行构造的，即在与多边形内的每一个点相邻的雨量站中，最近的一个雨量站点位于该多边形内部。通过这种方法得到由各个雨量站所构造的泰森多边形与各个子流域所围成区域的位置关系如图 4.1 所示。

根据图 4.1，可以将泰森多边形围成的区域和各个子流域围成的区域进行重叠，从而得到各个子流域与相邻雨量站重叠部分的面积。这时将该面积与子流域的总面积作比，就可以得到与该子流域相邻的雨量站对该子流域的雨量贡献。本书通过这个方法计算出了滇池流域各个子流域雨量站面积权重值，见表 4.1。从表 4.1 中可以看出，滇池各个子流域的降雨量大多受到 1 个或者 2 个主导雨量站的控制，而其他雨量站的雨量贡献相对较小。

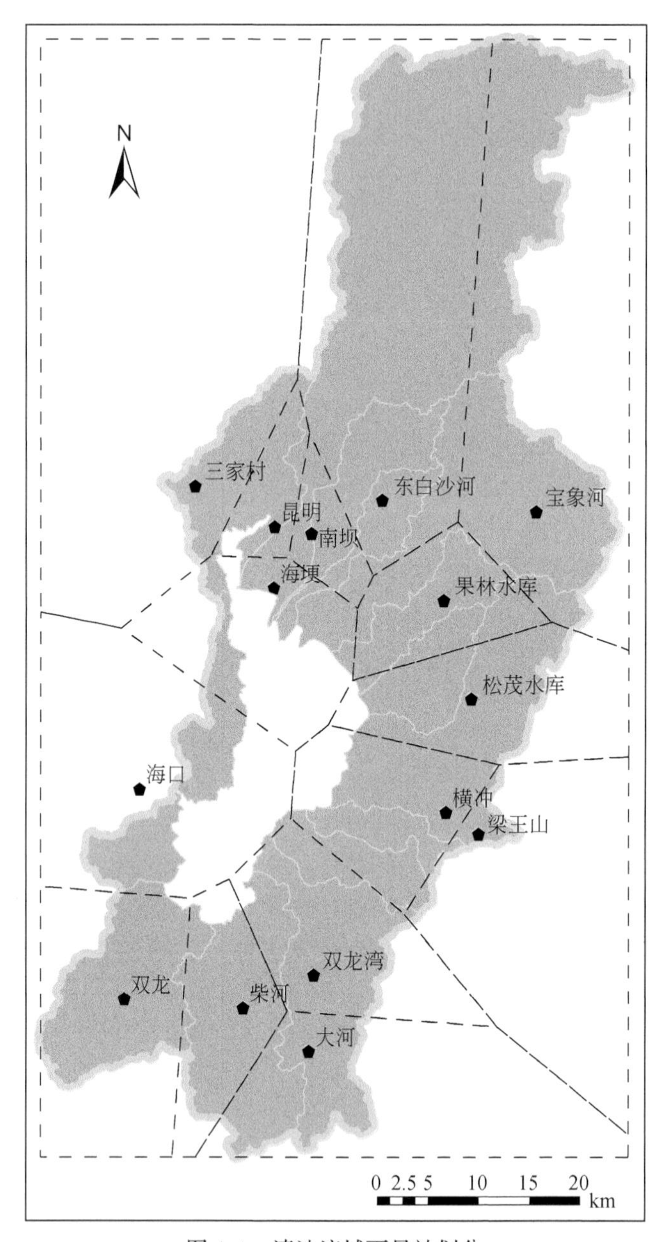

图 4.1 滇池流域雨量站划分

Figure 4.1 Partitions of rainfall station in Lake Dianchi Watershed

表 4.1　滇池流域各个子流域雨量站面积权重

Table 4.1　Areal weights of rainfall data in each subbasin of Lake Dianchi Watershed

子流域	主要入湖河流	雨量站	多边形面积（km^2）	子流域面积（km^2）	所占比例（%）
白鱼河子流域	白鱼河	大河	72.6	204.9	35.4
		海口	0.6		0.3
		横冲	0.6		0.3
		梁王山	0.9		0.5
		双龙湾	130.3		63.5
宝象河子流域	虾坝河、姚安河、老宝象河、新宝象河	宝象河	195.3	316.3	61.8
		东白沙河	46.1		14.6
		果林水库	37.9		12.0
		海埂	26.9		8.5
		南坝	10.0		3.2
草海子流域	王家堆渠、新运粮河、老运粮河、乌龙河、大观河、西坝河、船房河	东白沙河	2.3	145.7	1.6
		海埂	7.1		4.8
		昆明	57.2		39.3
		南坝	1.3		0.9
		三家村	77.8		53.4
茨巷河子流域	茨巷河	柴河	125.7	217.5	57.8
		大河	55.6		25.6
		双龙	2.1		1.0
		双龙湾	34.1		15.7
大清河了流域	大清河	东白沙河	71.2	99.9	71.2
		海埂	1.9		1.9
		南坝	26.9		26.9
东大河子流域	东大河、中河	柴河	12.3	188.2	6.5
		海口	4.3		2.3
		双龙	171.7		91.2
古城河子流域	古城河	海口	49.9	49.9	100.0
海河子流域	海河、六甲宝象河、小清河、五甲宝象河	东白沙河	43.7	59.3	73.7
		海埂	8.8		14.8
		南坝	6.8		11.5

续表

子流域	主要入湖河流	雨量站	多边形面积（km^2）	子流域面积（km^2）	所占比例（%）
捞鱼河子流域	捞鱼河	宝象河	18.8	263.5	7.1
		果林水库	23.6		8.9
		横冲	96.0		36.4
		梁王山	15.6		5.9
		松茂水库	109.5		41.5
洛龙河子流域	洛龙河	果林水库	24.0	79.0	30.4
		松茂水库	55.0		69.6
马料河子流域	马料河	宝象河	1.4	84.8	1.6
		果林水库	76.3		90.0
		海埂	4.4		5.2
		松茂水库	2.7		3.2
南冲河子流域	南冲河	横冲	42.6	44.4	95.9
		梁王山	1.8		4.1
盘龙江子流域	采莲河、金家河、盘龙江、老盘龙江	宝象河	204.2	740.7	27.6
		东白沙河	477.7		64.5
		海埂	22.1		3.0
		昆明	15.0		2.0
		南坝	21.6		2.9
淤泥河子流域	淤泥河、柴河	海口	1.7	74.7	2.3
		横冲	42.1		56.4
		梁王山	3.3		4.5
		双龙湾	27.6		36.9

由表4.1计算的结果，采用面积加权的方法可以得到各个子流域降雨量的时间序列。图4.2给出了滇池流域14个子流域2001～2010年的降雨时间序列。之所以选择2001为时间起点，是因为用于参数率定的流量数据是从2001～2010年的。从图4.2中可以看出，降雨量时间序列具有较强的周期性，这种周期性反映在年际间的差异很小而年内的波动性较大上。对比滇池流域14个子流域的降雨量数据发现，降雨量在滇池流域空间分布上还是存在一定差异性的，但整体上仍然呈现出相似的趋势，雨量的峰值多出现在同一天。

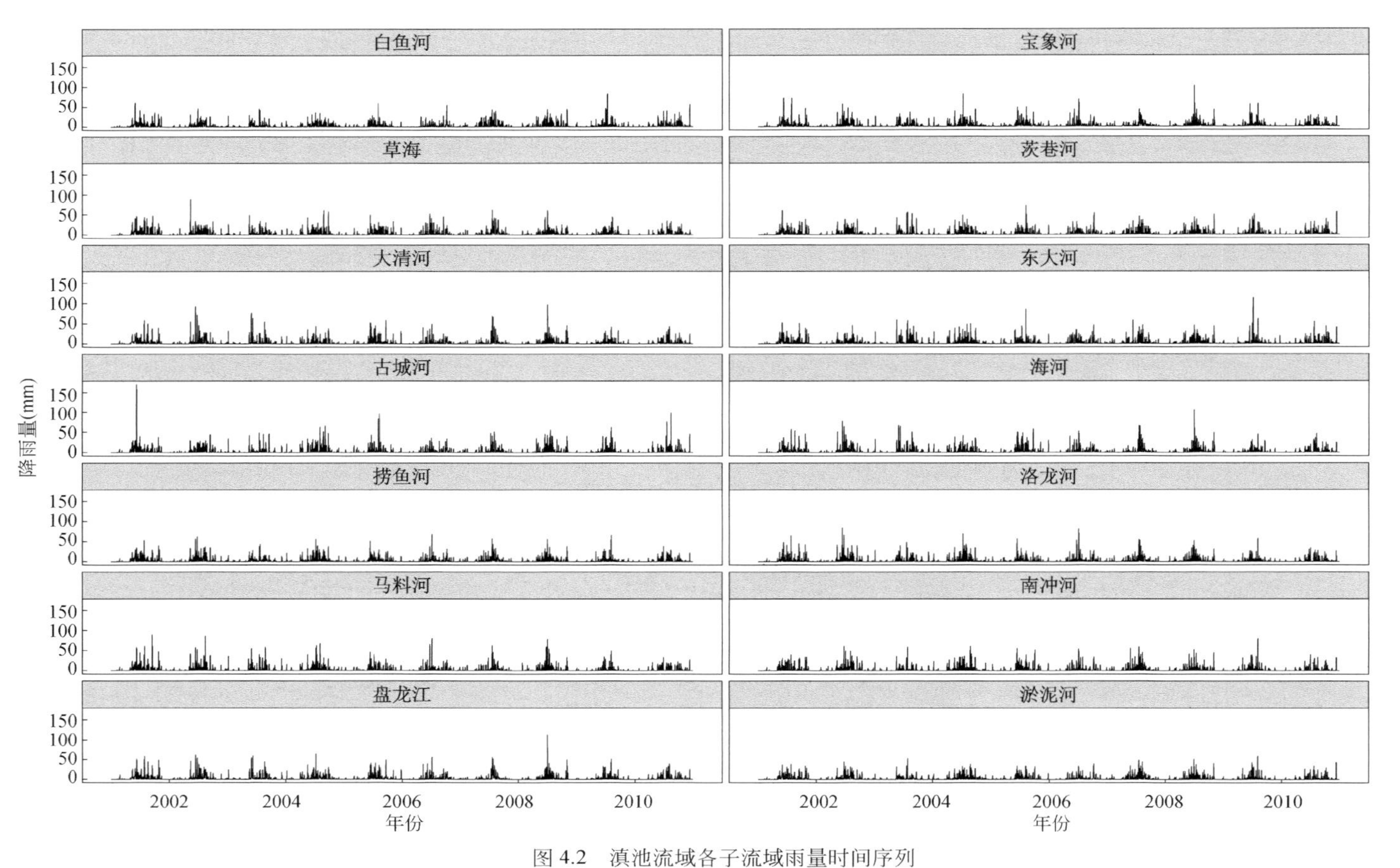

图 4.2　滇池流域各子流域雨量时间序列

Figure 4.2　Time series of rainfall data in each subbasin of Lake Dianchi Watershed

另外，为了表现滇池流域 14 个子流域的降雨量年内的变化趋势，分别对其作雨量月均值的箱线图，如图 4.3 所示。图 4.3 中所给出的趋势与第 3 章中给出的结论是一致的，即 5 ~ 10 月为雨季，其中 7 月的降雨量达到峰值，这点与温度的变化也是一致的。此外在月均值上，各条河流均值的差异性并不明显，而比较明显的差异性仅表现在箱线图的箱体大小和须线的长短上，这些特征反映了月均值分布的波动性大小，即箱体和须线越长，表明数据的分布越离散。从图 4.3 中可以看出，在雨季滇池流域 14 个子流域的箱体要明显长于非雨季时期，说明雨季降雨年间变化要大于非雨季的年间变化，而对于 IHACRES 模型，更多地需要识别出雨季时的入湖径流量。

4.1.2 流量数据分析

流量模拟是本章研究的重点内容。采用 IHACRES 模型进行滇池入湖河流流量模拟时，需要解决的一个重要问题就是模型参数率定，这时就要利用已观测的降雨量数据、气温数据和流量数据，通过最小化某个表征模拟效果好坏的统计指标来得到模型参数的最优拟合值。如果有大量能够互相匹配的降雨量数据、气温数据和流量数据，IHACRES 一般能够得到比较好的模拟效果。但实际上很多时候雨量站与水文站并不能做到同步，这时即便有大量的观测数据，流量模拟也一定能够有很好的效果①。而在滇池流域，入湖河流流量数据却存在着大量的缺失，这点可以从表 4.2 中给出的滇池流域流量数据描述性统计与缺失情况看出。表 4.2 中提供了滇池流域 31 条有水质和流量观测的入湖河流的基本统计量，从均值和中位数上看，流量最大的入湖河流为盘龙江，其次为大清河和王家堆渠。另外，均值和中位数本身存在较大的差异且中位数小于均值，说明数据的分布存在比较严重的右偏，即大量的流量数据处于低流量水平，而极端的高流量数据出现的频率很低。这一点从后面的分析中可以进一步得到证实。从缺失值的个数上可以看出，2001 ~ 2010 年以月为时间间隔的流量观测数据在数据完整的条件下应该有 120 个，而表中缺失数据比例超过 50% 的河流个数超过了半数，更有甚者如大观河与老盘龙江，几乎接近 100% 的缺失。大量的流量数据缺失使得水文模拟几乎变得不可能，而这个时候采用 IHACRES 模型进行模拟时，用常规的评价方法也往往是无效的：一方面由于数据量小很容易让模拟的曲线经过所有的点，

---

① IHACRES 模型只能够反映自然降雨和蒸发过程中的水文响应状况，对于人类活动干扰比较大的河流来说其模拟的准确性受到了一定的限制。需要说明的是，本书未考虑人类活动对水文模拟的影响。

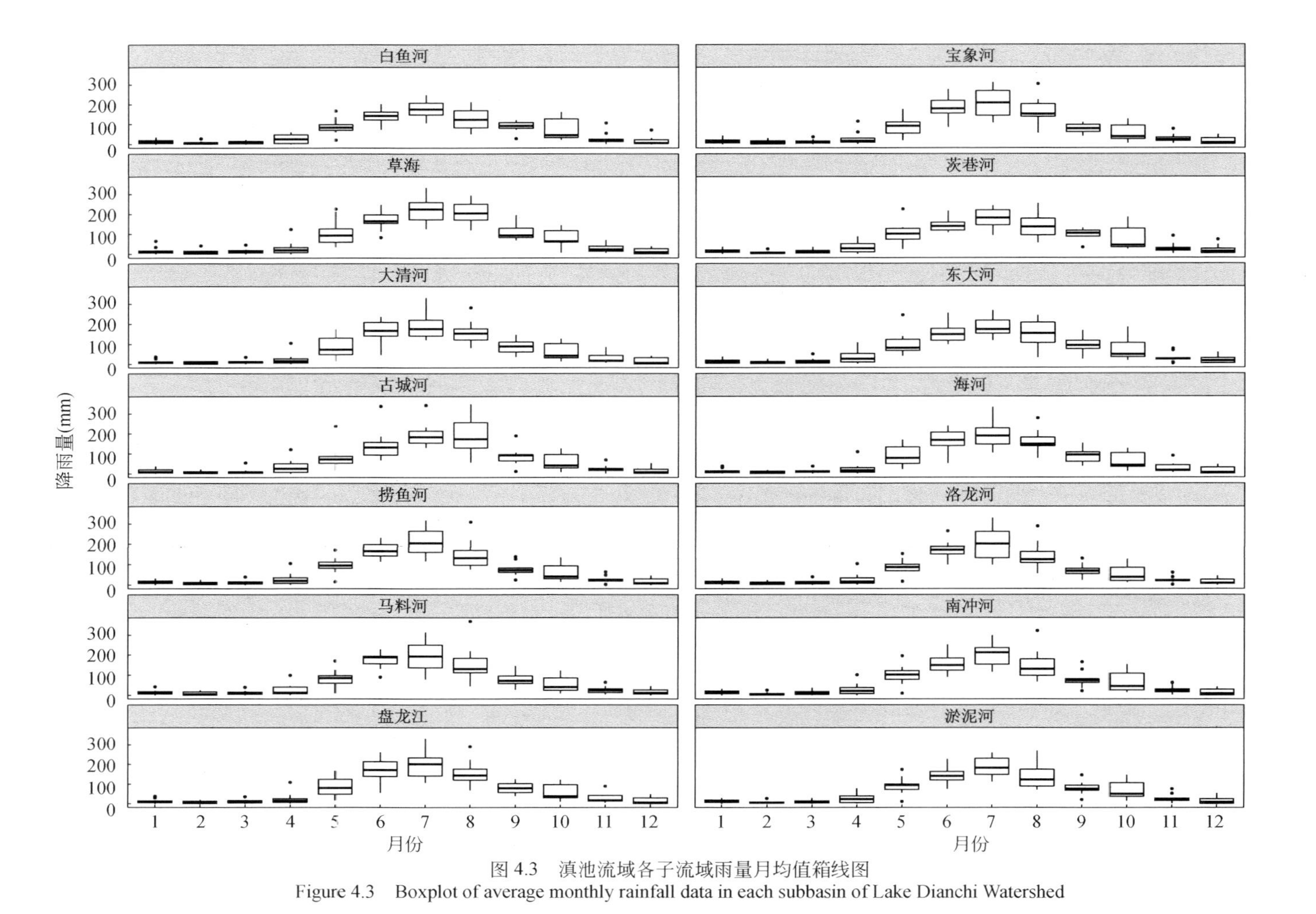

图 4.3　滇池流域各子流域雨量月均值箱线图

Figure 4.3　Boxplot of average monthly rainfall data in each subbasin of Lake Dianchi Watershed

从而出现过拟合的情况；另一方面小样本更容易受到随机因素的影响而无法将真实的规律呈现出来，进而导致水文模型无法识别的情况产生。这个时候，就需要提出一个适用于小样本、大量数据缺失条件下的水文模拟效果评价指标，和一种通过缺失值插补引入有效信息使得水文模型能够得以顺利识别的方法技术。后面将主要解决以上两个问题。

表 4.2　滇池流域流量数据描述性统计与缺失情况

Table 4.2　Descriptive statistics and missing features of water flow data in Lake Dianchi Watershed

河流	最小值（m^3/s）	25%分位数（m^3/s）	中位数（m^3/s）	均值（m^3/s）	75%分位数（m^3/s）	最大值（m^3/s）	缺失值（个）
白鱼河	0.000	0.051	0.200	1.374	0.498	24.800	42
采莲河	0.000	0.463	0.790	1.166	2.600	2.600	54
柴河	0.000	0.013	0.053	0.411	0.352	3.218	90
船房河	0.000	0.720	1.180	1.489	2.000	5.360	55
茨巷河	0.000	0.020	0.095	0.469	0.520	4.860	24
大观河	0.000	0.000	0.000	0.000	0.000	0.000	118
大清河	0.000	1.025	3.065	4.260	4.400	33.800	62
东大河	0.000	0.080	0.340	0.911	1.080	6.650	43
古城河	0.002	0.030	0.060	0.172	0.135	1.400	75
海河	0.000	0.000	0.300	2.233	1.170	39.000	87
金家河	0.000	0.000	0.000	0.531	0.160	12.400	89
捞鱼河	0.000	0.013	0.045	0.379	0.141	10.220	44
老宝象河	0.000	0.000	0.020	0.172	0.200	1.100	93
老盘龙江	0.000	0.020	0.054	0.148	0.247	0.460	114
老运粮河	0.000	0.660	1.070	1.349	1.866	7.950	40
六甲宝象河	0.000	0.000	0.070	0.359	0.270	6.800	91
洛龙河	0.000	0.227	0.610	1.174	1.595	14.110	33
马料河	0.000	0.020	0.087	0.598	0.252	9.740	88
南冲河	0.001	0.010	0.020	0.220	0.243	2.800	82
盘龙江	0.000	0.000	2.990	8.454	8.515	87.200	70
王家堆渠	0.096	0.420	1.620	4.098	8.250	13.260	87
乌龙河	0.000	0.005	0.060	0.214	0.176	3.200	49

续表

河流	最小值 (m^3/s)	25%分位数 (m^3/s)	中位数 (m^3/s)	均值 (m^3/s)	75%分位数 (m^3/s)	最大值 (m^3/s)	缺失值（个）
五甲宝象河	0.000	0.000	0.000	0.056	0.010	0.830	93
西坝河	0.000	0.089	0.215	0.538	0.593	3.300	52
虾坝河	0.000	0.000	0.700	1.464	0.800	18.200	92
小清河	0.000	0.000	0.000	0.775	0.750	9.000	87
新宝象河	0.000	0.072	0.830	2.152	2.050	27.000	72
新运粮河	0.050	0.350	0.600	1.637	1.290	45.000	29
姚安河	0.000	0.000	0.000	0.145	0.000	1.440	108
淤泥河	0.000	0.014	0.110	0.443	0.407	4.800	86
中河	0.013	0.124	0.176	0.371	0.335	3.520	73

4.1.3 缺失流量多重插补

对于小样本大量缺失数据的水文模拟问题而言，一个首要的问题是缺失数据的填补。根据第2章的研究结果，我们推荐使用EMB算法进行滇池流域缺失流量数据多重插补，所用的插补数据集为滇池入湖河流水质及流量数据集。之所以选用该数据集作为缺失数据插补的原始样本集是因为：一方面，水质与流量数据是同时同地观测的，具有较高的一致性和时空尺度的匹配性；另一方面，在第5章中我们将探讨水质与流量的关系，而对缺失值进行多重插补时的一个基本要求是需要将解释变量和响应变量包含在插补样本集中，这样可以防止因为缺失值插补所引入的信息对建立解释变量和响应变量关系所带来的偏差。在采用EMB算法进行缺失值多重插补之前，应先对滇池流域水质与流量数据的基本统计与缺失状况进行简要的说明（表4.3）。表4.3提供的水质指标中TSP（总悬浮颗粒物）、NH_4^+、NO_3^-、Cu、Pb、TZn、Cd、Cr^{6+}这些指标的最小值都是0，说明这些指标存在着数据删失。除Temp、DO（溶解氧）、pH这3个指标外，其他指标的均值都显著大于中位数。可见对于水质数据而言，一般都是右偏的。这时可以假定其满足对数正态分布，然后将其取对数后转化成满足正态分布的数据。另外，从缺失数据比例上看，缺失数据最少的是NH_4^+，仅有0.15%的数据缺失，缺失数据最多的是BOD，有78.8%的数据缺失。本书仅仅研究流量与TN、TP负荷的关系，这些数据的缺失量相对较少，为了降低EMB算法的计算复杂度，将数据缺失量大于35%的变量排除，从而得到只含有Temp、pH、TN、TP、COD_{Mn}、COD、NH_4^+、NO_3^-、Q这9个变量的数据样本集。

表4.3 滇池流域水质数据描述性统计与缺失情况

Table 4.3 Descriptive statistics and missing features of water quality data in Lake Dianchi Watershed

变量	最小值	下四分位数	中位数	均值	上四分位数	最大值	缺失数据（个）	缺失数据比例（%）
Temp	5.00	14.20	17.90	17.47	20.00	35.00	5	0.25
DO	0.10	2.24	4.80	4.59	6.72	16.46	905	44.94
pH	6.26	7.34	7.58	7.61	7.84	9.84	102	5.07
TN	0.13	4.76	10.55	14.02	19.47	99.60	92	4.57
TP	0.01	0.19	0.54	1.01	1.42	15.44	61	3.03
TSP	0.00	12.00	22.00	51.32	42.00	5509.00	787	39.08
COD_{Mn}	1.40	4.72	8.43	11.81	16.20	104.80	297	14.75
COD	2.03	26.00	49.00	82.00	98.88	990.00	579	28.75
BOD	1.00	3.60	6.80	15.56	17.85	199.00	1587	78.80
NH_4^+	0.00	0.73	3.71	7.43	10.04	98.96	3	0.15
NO_3^-	0.00	0.17	0.48	1.49	1.64	21.88	617	30.64
Q	0.00	0.04	0.30	1.34	1.09	87.20	516	25.62
Cu	0.00	0.00	0.00	0.02	0.01	1.82	1534	76.17
Pb	0.00	0.00	0.00	0.01	0.00	1.00	984	48.86
TZn	0.00	0.00	0.03	0.11	0.10	4.11	1540	76.46
Cd	0.00	0.00	0.00	0.00	0.00	0.32	1376	68.32
Cr^{6+}	0.00	0.00	0.00	0.01	0.00	0.96	1230	61.07

注：Temp单位为℃，Q为m^3/s，pH无单位，其余指标单位均为mg/L

针对由这9个变量构成的数据样本集，采用EMB算法生成5个完全数据样本集，对这5个数据集中的缺失数据插补值取均值，然后比较其插值均值分布与观测值分布的差异（图4.4）。从图中可以发现插值均值分布（图4.4中细线）整体上都比观测值分布（图4.4中粗线）要偏右一些。这说明插值均值众数大于观测值众数，但这种差别并不大，基本上可以认为缺失数据的插补值能够比较好地再现观测数据的分布状况。这些曲线中，pH、TN、COD_{Mn}插值均值的众数频率要高于观测数据的众数频率，说明相比于观测数据分布，插值均值分布更加趋于集中化。而对于NO_3^-，情况则正好相反。另外，图4.4中插补效果最好的是COD，这一方面说明了COD的缺失数据模式很有可能是MCAR，另一方面也说明了COD的分布比较接近对数正态分布。

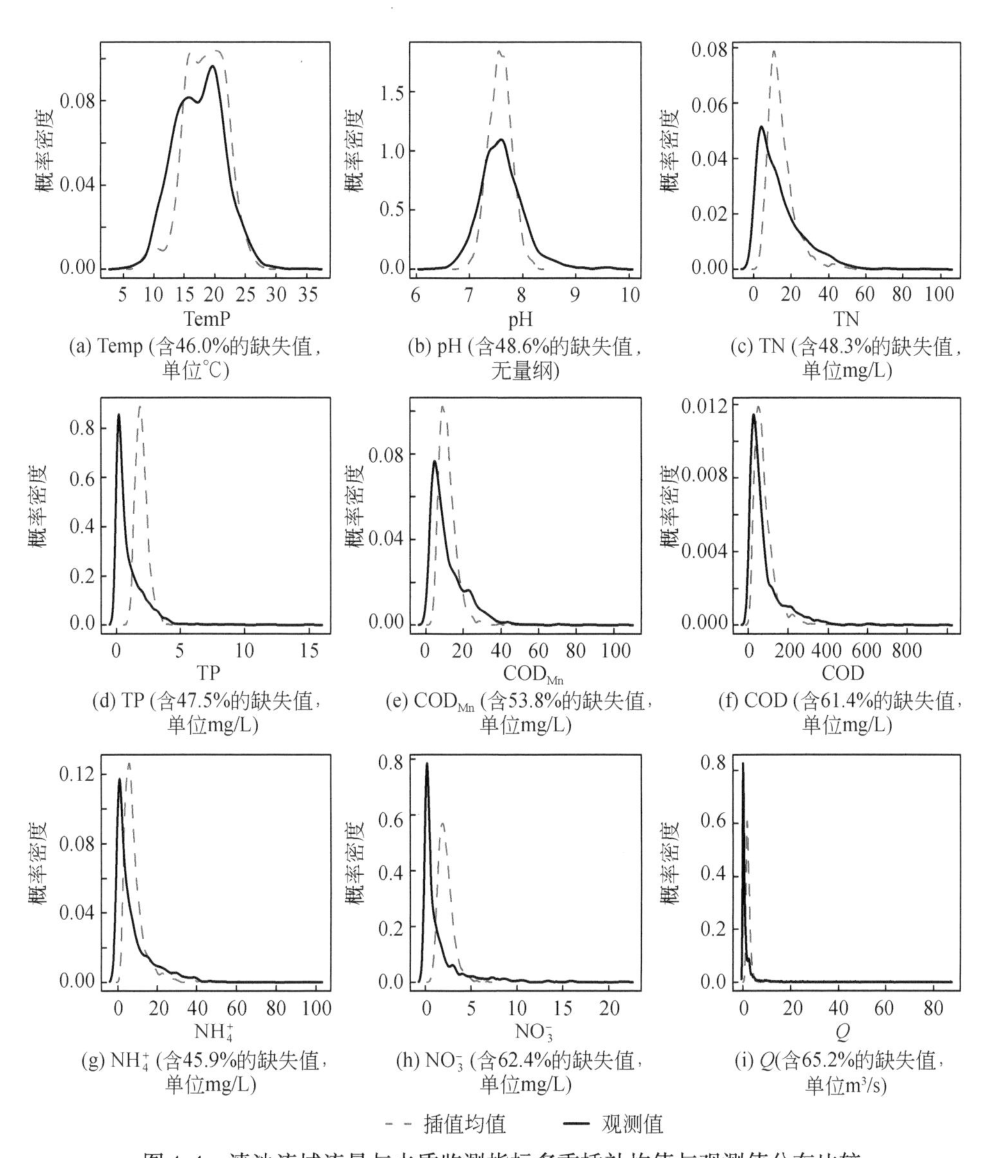

(a) Temp (含46.0%的缺失值，单位℃)
(b) pH (含48.6%的缺失值，无量纲)
(c) TN (含48.3%的缺失值，单位mg/L)
(d) TP (含47.5%的缺失值，单位mg/L)
(e) COD_{Mn} (含53.8%的缺失值，单位mg/L)
(f) COD (含61.4%的缺失值，单位mg/L)
(g) NH_4^+ (含45.9%的缺失值，单位mg/L)
(h) NO_3^- (含62.4%的缺失值，单位mg/L)
(i) Q(含65.2%的缺失值，单位m^3/s)

图 4.4　滇池流域流量与水质监测指标多重插补均值与观测值分布比较

Figure 4.4　Comparison of distributions of flow and water quality between observed values and mean imputation in Lake Dianchi Watershed

根据插补结果，分别可以得到滇池流域 31 条入湖河流流量多重插补时序图（图 4.5），图中带线散点和相应的垂直线段分别为插值均值及其置信区间。从图 4.5

中可以看出，对于只有一种类型的观测散点（其分布为单峰分布），其缺失值多重插补的均值基本上能够反映这些散点的分布规律；对于有两种类型混合的观测散点（其表现出两个峰值，为两种不同分布的混合分布），其缺失值多重插补的均值则大体能够反映二者均值的分布状况。对于大观河和老盘龙江，几乎没有观测数据的支持，因而二者在插值均值及其置信区间上的表现非常相似，对这两条河流入湖流量数据的多重插补，本质上是没有任何意义的，因为它们反映的是所有 31 条有观测的入湖河流流量平均的变化分布状况，而并非自己真实的分布状况。这一点从后面的研究中也能够得到进一步地证实。

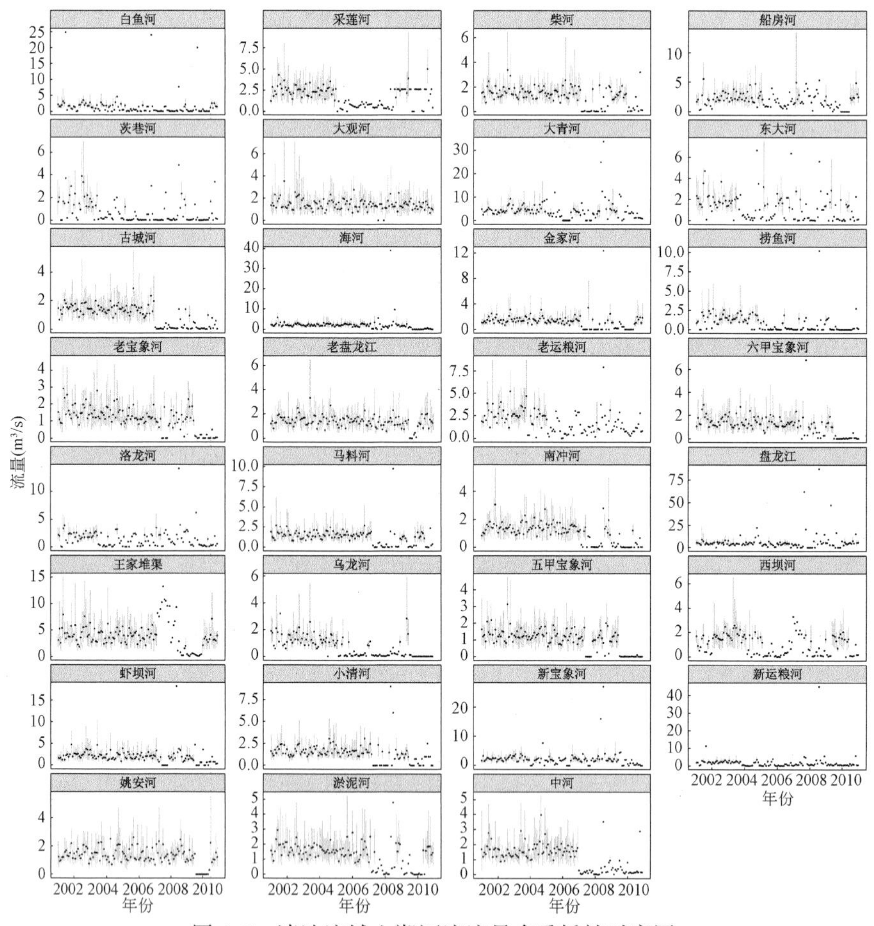

图 4.5 滇池流域入湖河流流量多重插补时序图

Figure 4.5 Flow time series plots for each outlet river in Lake Dianchi Watershed

4.2 模型率定与比较

前面的论述中已经提到了模型率定对于流域水文模拟的重要性，这里仅仅针对滇池流域有观测的入湖河流流量数据采用 IHACRES 水文模拟模型进行模拟。在模型率定过程中，所用到的目标函数是 NSE（见第 3 章或（式 4.1）），模型率定的预热期为 1 年。由于存在缺失数据，因此可能出现模型不能被数据识别的问题。为解决这个问题，本书分别针对完全数据（原始的含缺失值的数据样本集）和插补数据（通过以上多重插补得到的数据样本集）来对各条入湖河流分别进行参数率定，然后在此基础上对模型的可识别性进行比较，并最终筛选出能够被 IHACRES 模型所识别的入湖河流进行后续分析。

4.2.1 完全数据率定

本书所说的“完全数据”，是指删除缺失样本后所得到的数据样本集，如果数据中含有大量的缺失样本，采用完全数据进行水文模型参数率定时就会出现参数无法率定的现象。这里在采用完全数据对 IHACRES 模型进行率定时，发现大观河和老盘龙江因为模型有效数据太少而使得模型无法率定，故本书后续的研究如不注明则不考虑这两条河流。对于剩下的 29 条入湖河流，水文参数率定的效果各异。由于本书研究的重点在于通过模拟手段恢复滇池各条入湖河流逐日径流量，因此在此处不给出参数率定的最终结果，而仅仅给出在该参数条件下各条入湖河流的水文模拟效果，结果如图 4.6 和图 4.7 所示。其中，图 4.6 是模拟效果比较好的入湖河流（可识别河流），其 NSE 都大于 0.25，并且大多都在 0.5 以上。该图的模拟时间序列范围为 2002 ~ 2010 年，这是由于 2001 年作为了模型的预烧期被删除了。整体上看，这些河流的模拟结果都能比较好地再现观测值的峰值与变化趋势，特别是排在前面的 9 条河流与最后 2 条河流，包括茨巷河、新宝象河、新运粮河、洛龙河、大清河、老运粮河、船房河、东大河、白鱼河、淤泥河、柴河，其模拟的时间序列都比较连续。这说明对这些河流的水文模拟过程具有更高的细节识别能力。而对于后面的 4 条河流，包括古城河、五甲宝象河、六甲宝象河和南冲河，尽管这 4 条河流大都具有较高的 NSE，但这种过高的 NSE 可能是由于数据样本量过少而产生过拟合现象所导致的。另外，从模拟细节上看，这 4 条河流模拟的波动性相对较小，说明模拟比较粗略。

图 4.7 是模拟效果比较差的入湖河流（不可识别河流），这些河流的一个显

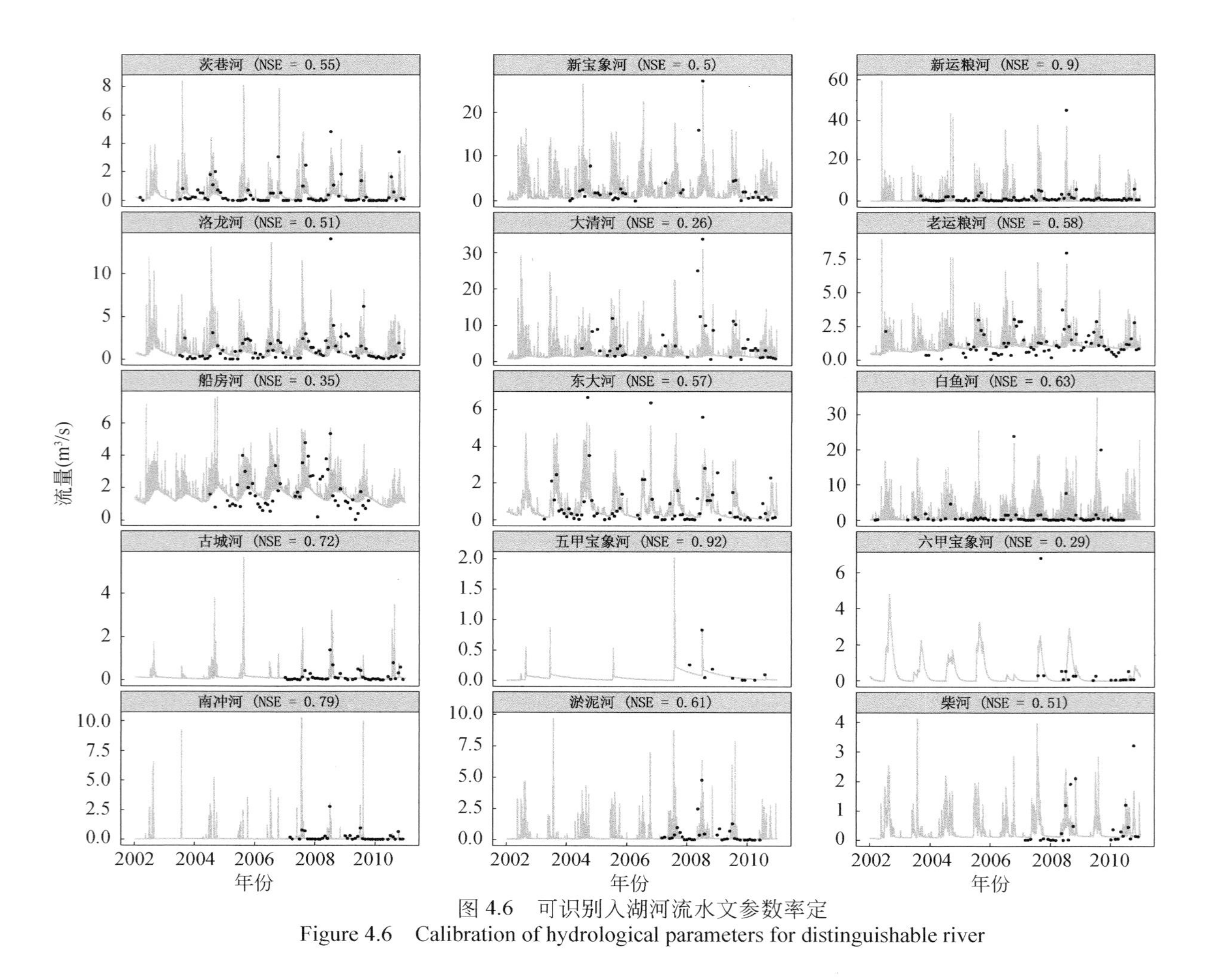

图 4.6 可识别入湖河流水文参数率定

Figure 4.6 Calibration of hydrological parameters for distinguishable river

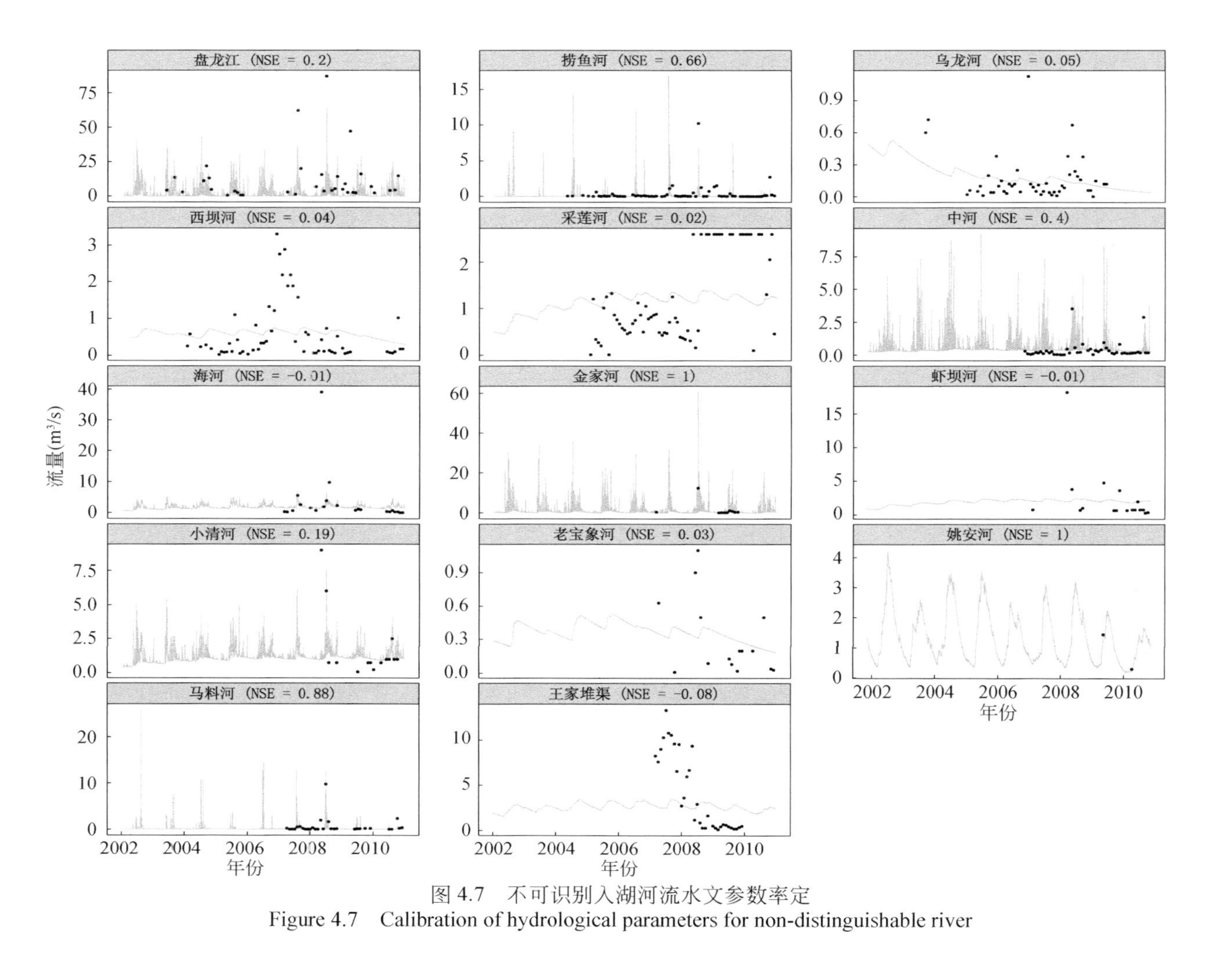

图 4.7 不可识别入湖河流水文参数率定

Figure 4.7 Calibration of hydrological parameters for non-distinguishable river

著特点是 NSE 不是过高就是过低。NSE 过高往往是由于过拟合引起的，而 NSE 过低说明模型参数的估计没有能够很好地再现观测数据。图 4.7 给出 NSE 系数比较高的河流有：金家河、姚安河、马料河和捞鱼河，其中金家河与姚安河的 NSE = 1，而这两条河流的观测数据极少。这说明对这两条河流的参数率定存在过拟合现象。其余的 NSE 都比较小，甚至海河的 NSE 为负值。在模拟细节上，乌龙河、西坝河、采莲河、虾坝河、老宝象河和王家堆渠基本上就是一条水平的波浪形。可见这些河流基本只能反映出河流流量在统计意义上的平均水平，甚至还不及统计平均值。从结果上看，唯一结果表现得比较好的一条河流为中河，其 NSE = 0.4 且模拟细节也十分突出，但由于这条河流的观测值和流量峰值的数据量都比较少，对峰值的拟合显得比较牵强，这种结果可能是由于过拟合产生的。对于这样的模拟效果，是不宜用来进行水文预测的，因为其不确定性会相对较大。

4.2.2 插补数据率定

为了提高河流的可识别性，本书分别针对 31 条入湖河流 5 个插值样本形成的 155 个 IHACRES 模型进行参数率定，其中模拟效果比完全数据率定时要好的几条入湖河流分别如图 4.8、图 4.9、图 4.10 和图 4.11 所示。图 4.8 给出了白鱼河基于 5 个插值数据样本集的水文参数率定结果的水文模拟效果，从中可以看到白鱼河 5 个插值样本进行模拟的 NSE 都大于 0.56，虽然比直接采用完全数据率定的结果（NSE = 0.63）要略低，但这在整体上说明白鱼河对缺失数据是比较稳健的（不敏感），5 个不同的缺失值插补样本集率定均可以得到相似于完全数据率定的结果。由于完全数据率定的 NSE 在这 6 个率定结果中是最高的，本书以完全数据率定的结果作为白鱼河的最终率定结果，用来支撑本书的后续研究。

图 4.9 给出了船房河基于 5 个插值数据样本集的水文参数率定结果的水文模拟效果，从中可以看出，对于船房河的水文模拟，仅仅对编号为 1、4 和 5 的插值数据样本集具有较好的效果，而对编号为 2 和 3 的插值数据样本集，则基本没有被 IHACRES 模型所识别。对于被识别的 3 个插值数据样本集，其模拟效果 NSE 均大于事先设定的 0.25，但彼此之间存在较大差异，最小的为 0.35，最大的为 0.6。值得一提的是这 3 个值都高于（或等于）完全数据率定的结果。由此可见，单从 NSE 这个指标上看，缺失值的多重插补对船房河的模拟效果有改善作用。

图 4.10 给出了老运粮河基于 5 个插值数据样本集的水文参数率定结果的水文模拟效果。从中可以看出，只有编号为 2 和 4 的插值数据样本集被 IHACRES

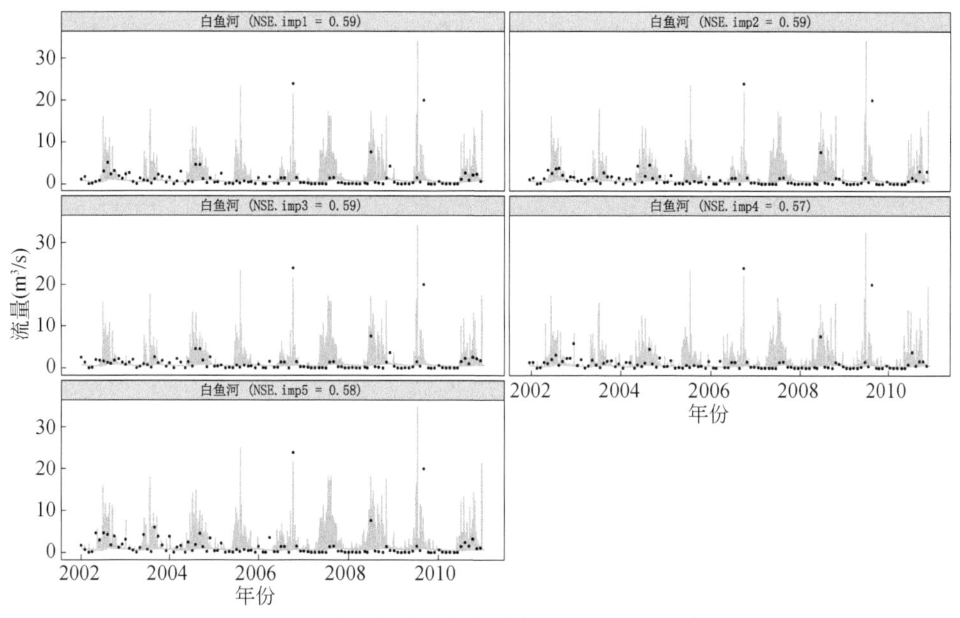

图 4.8　白鱼河基于插补数据的水文参数率定

Figure 4.8　Calibration of hydrological parameters for River Baiyu with imputation datasets

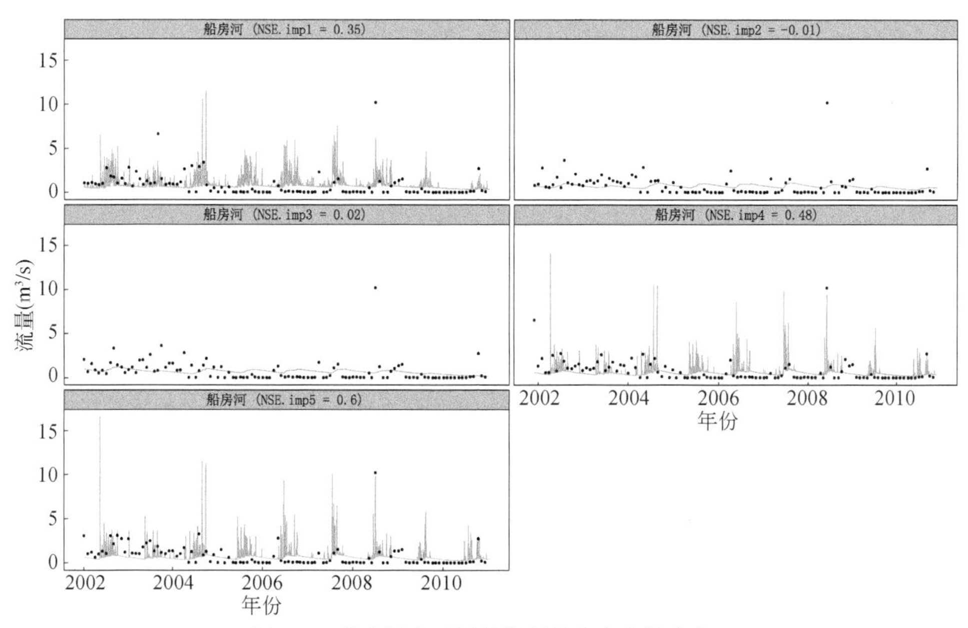

图 4.9　船房河基于插补数据的水文参数率定

Figure 4.9　Calibration of hydrological parameters for River Chuanfang with imputation datasets

模型所识别（NSE 分别为 0.46 和 0.5），另外 3 个插值数据样本集的 NSE 均比较低，基本不能表达出模型模拟的细节。除此以外，对比这 5 个 IHACRES 模型参数率定与完全数据参数率定的结果，发现完全数据参数率定的效果均好于这 5 个模型参数率定的效果。由此可见，单从 NSE 这个指标上看，老运粮河通过缺失数据多重插补的方式没有得到更好的结果。

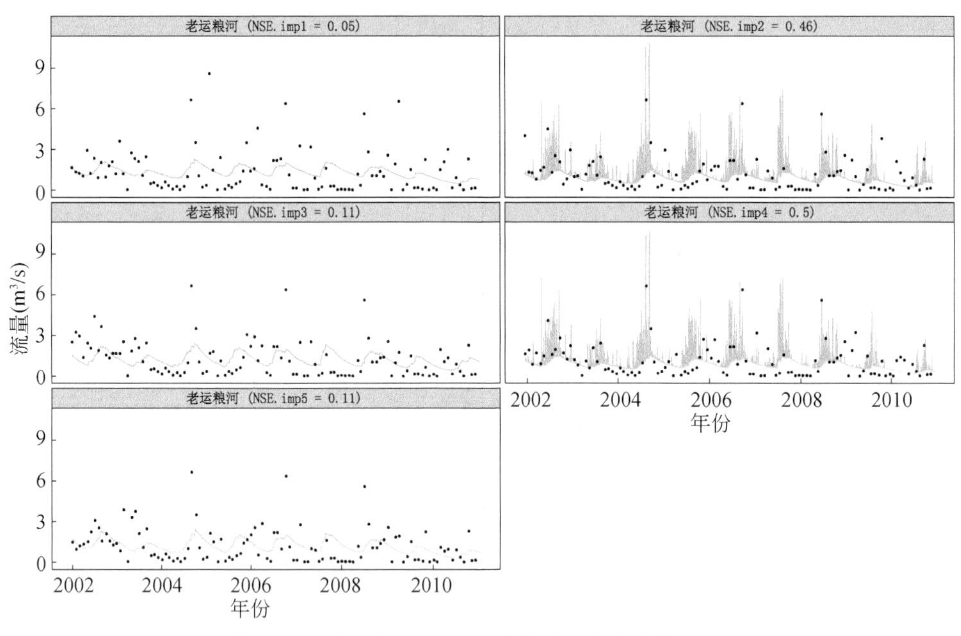

图 4.10　老运粮河基于插补数据的水文参数率定

Figure 4.10　Calibration of hydrological parameters for River Laoyunliang with imputation datasets

图 4.11 给出了海河基于 5 个插值数据样本集的水文参数率定结果的水文模拟效果。与前面 3 个不同的是，海河在之前的完全数据率定过程中处于未被识别的状态，而通过 5 个缺失值多重插补的数据样本集得到的率定结果中，编号为 2 和 5 的数据样本集被识别出来了，而其余 3 个数样本集的率定结果也略好于完全数据率定的结果。这种现象反映了通过缺失数据的多重插补，能从统计意义上将样本的信息引入到缺失数值上，如果这种信息能够被模型所捕捉，那么将对模型的可识别性产生一定的提高；如果所得到的信息被随机噪声所掩盖，则非但不能提高模型的可识别性，甚至很有可能降低模型的可识别性。这点可以从后续分析中再次看到。

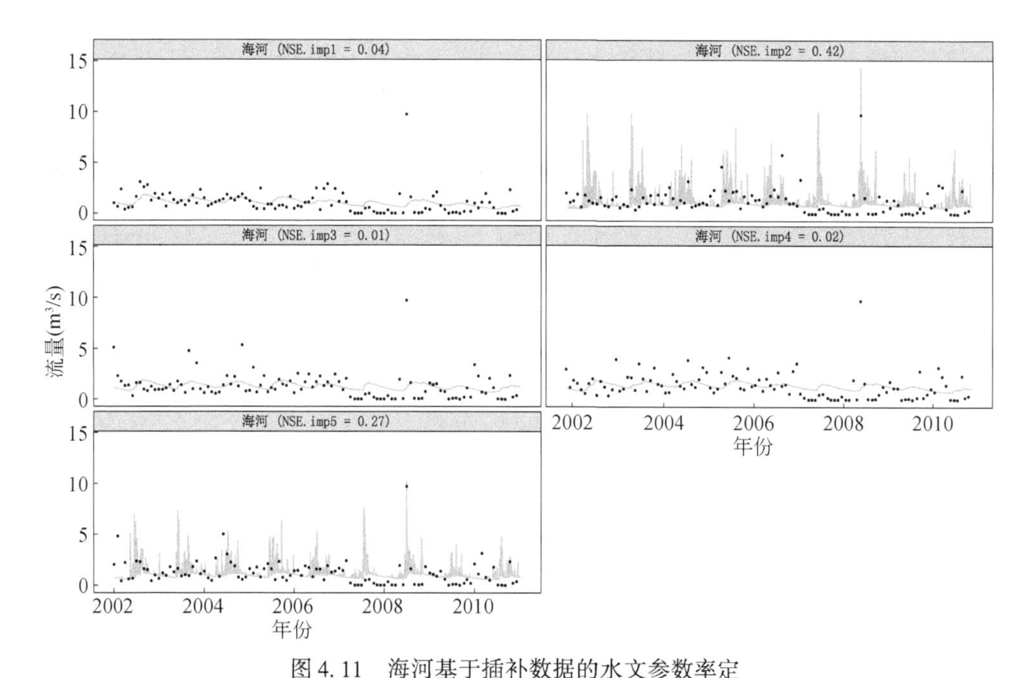

图 4.11 海河基于插补数据的水文参数率定

Figure 4.11 Calibration of hydrological parameters for River Hai with imputation datasets

4.2.3 模型可识别性比较

前面的论述中反复提到了模型可识别性，但它们都是通过直接对比模拟效果NSE 指标值和对数据结果的主观判断这两种方式来进行探讨的。这里为了使本书对模型可识别性有一个严格的界定，分别从 NSE 和 RB（relative bias，相对偏差）这两个指标来对各个模型的模拟结果的可识别性进行比较。NSE 在第 3 章中曾用于评估降雨量估算的准确性，这里再次提及有两个原因，一方面，它是模型参数率定的目标函数，一般采用非线性最优化算法来求得当这个指标取最大值时的模型参数值；另一方面，本章在探讨这个指标时如同第 3 章那样，主要将其作为一个模型模拟效果的评价依据。尽管在水文模拟中 NSE 常常作为水文模型模型效果的评价依据，但这种依据在一般意义上讲是针对大样本有少量缺失数据而言的。对于小样本大量数据缺失的情况，仅仅采用 NSE 作为评价指标往往会导致模拟过程中出现过拟合的现象。因此，本书为了避免这种现象的出现，采用 RB来辅助于模型的可识别性评估。这里，RB 这个指标类似于第 3 章所给出的 BLAS这个指标，所不同的是 BLAS 用于比照模拟数据与观测数据的相对偏差，而 RB

用于比照模拟均值与某个参照值的相对偏差。NSE 和 RB 的计算公式分别如下：

$$NSE = 1 - \frac{\sum_{i=1}^{n}(X_i^* - X_i)^2}{\sum_{i=1}^{n}(X_i^* - \overline{X})^2} \tag{4.1}$$

$$RB = \frac{\overline{X}^* - \widetilde{X}}{\widetilde{X}} \times 100\% \tag{4.2}$$

式中，X_i^* 为第 i 个观测时刻的水文模拟值，X_i 为该时刻相应的水文观测值；$\overline{X}$ 为在时间段（1，2，…，n）内水文观测值的平均值；$\overline{X}^*$ 为在时间段（1，2，…，n）内水文模拟值的平均值；$\widetilde{X}$ 为用于评估相对偏差的某个参照值，可以选用观测样本的平均值 $\overline{X}$ 作为参照值。但本书考虑到由含有缺失数据的数据样本集在忽略缺失值时进行均值计算的结果可能导致系统性的偏差，因此，选用一个目前比较公认的数据结果作为参照值。在《滇池流域水资源及相关规划资料》这个报告中给出的滇池流域 1953～2004 年多年平均入湖径流量为 9.9 亿 m^3，而根据本书所分析的 2001～2010 年的含有缺失数据的滇池流域 31 条入湖平均流量（见 4.2 中均值那一列）计算出来的平均入湖径流量为 11.9 亿 m^3，二者的比值为 0.83。由于在 2009～2010 年滇池流域出现了大规模干旱（这点可以从第 3 章降雨量的数据分析看出），那么从理论上看这 10 年的平均入湖径流量应该低于多年平均值。可见本书所用于分析的数据确实存在着系统性的偏差。因此，本书为了降低这种系统性的偏差，选择以多年平均入湖径流量按照目前各条河流（排除没有有效观测数据的大观河和老盘龙江）的径流量比例的折算结果为参照值进行 RB 的计算。

根据式（4.1）和式（4.2）可以计算 31 条入湖河流在完全数据率定条件下的 NSE 和 RB，计算的结果见表 4.4。表 4.4 还给出了这 31 条入湖河流流量的理论观测数目（对应“观测数”那一列）、实际观测数目（对应“流量观测数”那一列）和零值流量数目（对应“零值流量”那一列），以及各自所占的比例。之所以给出这些数据信息，是为了查看数据缺失量及比例与 NSE 和 RB 的关系。然而从表 4.4 中给出的信息上看，很难发现二者之间存在简单的关系。由于这个内容不是本书研究的重点，因此这里不对此作进一步探讨。需要指出的是 NSE 和 RB 并不一定能够同时处于比较理想的水平，表 4.4 中给出的对金家河的水文模拟效果评估上可以看出，NSE 为 99.8% 而 RB 为 195.3%，说明了金家河的高 NSE 是由于模型参数的过拟合所造成的，因此其相对偏差会比较大。

表 4.4 滇池入湖河流数据质量与模型可识别性

Table 4.4 Data quality of rivers following to Lake Dianchi and their distinguishabilty of hydrological models

河流	观测数（个）	观测比例（%）	流量观测数（个）	流量观测比例（%）	零值流量（个）	零值流量比例（%）	效率系数（NSE）（%）	相对偏差（RB）（%）
白鱼河	87	72.5	78	89.7	2	2.6	63.5	-13.9
采莲河	71	59.2	66	93.0	3	4.5	2.5	15.5
柴河	31	25.8	30	96.8	2	6.7	51.3	-1.3
船房河	93	77.5	65	69.9	7	10.8	34.6	34.4
茨巷河	107	89.2	96	89.7	7	7.3	55.1	-5.6
大观河	22	18.3	2	9.1	2	100.0	—	—
大清河	96	80.0	58	60.4	11	19.0	26.4	-39.0
东大河	88	73.3	77	87.5	1	1.3	56.8	-8.7
古城河	50	41.7	45	90.0	0	0.0	71.7	7.7
海河	46	38.3	33	71.7	11	33.3	-1.3	2.7
金家河	46	38.3	31	67.4	21	67.7	99.8	195.3
捞鱼河	95	79.2	76	80.0	3	3.9	65.6	-65.2
老宝象河	45	37.5	27	60.0	12	44.4	2.6	156.2
老盘龙江	17	14.2	6	35.3	1	16.7	—	—
老运粮河	96	80.0	80	83.3	1	1.3	57.8	3.9
六甲宝象河	45	37.5	29	64.4	10	34.5	29.5	30.4
洛龙河	102	85.0	87	85.3	1	1.1	51.3	14.1
马料河	36	30.0	32	88.9	2	6.3	88.1	-64.9
南冲河	43	35.8	38	88.4	0	0.0	79.1	-39.8
盘龙江	102	85.0	50	49.0	15	30.0	20.2	-67.4
王家堆渠	34	28.3	33	97.1	0	0.0	-8.2	-23.4
乌龙河	94	78.3	71	75.5	17	23.9	5.5	16.5
五甲宝象河	46	38.3	27	58.7	18	66.7	92.2	25.5
西坝河	84	70.0	68	81.0	4	5.9	4.0	31.1
虾坝河	46	38.3	28	60.9	11	39.3	-1.4	61.7
小清河	46	38.3	33	71.7	19	57.6	19.1	89.5
新宝象河	106	88.3	48	45.3	10	20.8	49.9	26.0
新运粮河	106	88.3	91	85.8	0	0.0	90.5	-38.8

续表

河流	观测数（个）	观测比例（%）	流量观测数（个）	流量观测比例（%）	零值流量（个）	零值流量比例（%）	效率系数（NSE）（%）	相对偏差（RB）（%）
姚安河	40	33.3	12	30.0	10	83.3	100.0	1017.2
淤泥河	39	32.5	34	87.2	1	2.9	61.0	-24.7
中河	55	45.8	47	85.5	0	0.0	39.7	83.9

此外，本书还计算出了衡量5个插补数据样本集的率定效果的NSE和相对偏差RB的数值（表4.5）。从表4.5中可以看出，在5个插值样本的率定结果中，除了少数入湖河流的NSE和RB的数值能够同时被接受外（如白鱼河），大多数的数据样本集都没有被识别，甚至还有被极度恶化的（如五甲宝象河）。这种状况的出现主要与观测样本的数据量以及该样本所含有的有效信息量相关，在小样本大量数据缺失的情况下，采用缺失值插补的方法进行数据扩增时，在模型率定上往往存在缺乏稳健性的问题。

表4.5 滇池入湖河流基于插值数据水文参数率定的效率系数与相对平均偏差

Table 4.5 Nash-Sutcliffe efficiency and average relative bias of hydrological parameters calibration for rivers following to Lake Dianchi with imputation datasets

河流	效率系数（NSE）					相对偏差（RB）（%）				
	插值1	插值2	插值3	插值4	插值5	插值1	插值2	插值3	插值4	插值5
白鱼河	0.585	0.589	0.589	0.575	0.581	5.8	5.7	3.4	2.5	22.2
采莲河	0.038	0.040	0.042	0.021	0.044	18.2	32.9	21.2	38.5	43.7
柴河	0.020	-0.008	-0.024	0.102	0.133	176.4	167.6	193.2	220.1	212.6
船房河	0.348	-0.015	0.018	0.475	0.600	25.7	46.2	47.2	47.0	42.3
茨巷河	0.083	0.064	0.134	0.050	0.073	154.0	142.5	178.0	133.3	154.0
大观河	0.003	-0.003	0.003	0.008	0.001	—	—	—	—	—
大清河	0.025	-0.019	0.067	-0.091	-0.085	67.5	66.0	62.0	68.6	60.4
东大河	0.010	0.124	0.013	0.011	0.215	107.4	100.0	110.2	120.3	141.7
古城河	0.294	0.261	0.247	0.188	0.263	815.0	843.6	809.0	852.9	823.0
海河	0.043	0.417	0.013	0.021	0.268	45.5	40.5	36.4	32.7	42.9
金家河	-0.025	0.425	0.388	-0.016	0.395	357.4	265.9	301.1	359.8	373.4
捞鱼河	0.155	0.297	0.086	0.228	0.258	70.8	87.4	82.4	63.0	65.6
老宝象河	0.037	0.168	0.057	-0.011	0.222	1149.8	1150.8	1438.4	1219.1	1325.7
老盘龙江	0.159	0.027	-0.011	0.137	0.047	860.7	850.2	841.2	934.0	878.6

续表

河流	效率系数（NSE）					相对偏差（RB）（%）				
	插值 1	插值 2	插值 3	插值 4	插值 5	插值 1	插值 2	插值 3	插值 4	插值 5
老运粮河	0.050	0.463	0.113	0.496	0.111	12.0	5.9	8.0	4.3	2.2
六甲宝象河	0.206	0.280	0.201	0.140	0.169	190.3	252.6	201.3	197.9	207.4
洛龙河	0.184	0.151	0.238	0.113	0.051	8.8	14.7	16.0	12.9	0.4
马料河	-0.001	0.004	0.014	-0.016	-0.047	90.0	60.6	97.1	102.4	79.3
南冲河	-0.011	-0.019	-0.045	-0.002	-0.038	875.5	813.8	974.2	847.7	938.3
盘龙江	0.470	0.761	0.709	0.773	0.720	91.1	83.7	81.3	83.0	83.9
王家堆渠	-0.045	-0.122	-0.076	-0.022	0.003	68.6	70.4	73.1	50.0	48.7
乌龙河	0.103	0.150	0.128	0.072	0.122	343.7	376.8	367.8	389.8	446.8
五甲宝象河	-0.371	-0.292	-0.361	-0.318	-0.443	4560.4	4460.4	4579.9	4327.7	4585.1
西坝河	0.229	0.028	0.498	0.013	0.704	193.0	132.6	136.8	123.0	134.4
虾坝河	-0.061	-0.027	-0.093	-0.054	-0.030	26.2	24.7	23.4	21.6	36.7
小清河	0.357	0.358	0.413	0.357	0.186	261.0	241.3	261.0	256.7	261.0
新宝象河	0.527	0.441	0.345	0.478	0.333	65.7	64.5	57.4	66.9	53.9
新运粮河	0.248	-0.167	0.257	-0.190	-0.124	91.9	78.4	93.4	80.5	92.1
姚安河	0.117	0.107	0.099	0.079	0.070	885.3	797.7	929.0	829.5	911.7
淤泥河	0.001	0.028	-0.039	0.002	0.000	210.2	179.4	207.6	202.2	282.5
中河	0.112	0.114	0.093	0.088	0.073	247.6	212.0	226.5	290.6	210.1

为了能够直观地对 29 条入湖河流分别在完全数据率定和插补数据率定条件下的模拟结果进行可识别性比较，本书选取 NSE>0.25 和 RB<50% 作为模型可以被识别的阈值，同时对 5 个插补的数据样本集率定得到的模拟结果分别记编号为 1 到 5，对完全数据样本集率定得到的结果记为 6。这时就可以直观地进行滇池 29 条入湖河流可识别性比较，结果见表 4.6。表 4.6 第 1 列和第 2 列分别给出了最佳的 RB 编号和最佳的 NSE 编号，其值多为 6，说明完全数据样本集率定的 RB 和 NSE 同时都被缺失数据多重插补方法改进的样本量比较少，而最佳的 RB 编号和 NSE 编号同时为 6 时则说明采用缺失数据多重插补方法没有能够对完全数据样本集率定的结果有任何改进。表 4.6 第 3 列到第 5 列分别给出了 RB 达标个数（即 RB<50%）、NSE 达标个数（即 NSE>0.25）和同时达标个数（即 NSE>0.25 且 RB<50%）。这 3 列数字如果越接近于 6 那么说明模型的稳健性就越好，而只要有 1 个 RB 达标或者 NSE 达标个数等于 0，都表明了该入湖河流不能够被 IHACRES 模型所识别。从同时达标个数这一列上看，可以发现有 13 条入湖河流

被标记为0。另外从表4.6中可以看出海河是唯一一条通过缺失数据多重插补所识别出来的入湖河流。

表4.6　滇池29条入湖河流可识别性比较

Table 4.6　Comparison of hydrological models distinguishablity for 29 rivers following to Lake Dianchi

河流	最佳RB编号	最佳NSE编号	RB达标个数	NSE达标个数	同时达标个数
白鱼河	4	6	6	6	6
采莲河	6	5	6	0	0
柴河	6	6	1	1	1
船房河	1	5	6	4	4
茨巷河	6	6	1	1	1
大清河	6	6	1	1	1
东大河	6	6	1	1	1
古城河	6	6	1	4	1
海河	6	2	6	2	2
金家河	6	6	0	4	0
捞鱼河	4	6	0	3	0
老宝象河	6	5	0	0	0
老运粮河	5	6	6	3	3
六甲宝象河	6	6	1	2	1
洛龙河	5	6	6	1	1
马料河	2	6	0	1	0
南冲河	6	6	1	1	1
盘龙江	6	4	0	5	0
王家堆渠	6	5	3	0	0
乌龙河	6	2	1	0	0
五甲宝象河	6	6	1	1	1
西坝河	6	5	1	2	0
虾坝河	4	6	5	0	0
小清河	6	3	0	4	0
新宝象河	6	1	1	6	1
新运粮河	6	6	1	2	1
姚安河	2	6	0	1	0
淤泥河	6	6	1	1	1
中河	6	6	0	1	0

4.2.4 模拟结果综合

尽管目前已经通过IHACRES模型和缺失数据多重插补方法从滇池有效观测数据的29条入湖河流中识别出了16条入湖河流，但这16条河流却不包括滇池径流量最大的那条河流盘龙江。从已有的观测数据上看，盘龙江的平均入湖径流量约占滇池流域总入湖径流量的22.4%（根据表4.2中的均值计算出来），可见如果不能相对准确地对盘龙江的入湖流量进行估计，就会导致整个滇池流域入湖径流量估算存在比较大的偏差。为此，本书在对模拟结果进行综合前，首先根据盘龙江上游的水文观测站点逐日观测数据，采用对数正态线性回归的方法来建立上下游流量之间的关系，结果如图4.12所示。从图4.12中的回归曲线及其置信区间与预测区间的范围上来看，大部分点能够囊括在95%的置信区间以内，绝大多数点则能够被预测区间所包含。由此可见，回归的结果基本上能够满足我们的研究需求。

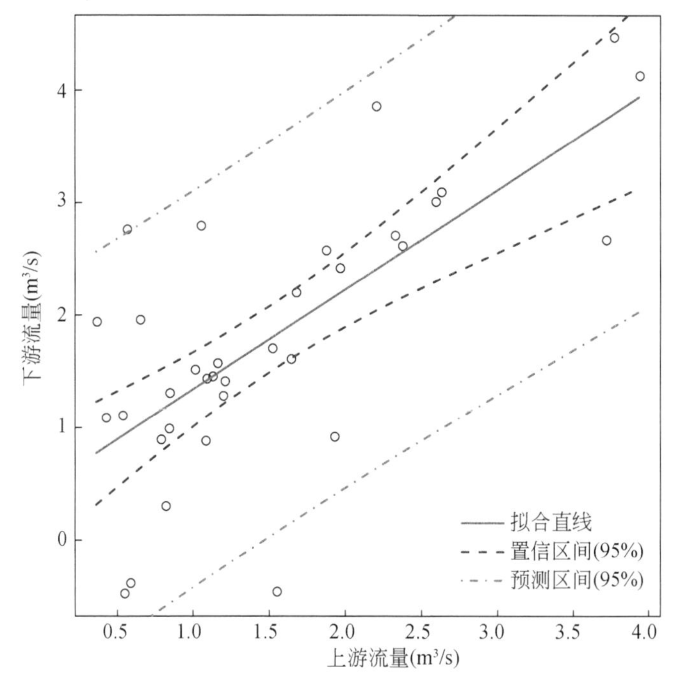

图4.12 盘龙江上游流量与下游流量之间的回归关系

Figure 4.12 Regression relationship between the upstream flow and downstream flow for River Panlongjiang

根据图 4.12 中给出的回归结果，可以实现对盘龙江入湖河流径流量的预测。这里需要说明的是，当变量 X 服从对数正态分布时，有 $\log X \sim N(\mu,\ \sigma^2)$，这时 X 的期望值 $E[X]=\exp\left(\mu+\frac{\sigma^2}{2}\right)$，而不是一般所认为的 $\exp(\mu)$。而本书所得到的回归方程可以写成如下的形式：

$$\log Y_i=\beta_0+\beta_1\log X_i+\varepsilon_i,\qquad \varepsilon_i\sim N(0,\ \sigma^2) \tag{4.3}$$

式中，X_i 为第 i 个观测时间点上盘龙江上游流量值；Y_i 为与其对应的下游流量值；β_0 和 β_1 为回归系数；ε_i 为随机误差。这时，可以得到如下的 $E[Y_i]$ 的近似表达式：

$$E[Y_i]\approx\exp(\beta_0)X_i^{\beta_1}\times\exp\left(\frac{\sigma^2_{\log Y_i}}{2}\right) \tag{4.4}$$

式中，$\sigma^2_{\log Y_i}$ 为 $\log Y_i$ 的回归方差。这里仅仅为了简化问题采用式（4.4）对盘龙江入湖流量进行预测，更加精确的表达式将会在第 5 章中给出。根据式（4.4）计算的盘龙江入湖流量的预测结果，可以作出图 4.13。由图 4.13 可知，盘龙江下游的流量值略大于上游的流量值。

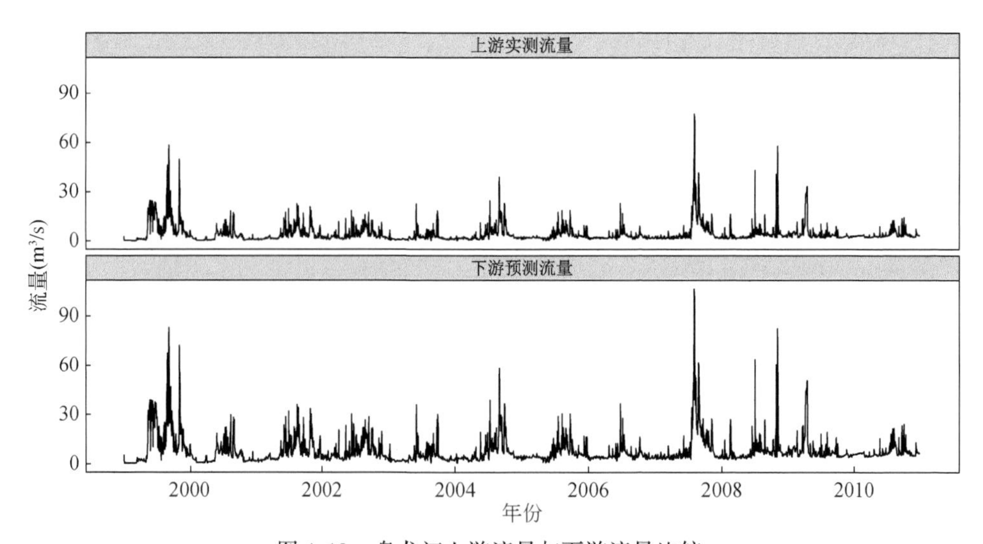

图 4.13　盘龙江上游流量与下游流量比较

Figure 4.13　Comparison between the upstream flow and downstream flow for River Panlongjiang

根据以上采用 RB 和 NSE 对 IHACRES 参数率定后模拟效果的讨论与分析，本书将采用如下的方法来对模拟结果进行综合：①采用完全数据率定效果比较好的直接用于后续分析；②插值对于完全数据率定效果有改善的用插值后的率定结果；③如果 NSE<0，那么说明用模型模拟的效果不及用均值进行分析的效果，这时直接采用插值结果分析；④如果模拟效果不理想但有其他辅助数据资料支撑时，可以采用这些数据资料对结果进行校准。

4.3 模型预测与分析

经过前面的处理过程，目前得到了 17 条可识别的河流，包括 15 条由完全数据率定识别的河流，1 条通过缺失值多重插补的入湖河流海河，以及 1 条通过对上游流量回归得到下游入湖流量的河流盘龙江。为了与之前的图表相对应，这里仍然将后面两条河流归并到不可识别的入湖河流行列，但在计算上采用可识别入湖河流的计算方法进行。以下将分别对滇池入湖河流月均入湖流量、滇池逐月总入湖流量、滇池逐年总入湖流量及滇池各条入湖河流年均入湖流量进行预测，并简单地计算出预测值的 95% 置信水平下的置信区间。

4.3.1 滇池入湖河流月均入湖流量

对于可识别的入湖河流，可以通过模拟逐日入湖流量来计算其月均入湖流量，即通过取每个月的月均值来实现。对于每个月流量的中位数、2.5% 和 97.5% 的分位数的计算，也可以采用类似的方法进行处理。其主要思想是以月为样本量进行以上这些统计量的计算与分析。当然采用这种方法可能会将置信区间放大，这一点将在第 5 章进行详细的探讨。在此处仅做简单处理，得到的结果如图 4.14 所示。从图 4.14 中可以看出，滇池各条可识别的入湖河流的 95% 置信水平下的置信区间都比较窄，而中位数与均值基本上重叠在一起。这说明滇池入湖河流在每个月内的波动并不十分明显。但对于整个时间序列而言，可识别的入湖河流都有较强的周期性，这种周期性变化说明了入湖河流流量的月间波动性十分明显，而这种周期性的变化与降雨量的周期性变化是紧密相连的。

对于不可识别的入湖河流，在进行计算之前，首先需要对其数据进行修正，因为含有缺失值的数据样本本身相对于滇池流域入湖流量多年平均值而言是有偏的。本书采用之前计算的滇池流域入湖流量多年平均值与含有缺失数据的样本计算出来的从 2001 ~ 2010 年的滇池流域入湖流量平均值之间的比值作为校正系数对不可识别的入湖河流进行校正。另外，由于没有逐日的流量模拟数据，只能用一个月中某天的流量数值代替该月的流量数值。这时，对于有观测数据的那一个

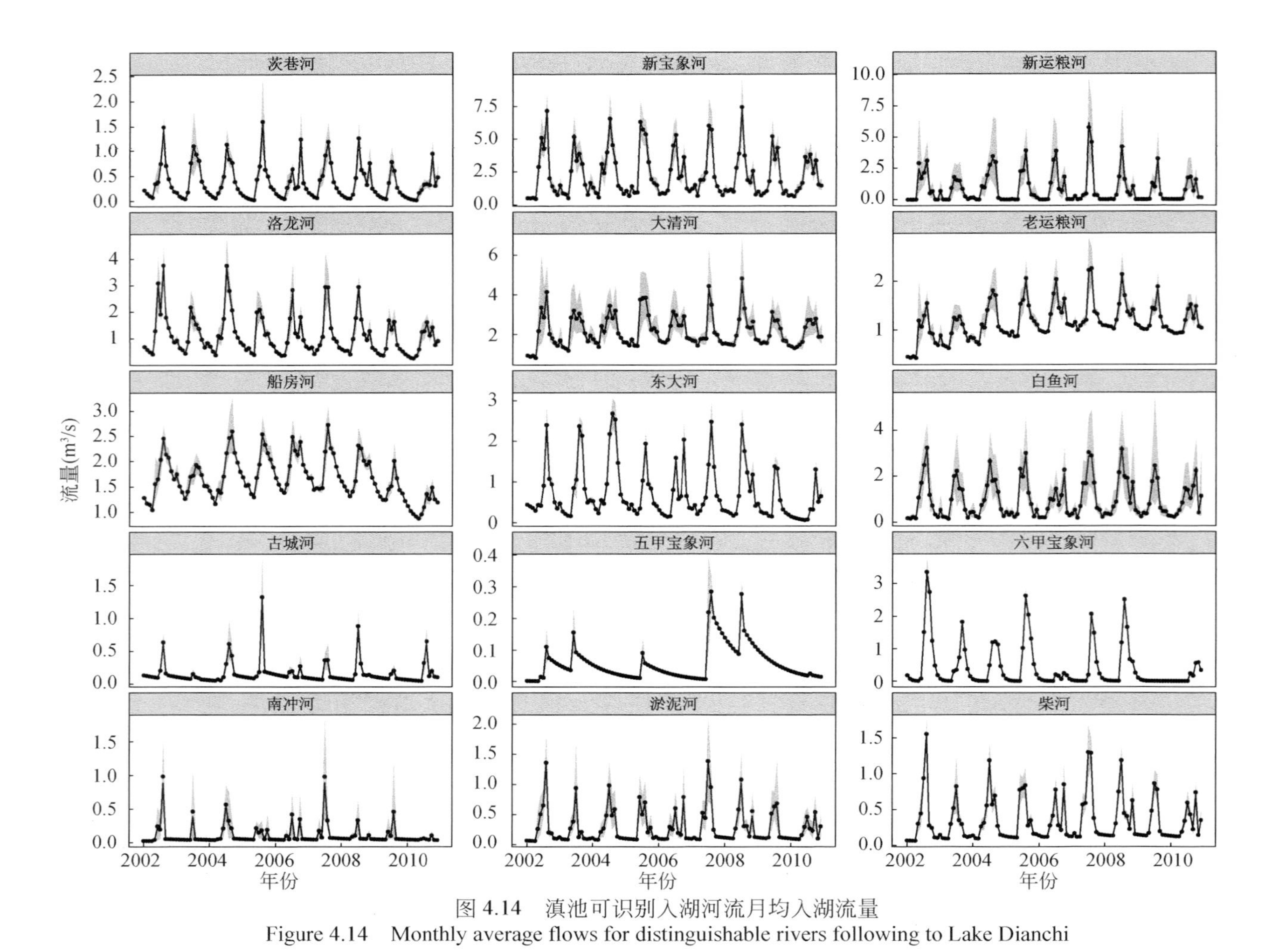

图 4.14 滇池可识别入湖河流月均入湖流量

Figure 4.14 Monthly average flows for distinguishable rivers following to Lake Dianchi

月，其置信区间将会重叠成一个点；而对于没有观测数据的那一个月，其置信区间可以由多重插补得到的数据样本集所得到的缺失值分布来计算该缺失流量的中位数、2.5%和97.5%的分位数。为了降低IHACRES模拟的计算复杂度，直接利用之前采用EMB算法（一共做了155个插补数据下的模型率定）生成的5个数据样本集。但在估计缺失值的中位数、2.5%和97.5%的分位数时，5个数据样本集是远远不够的。对此本书又重新采用EMB算法获得了100个数据样本集，依据这100个数据样本集得到的滇池不可识别入湖河流月均入湖流量如图4.15所示。图4.15中给出的盘龙江和海河月均入湖流量的变化规律与图4.14中是一致的，这里不专门对其进行探讨。对于其余的入湖河流，年间的周期性消失了。之所以出现这种状况，是因为插值样本没有像IHACRES水文模拟那样建立降雨量与径流量之间的关系，而仅仅通过流量序列识别出了其统计特性，这种统计特性是缺乏时序的关联性的。此外，由缺失数据带来的不确定性远远高于图4.14中由于月内流量波动带来的不确定性。

4.3.2 滇池逐月总入湖流量

在计算了滇池流域29条有效观测的入湖河流月均入湖流量之后，可以计算出各条入湖河流逐月总入湖流量，对每条入湖河流逐月总入湖流量进行汇总，即可以得到滇池逐月总入湖流量，计算结果如图4.16所示。从计算的结果上看，在2002~2008年，滇池逐月入湖流量基本上比较稳定，甚至在2007~2008年出现比前面年份要略高的情况。在2009~2010年，滇池入湖流量明显降低，这点与滇池流域2009~2010年的出现的大规模干旱是对应的。从置信区间上看，2007~2008年的置信区间要明显窄于其他年份，这点从前面的分析中很容易理解，说明了2007~2008年的观测数据量比较大，受到缺失值不确定性的影响要小一些。

4.3.3 滇池逐年总入湖流量

依据图4.16的计算结果，对各月的数据进行汇总，可以得到滇池逐年总入湖流量的期望值的估计值、中位数以及95%置信水平下的置信区间，如图4.17所示。相比于图4.16而言，图4.17的趋势性更加明显，即在2008年之前滇池逐年总入湖流量的期望值几乎为一条水平线，其平均水平约为12亿m^3，在2008年之后滇池逐年总入湖流量的期望值要明显低于其他年份。从这个数值上看，对

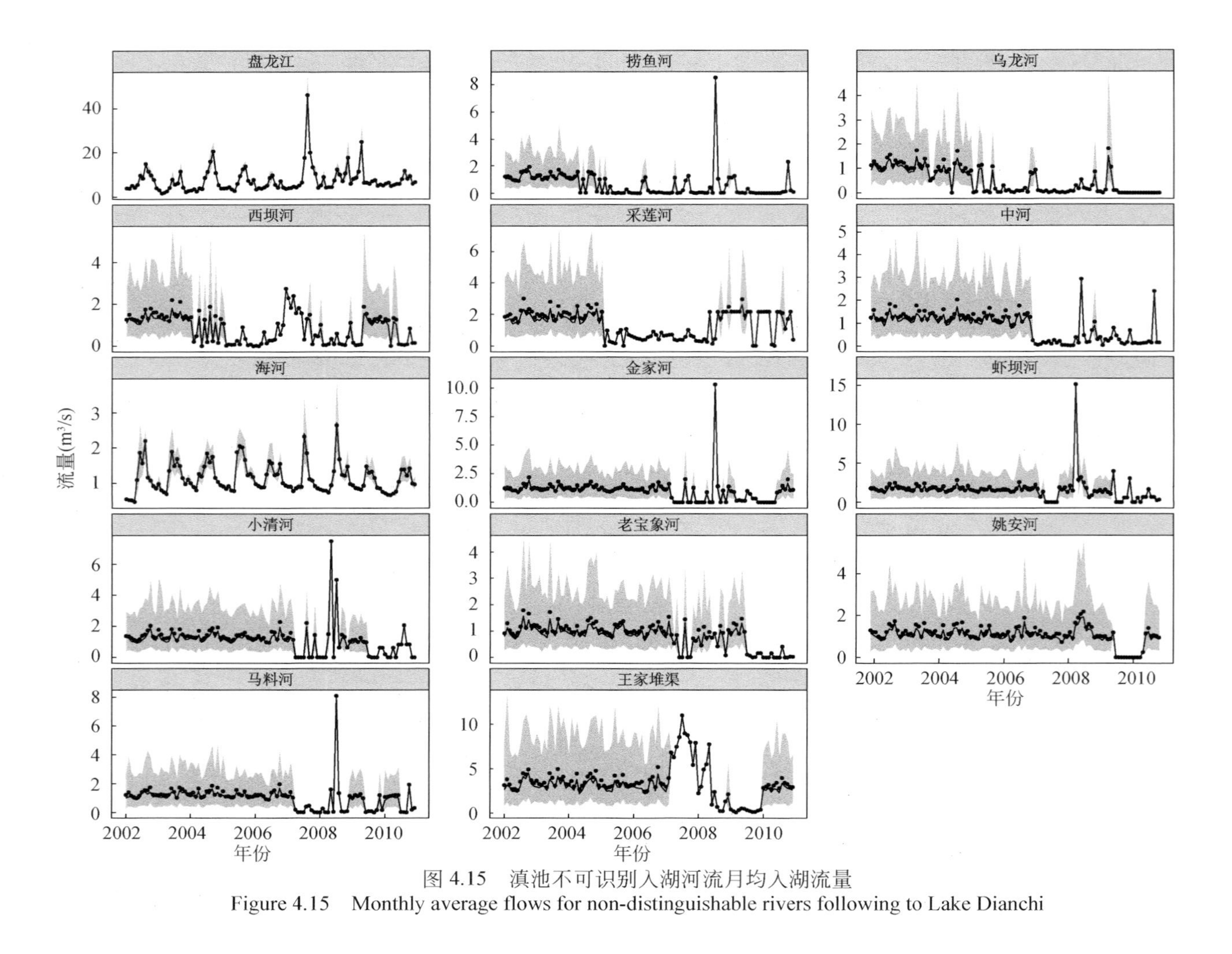

图 4.15 滇池不可识别入湖河流月均入湖流量

Figure 4.15 Monthly average flows for non-distinguishable rivers following to Lake Dianchi

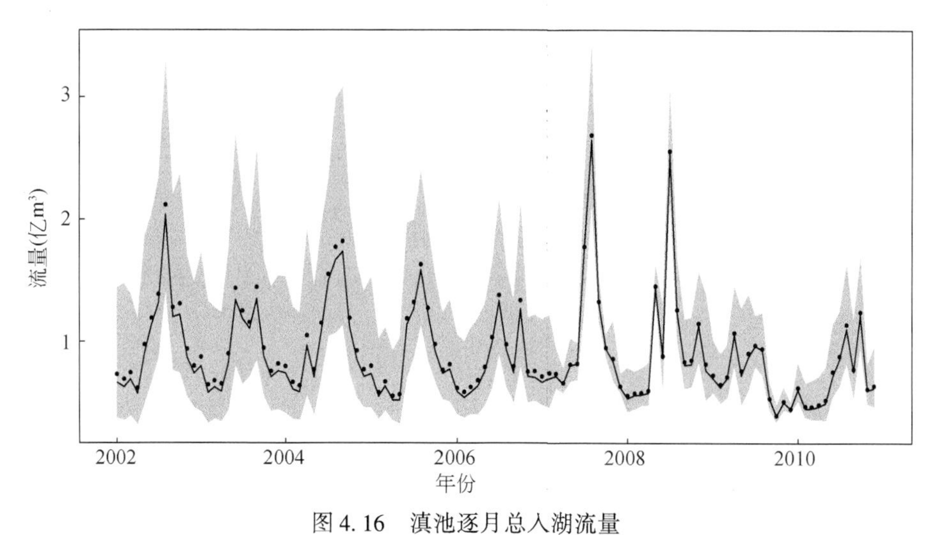

图 4.16 滇池逐月总入湖流量

Figure 4.16 Monthly total flows of rivers following to Lake Dianchi

于滇池逐年总入湖流量的估算有些偏高，尽管这些数据是经过调整系数的修正的。由于这种“调整”仅仅只是一种非常近似的估计，因此可能对结果偏差的减少作用不大。

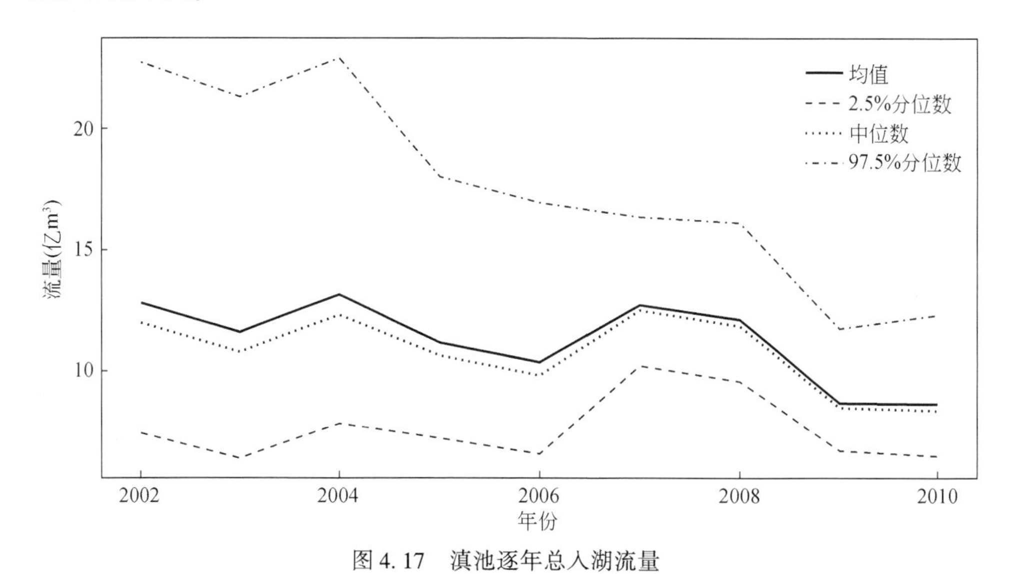

图 4.17 滇池逐年总入湖流量

Figure 4.17 Annual total flows of rivers following to Lake Dianchi

4.3.4 滇池各条入湖河流年均入湖流量

根据图 4.14 和图 4.15 的计算结果，如果以河流为汇总单元，那么就可以得到滇池各条入湖河流年均入湖流量，如图 4.18 所示。图 4.18 中以盘龙江为分界线，左边为可识别的入湖河流，右边为不可识别的入湖河流，二者之间的最大差别在于置信区间的范围大小。对于可识别的入湖河流。其置信区间考虑的是月均的变化范围；而对于不可识别的入湖河流，其置信区间考虑的是由于缺失值引起的不确定性范围，因此后者要显著高于前者。另外，从各条入湖河流的年均入湖流量上看，盘龙江是入湖流量最大的入湖河流，而王家堆渠成为了第二大的入湖河流。由于缺乏数据支撑，同时又不能被 IHACRES 模型所识别，因此这一结果的可靠性还需要进一步的研究去探讨。不过本书是持有怀疑态度的，因为由含有缺失值的数据样本计算的入湖河流流量年均值与滇池多年平均值相比有些偏大，而这种偏差直接反映在不可识别的入湖河流上。

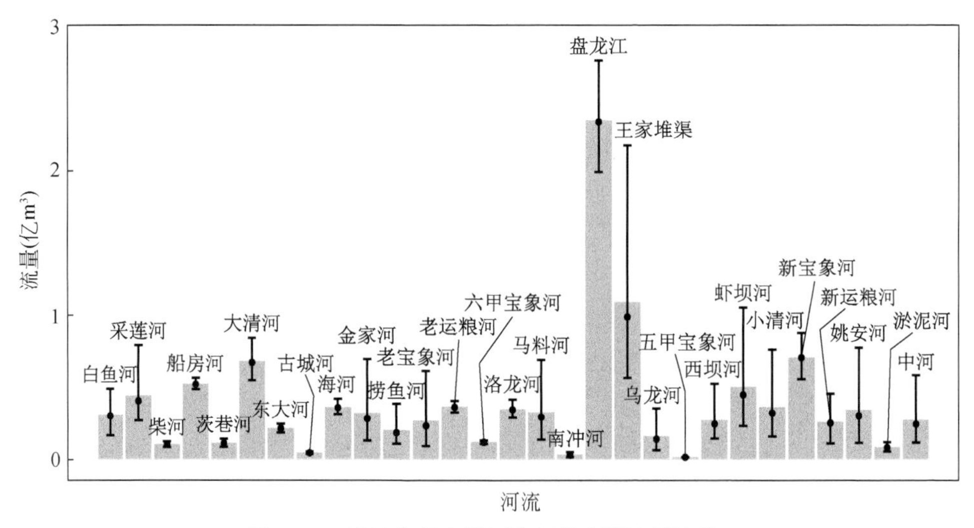

图 4.18 滇池各条入湖河流年均入湖流量比较

Figure 4.18 Comparison of annual total flows of each river following to Lake Dianchi

4.4 小 结

本章主要研究了数据缺失下滇池流域水文模拟问题，该问题在大样本少量数据缺失时并不是一个比较严重的问题，但对于小样本大量数据缺失时在处理上就变得比较困难了。为降低分析的难度，本书选取数据需求比较低的 IHACRES 模型作为计算平台，首先对完全数据进行率定，发现滇池有观测数据的 31 条入湖河流中有 2 条不能支撑参数率定，有 14 条不能被模型所识别。为此本书采用缺失数据多重插补的方法生成了 5 个插值数据样本集通过增加样本量来提高模型的可识别性。但最终也仅仅识别出了海河这样一条河流，对于滇池最大的入湖河流盘龙江仍然不能被有效识别。为解决这个问题，本书对盘龙江上游水文站的水文逐日观测数据与下游入湖处的流量观测数据进行对数正态线性回归分析，从而计算出了盘龙江逐日入湖径流量。此外，为了比较各种分析手段下的入湖河流的可识别性，本书提出了以 NSE>0. 25 和 RB<50% 为阈值的可识别性判断标准，分析了 5 种插值数据率定和 1 种完全数据率定的水文模拟效果。在此基础上，分别计算了滇池入湖河流月均入湖流量、滇池逐月总入湖流量、滇池逐年总入湖流量和滇池各条入湖河流年均入湖流量以及相应的 95% 置信水平下的置信区间。

5 数据缺失下滇池入湖污染负荷估算

对于一个湖泊而言，入湖河流无疑是其血脉，它在很大程度上决定了一个湖泊生态系统的健康与否。就如宋代的朱熹诗中所说的那样，“问渠哪得清如许，为有源头活水来”。可见，清水产流对于一个湖泊的重要性。然而，目前全国范围内很多湖泊都受到了其入湖河流高污染负荷输入的压力，使得湖泊水体水质迅速降低，水生态环境急剧恶化，水生生态系统濒临崩溃。而这种现象并非我国所独有，湖泊的富营养化问题、湖区的低氧问题以及有毒有害藻毒素的问题在全世界范围内都是备受关注的。解决这一问题的关键并不仅仅局限于湖体本身，更重要的是从源头上控制入湖的污染负荷，实现清水产流机制。那么，需要回答的一个首要问题是如何估算湖泊入湖污染负荷量。关于这个问题，20 世纪七八十年代就已经在美国开始着手研究了，并由美国地质调查局开发了一个十分简单而有效的污染负荷估算模型 LOADEST，以解决在污染负荷估算中出现的估计偏差和删失数据对于估算结果的影响。LOADEST 模型是基于两个非官方的模型 LOADEST2 和 ESTIMATOR 而研发的，其主要思路是寻求污染负荷量与河流流量之间的一种非线性关系，通过对其进行对数转换后，采用线性回归的方法实现由河流流量来估算污染负荷量的一种方法。这种方法尽管看似十分简单，但其中涉及的对数变换所带来的估计偏差一直是统计学比较关注的问题，以及删失数据的处理也涉及比较复杂的过程。此外模型结构的选择也是 LOADEST 模型的一个重要组成部分。因此，在利用 LOADEST 模型进行污染负荷估算时，只有详细了解其每个计算过程，才能有效地对结果进行分析。LOADEST 模型一个重要的作用是对低于检出限的删失监测指标进行分析，而我们实际获取的数据往往不止是删失这一种情况，往往会因为各种原因产生一定数量的缺失数据，有时甚至会有大量的数据缺失。在这种情况下，如果没有其他辅助数据资料作为数据分析的先验知识，那么我们的研究就只能尽可能地从残损的数据样本中挖掘出有用信息。关于缺失数据处理的理论基础在本书第 2 章中已经比较详细地进行论述了，此处只是利用基于缺失值多重插补的 EMB 算法来恢复部分的数据信息，以便更好地进行回归分析。然而，一般线性回归中缺失值很显然的处理方法，对于进行对数变换后的缺失值处理在理论上并非那么显然，而且还存在一定的困难，如分布未知，参数估计困难等问题，在实际分析过程中都需要有很好的理论和方法进行支撑。本书主要以滇池入湖污染负荷为研究对象，以第 4 章中水文模拟的输出结果为响应变量，在水质数据十分稀缺的条件下，采用 LOADEST 模型的理论框架体系和缺失值的多重插补方法，对滇池入湖河流污染负荷进行全面而细致地估算，以摸清滇池各条入湖河流在年尺度、月尺度乃至日尺度上对滇池污染的贡献量。同时还尝试着尽可能比较准确地给出这种贡献量的不确定性区间，以指导我们对滇池流域进行全面规划和总量控制，也为复杂的流域模型和湖体水质水动力模型提供数据支撑。

5.1 基础数据分析

从以上的理论介绍中可以看出，采用 LOADEST 模型对滇池入湖河流污染负荷量进行估算时，至少需要利用到瞬时流量和瞬时污染物浓度的数据。流量的数据最好是连续的日数据（保证污染负荷估计的精度），并且样本量越大越好（保证污染负荷估计的准度）。当然即便有少量的缺失值，在 LOADEST 软件包里也有简单的线性内插或者用取均值的方法来计算（这些方法的缺陷在第 2 章中已经指出过），但在数据大量缺失的条件下，还是需要一定的统计方法和模拟方法来生成流量序列。污染物浓度的数据相比流量可能会更加稀缺，如果缺失量比较大时，采用基于多重插补的 EMB 算法进行缺失值处理将是一个比较好的选择，下面就针对滇池入湖河流的流量数据和水质数据状况进行简单介绍。

5.1.1 流量数据

滇池流域与水质相匹配的水文数据多是在进行水质监测的同时进行监测的，因此其数据量与水质数据是相当的，甚至会由于各种数据缺失的原因导致其更加稀缺。就这个问题，第 4 章已经给出了详细的水文模拟分析，将流量模拟分为了可以识别和不可识别两种类型。对于可以识别的河流，最终可以通过水文模型得到入湖河流的逐日径流量；而对于不可识别的河流，则仅仅利用 EMB 算法计算出多重插补样本均值和方差，将进行简单校正后的月均径流量作为其大致的估算。这两方面的流量数据对于滇池入湖污染负荷的计算都是有利用价值的，但不可识别的河流的流量时间尺度和水质时间尺度是一致的，这样采用 LOADEST 模型进行计算也不可能得到以日为精度的数据，那么对这部分数据直接利用式(2.39)进行污染负荷总量估算。那些可识别的有日径流量数据的河流的瞬时污染负荷均值和置信区间的估算问题，正是本书研究的重点。

5.1.2 水质数据

用于 LOADEST 模型计算的水质数据是在利用 EMB 算法得到的 10 个插值样本的基础上生成的。尽管第 4 章已经有过对水质数据的多重插补（生成了 5 个插值样本），但当时研究的重点是希望通过数据之间的相关性来反演插补出缺失流量数据的分布状况。此外，在本章中所用到的流量数据是第 4 章中的模拟数据而非原始的含有大量缺失值的流量数据。因此，为了保证数据的一致性，在本章的研究中仍然需要对水质数据重新进行插补。这里采用的方法是：对于可识别的河流，提取出用于插补的时间点上的数据（每个月只有 1 个数值）与水质数据对应上；对于不可识别的河流，直接用插值均值代替缺失的流量数据与水质数据对应上，然后利用完整的流量数据和气象数据以及含有部分缺失值的水质数据（包括 Site、Time、Temp、pH、TN、TP、COD_{Mn}、COD、NH_4^+、NO_3^-、Q、PP、DLP、DHT、MRH、MWS、HWS、NTR、DR、RR、DHWS 这些指标）构造用于缺失值插补的数据样本集，采用 EMB 算法进行 10 次插补。得到的 TN 和 TP 观测值与插值均值分布如图 5.1 所示。从图 5.1 中可以看出，插值均值的分布与观测值的分布并不完全一致，但整体上都呈现出正值右偏的特性，直观上看二者都大体满足对数正态分布。对于 TN 而言，插值均值的分布峰值比观测值的要高，但分布的位置基本是一致的，这说明插入数据与观测数据基本相当，但在众数出现的频率要高于观测数据；而对于 TP 而言，插值均值的分布与观测值的分布虽然峰值相当，但在位置上整体右移，这说明插入数据众数明显高于观测数据，与观测值的分布存在一定的偏差。图 5.1 的结果与第 4 章 5 组样本计算的结果大体一致。

5.2 模型选择与参数估计

模型选择与参数估计是 LOADEST 模型进行负荷计算前的两个重要步骤。对于滇池入湖污染负荷估算问题，本书所用的解释变量为流量的对数值和十进制时间的相关变换，响应变量分别为 TN 瞬时负荷的对数值与 TP 瞬时负荷的对数值，备选模型为表 2.1 中给出的相关模型。模型选择的方法为线性回归的 AIC 指标，其中 AIC 越小表示模型越好。在确定了模型结构后，采用一般的最小二乘法方法

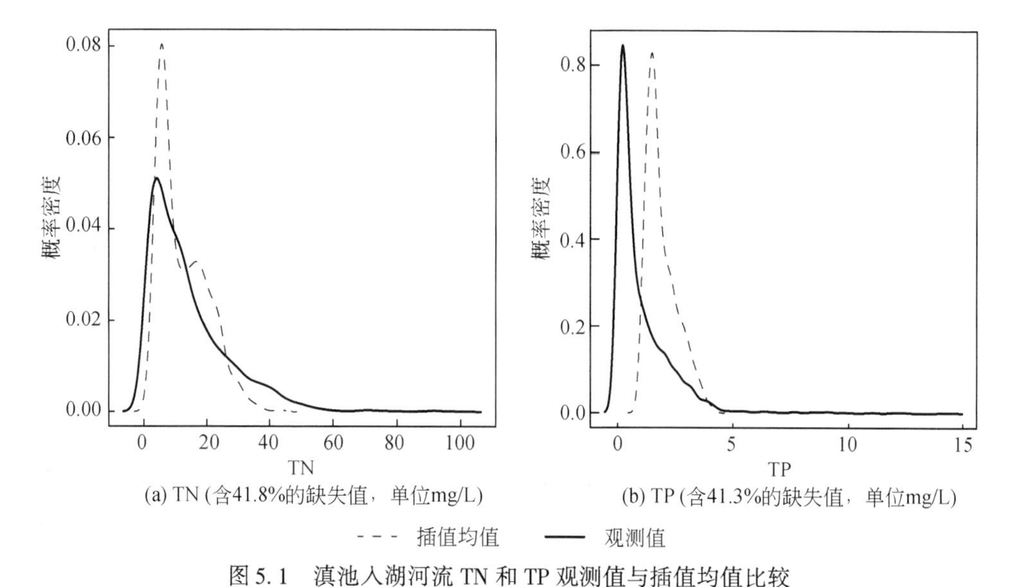

图 5.1　滇池入湖河流 TN 和 TP 观测值与插值均值比较

Figure 5.1　Comparison between the mean imputation and observed values of TN and TP for inflow rivers (in Lake Dianchi)

分别对 10 个插值样本进行参数估计，得到由每个样本确定的回归方程的可决系数（R^2），以及回归系数均值与标准误，最后采用第 2 章所给出的结果综合的方法得到每条河流的回归系数均值与标准误。

5.2.1　模型选择

对于不同的河流及不同的水质指标，LOADEST 模型采用的是独立计算的方式，即分别对每条河流每种水质指标进行回归分析。可用于瞬时负荷估算的河流有 17 条，需要估算负荷的指标有 2 个，每个又分为 10 个子样本分别进行估计，备选的模型共有 9 种，因此总的回归方程共有 $17\times2\times10\times9=3060$ 个。这里为了简化模型选择过程，分别比较每条河流每个水质指标回归方程的 AIC 指数，取 AIC 指数最小的那个模型作为优选出来的模型用于参数估计。当然，对于 10 个不同的插值样本，由于填补的缺失值不同，所优选出来的最优模型往往不一致。这个时候就需要利用机器学习中一个十分重要的模型选择原理“奥卡姆剃刀原理”，即在有相同效果的模型中选择最简单的模型（隐含着当每个模型的效果不一致时，选择效果最好的那个模型这一层意思）。由于表 2.1 中给出的相关模型是按照从简单到复杂的顺序进行排列的，因此利用“奥卡姆剃刀原理”进行模型选择即在相同的最优模型个数中选择最小的模型编号。以下分别对 TN 和 TP 模型选择的结果进行简要说明。

5.2.1.1 TN 模型选择

对 10 个插值样本分别进行 TN 模型选择，得到的最优模型见表 5.1。从表 5.1 可以看出，所有插值样本都选择同一个模型的河流有茨巷河、洛龙河、大清河、船房河这 4 条河流，说明这 4 条河流对于缺失值的稳健性比较好，不易受到缺失值的影响。其他的 13 条河流均不同程度地受到了缺失值的影响，这种影响可能会给模型估值带来一定的不确定性，但是采用“奥卡姆剃刀原理”能够最小化这种不确定性。在表 5.1 的最后一列中给出了依据“奥卡姆剃刀原理”得到的模型选择的结果，其中 9 出现的频次最多，说明在滇池流域 17 条入湖河流瞬时污染负荷与流量及时间的回归建模过程中倾向于选择比较复杂的模型。

表 5.1 滇池 17 条入湖河流 TN 模型的选择

Table 5.1 Selection of the best TN model for inflow rivers in Lake Dianchi

河流	插值 1	插值 2	插值 3	插值 4	插值 5	插值 6	插值 7	插值 8	插值 9	插值 10	选择
茨巷河	9	9	9	9	9	9	9	9	9	9	9
新宝象河	7	8	8	8	7	8	8	8	8	8	8
新运粮河	4	4	4	4	9	4	4	6	4	4	4
洛龙河	1	1	1	1	1	1	1	1	1	1	1
大清河	9	9	9	9	9	9	9	9	9	9	9
老运粮河	9	3	6	2	6	4	1	1	6	1	1
船房河	9	9	9	9	9	9	9	9	9	9	9
东大河	6	6	6	9	6	6	6	6	6	6	6
白鱼河	7	9	9	3	3	9	7	9	3	9	9
古城河	7	7	7	5	4	7	5	1	7	4	7
五甲宝象河	3	1	1	6	3	2	9	2	3	5	3
六甲宝象河	9	9	1	1	8	6	9	8	9	1	9
南冲河	4	4	4	4	3	1	1	6	1	9	4
淤泥河	1	3	1	1	1	3	1	7	1	1	1
柴河	9	9	3	9	3	9	9	9	9	9	9
海河	9	6	9	2	1	9	1	9	9	6	9
盘龙江	1	1	4	3	4	3	7	7	7	7	7

5.2.1.2 TP 模型选择

TP 模型选择与 TN 模型选择的方法完全一致，得到的最优模型见表 5.2。从表 5.2 可以看出，所有插值样本都选择了同一个模型的河流有茨巷河、新宝象河、洛龙河、船房河、东大河、白鱼河、南冲河、淤泥河、柴河、海河 10 条河流，只剩下 7 条河流在 TP 模型选择上出现了多个模型被选择的情况。可见，对于 TP 模型而言，更多的模型对于缺失值比较稳健。但这里有两点需要说明：第一，由于 TN 和 TP 的建模过程是独立的，因而对于 TN 稳健的模型，并不一定对 TP 也稳健，如大清河；第二，模型的稳健性在这里只是小范围的，仅仅局限于表 2.1 中的那 9 个模型，因而这里所说的稳健性并不代表模型的准确性，这点可以从 TP 的所谓稳健模型大多选择了最复杂的模型（模型 9）看出。因为当模型复杂程度（complexity）比 9 大的时候，也许这些模型就显得不稳健了。当然，模型越复杂，出现过拟合的可能性也就越大。

表 5.2 滇池 17 条入湖河流 TP 模型的选择

Table 5.2 Selection of the best TP model for inflow rivers in Lake Dianchi

河流	插值 1	插值 2	插值 3	插值 4	插值 5	插值 6	插值 7	插值 8	插值 9	插值 10	选择
茨巷河	9	9	9	9	9	9	9	9	9	9	9
新宝象河	7	7	7	7	7	7	7	7	7	7	7
新运粮河	7	7	7	7	7	7	7	9	7	7	7
洛龙河	9	9	9	9	9	9	9	9	9	9	9
大清河	9	7	9	9	9	9	9	9	7	9	9
老运粮河	7	8	9	9	7	7	7	9	7	7	7
船房河	9	9	9	9	9	9	9	9	9	9	9
东大河	8	8	8	8	8	8	8	8	8	8	8
白鱼河	9	9	9	9	9	9	9	9	9	9	9
古城河	9	9	9	9	9	9	9	9	8	9	9
五甲宝象河	5	5	5	5	9	5	9	9	9	9	5
六甲宝象河	3	3	3	3	3	3	3	3	9	3	3
南冲河	9	9	9	9	9	9	9	9	9	9	9
淤泥河	3	3	3	3	3	3	3	3	3	3	3
柴河	9	9	9	9	9	9	9	9	9	9	9
海河	9	9	9	9	9	9	9	9	9	9	9
盘龙江	9	9	4	4	4	6	9	4	9	4	4

5.2.2 参数估计

由于模型是对瞬时负荷的对数值进行估计，而瞬时负荷的对数值与瞬时流量的对数值及十进制时间的相关变换之间是简单的线性回归关系，因此回归系数的估计并不困难，采用一般的最小二乘法就能够很快的对其进行估计。在进行参数估计时，需要利用表5.1和表5.2的结果，分别对各条河流、各个指标、各个插值样本进行计算，唯一与常规方法不同的地方在于估计参数的均值和标准误不止一个，所以需要采用第2章给出的方法对其进行综合。回归模型的结果有很多，如回归系数的期望值、标准误、t 值、p 值、可决系数、残差方差等，本书仅仅罗列3类指标：可决系数、回归系数均值与回归系数标准误，以下分别针对TN和TP模型对这3类指标的计算结果进行说明。

5.2.2.1 TN模型参数估计

表5.3给出了17条河流10个插值样本得到的TN回归方程的可决系数。从表5.3中可以看出，对同一条河流不同插值样本的可决系数差别不大，即可决系数高的河流各个插值样本的可决系数都高，这时，我们可以对每一条河流10个插值样本的可决系数取均值，用平均可决系数来表征各条河流拟合效果的好坏(结果见表5.3的最后一列)。对于TN模型，平均可决系数范围在0.41~0.96。可决系数大于0.9的河流有2条，新运粮河和六甲宝象河；低于0.6的河流有3条，大清河、船房河、海河。可决系数是衡量一个模型拟合效果好坏的指标，这一指标值越高说明模型拟合效果越好。然而在数据缺失条件下，可决系数并不能决定一个模型的好坏，它只是一个参考指标，可决系数高的河流不一定比可决系数低的河流的实际解释性好，因为高可决系数也许意味着模型的过拟合，当然低的可决系数往往是模型欠拟合的一种表现。这一点在后面的分析中仍然可以看到。

表5.3 滇池17条入湖河流TN模型的可决系数

Table 5.3 Coefficient of determination of the best TN model for inflow rivers in Lake Dianchi

河流	插值1	插值2	插值3	插值4	插值5	插值6	插值7	插值8	插值9	插值10	均值
茨巷河	0.68	0.67	0.67	0.67	0.66	0.67	0.68	0.68	0.67	0.69	0.67
新宝象河	0.67	0.69	0.66	0.67	0.69	0.66	0.65	0.69	0.69	0.68	0.67
新运粮河	0.97	0.96	0.97	0.96	0.96	0.95	0.96	0.95	0.96	0.97	0.96

续表

河流	插值 1	插值 2	插值 3	插值 4	插值 5	插值 6	插值 7	插值 8	插值 9	插值 10	均值
洛龙河	0. 74	0. 69	0. 72	0. 73	0. 74	0. 74	0. 71	0. 71	0. 70	0. 69	0. 72
大清河	0. 54	0. 60	0. 58	0. 53	0. 59	0. 59	0. 54	0. 57	0. 51	0. 60	0. 56
老运粮河	0. 62	0. 63	0. 67	0. 67	0. 67	0. 70	0. 64	0. 60	0. 59	0. 61	0. 64
船房河	0. 59	0. 55	0. 48	0. 52	0. 57	0. 49	0. 55	0. 52	0. 55	0. 58	0. 54
东大河	0. 69	0. 64	0. 67	0. 63	0. 67	0. 69	0. 67	0. 67	0. 68	0. 68	0. 67
白鱼河	0. 78	0. 78	0. 78	0. 76	0. 78	0. 78	0. 79	0. 77	0. 78	0. 77	0. 78
古城河	0. 66	0. 54	0. 67	0. 57	0. 58	0. 60	0. 59	0. 56	0. 65	0. 64	0. 61
五甲宝象河	0. 77	0. 74	0. 73	0. 72	0. 78	0. 76	0. 76	0. 74	0. 75	0. 77	0. 75
六甲宝象河	0. 96	0. 97	0. 96	0. 96	0. 96	0. 96	0. 96	0. 96	0. 97	0. 96	0. 96
南冲河	0. 64	0. 62	0. 64	0. 66	0. 61	0. 60	0. 60	0. 60	0. 66	0. 62	0. 62
淤泥河	0. 71	0. 65	0. 72	0. 68	0. 72	0. 63	0. 69	0. 69	0. 71	0. 74	0. 69
柴河	0. 76	0. 69	0. 70	0. 76	0. 69	0. 78	0. 72	0. 70	0. 77	0. 75	0. 73
海河	0. 33	0. 44	0. 41	0. 43	0. 35	0. 44	0. 34	0. 46	0. 46	0. 45	0. 41
盘龙江	0. 75	0. 74	0. 76	0. 80	0. 78	0. 79	0. 77	0. 76	0. 80	0. 77	0. 77

表 5. 4 和表 5. 5 分别给出了滇池 17 条入湖河流 TN 模型的回归系数的期望值估计和标准误估计，这两个表格与表 2. 1 和表 5. 1 是相对应的。这里并没有给出 10 个插值样本各自的计算结果，而只给出了汇总的模型结果。对比表 5. 4 和表 5. 5 中的数值可以发现，均值与标准误的比值越大（均值和回归系数真实值之差与标准误的比值服从 t 分布），说明该参数越显著（参数与 0 的差别越大）；反之，则表明参数不显著，那么这个参数对模型的贡献就不那么重要了。一般而言，如果解释变量存在多重共线性就会导致回归参数估计值的标准误估计偏大，从而使得参数的显著性降低。而一个模型解释变量越多尽管对模型的拟合效果会越好，但存在多重共线性的可能性也越大。因此，优选的模型越简单那么参数的显著性也就越高。

表 5. 4　滇池 17 条入湖河流 TN 模型的回归系数期望值估计

Table 5. 4　Estimation of regression coefficients of the best TN model for inflow rivers in Lake Dianchi

河流	a_0	a_1	a_2	a_3	a_4	a_5	a_6
茨巷河	5. 835	1. 072	-0. 071	0. 106	-0. 309	-0. 062	-0. 035

续表

河流	a_0	a_1	a_2	a_3	a_4	a_5	a_6
新宝象河	6. 887	0. 815	-0. 108	-0. 241	0. 111	0. 088	—
新运粮河	5. 664	0. 940	-0. 335	-0. 230	—	—	—
洛龙河	6. 007	1. 054	—	—	—	—	—
大清河	8. 843	1. 045	0. 096	-0. 023	-0. 065	-0. 050	-0. 041
老运粮河	7. 534	0. 973	—	—	—	—	—
船房河	7. 900	0. 955	0. 417	0. 115	-0. 060	-0. 104	-0. 048
东大河	4. 239	0. 989	0. 156	-0. 287	-0. 129	—	—
白鱼河	5. 196	1. 146	-0. 008	-0. 155	0. 121	0. 149	0. 028
古城河	3. 765	1. 267	-0. 188	-0. 083	-0. 036	—	—
五甲宝象河	3. 096	0. 903	0. 031	—	—	—	—
六甲宝象河	3. 214	0. 812	0. 027	-0. 304	-0. 189	0. 008	-0. 018
南冲河	5. 079	1. 055	-0. 148	0. 040	—	—	—
淤泥河	5. 090	1. 110	—	—	—	—	—
柴河	5. 075	0. 654	0. 154	0. 019	0. 064	-0. 034	-0. 031
海河	7. 852	0. 561	-0. 255	-0. 095	-0. 010	-0. 006	-0. 015
盘龙江	8. 452	0. 845	-0. 096	-0. 053	0. 025	—	—

表 5. 5　滇池 17 条入湖河流 TN 模型的回归系数标准误估计

Table 5. 5　Estimation of regression coefficients stand error of the best TN model for inflow rivers in (Lake Dianchi)

河流	a_0	a_1	a_2	a_3	a_4	a_5	a_6
茨巷河	0. 214	0. 194	0. 041	0. 176	0. 114	0. 031	0. 013
新宝象河	0. 141	0. 137	0. 073	0. 101	0. 115	0. 026	—
新运粮河	0. 171	0. 039	0. 140	0. 144	—	—	—
洛龙河	0. 053	0. 068	—	—	—	—	—
大清河	0. 296	0. 476	0. 203	0. 084	0. 076	0. 021	0. 010
老运粮河	0. 051	0. 087	—	—	—	—	—
船房河	0. 150	0. 309	0. 311	0. 098	0. 074	0. 021	0. 011
东大河	0. 096	0. 149	0. 072	0. 135	0. 109	—	—
白鱼河	0. 188	0. 083	0. 061	0. 122	0. 124	0. 032	0. 016

续表

河流	a_0	a_1	a_2	a_3	a_4	a_5	a_6
古城河	0. 137	0. 127	0. 102	0. 113	0. 028	—	—
五甲宝象河	0. 257	0. 063	0. 034	—	—	—	—
六甲宝象河	0. 213	0. 108	0. 015	0. 236	0. 133	0. 045	0. 014
南冲河	0. 075	0. 093	0. 098	0. 096	—	—	—
淤泥河	0. 132	0. 086	—	—	—	—	—
柴河	0. 166	0. 336	0. 116	0. 130	0. 147	0. 031	0. 013
海河	0. 123	0. 169	0. 194	0. 094	0. 092	0. 021	0. 012
盘龙江	0. 146	0. 062	0. 056	0. 055	0. 018	—	—

5. 2. 2. 2 TP 模型参数估计

表 5. 6 给出了 17 条入湖河流 10 个插值样本得到的 TP 回归方程的可决系数。从表 5. 6 中可以看出，对于 17 条入湖河流 TP 模型的平均可决系数范围在 0. 31 ~ 0. 96，其中大于 0. 9 的有 2 条河流，分别是新运粮河和六甲宝象河，这与 TN 模型是一致的；小于 0. 6 的河流有新宝象河、洛龙河、大清河、老运粮河、东大河、海河和盘龙江 7 条河流。从这个数据上看，TP 模型的拟合效果要明显低于 TN 模型。

表 5. 6 滇池 17 条入湖河流 TP 模型的可决系数

Table 5. 6 Coefficient of determination of the best TP model for inflow rivers in Lake Dianchi

河流	插值 1	插值 2	插值 3	插值 4	插值 5	插值 6	插值 7	插值 8	插值 9	插值 10	均值
茨巷河	0. 80	0. 80	0. 80	0. 80	0. 80	0. 80	0. 81	0. 80	0. 81	0. 80	0. 80
新宝象河	0. 56	0. 55	0. 52	0. 54	0. 55	0. 53	0. 55	0. 55	0. 54	0. 54	0. 54
新运粮河	0. 96	0. 96	0. 96	0. 95	0. 96	0. 97	0. 96	0. 96	0. 96	0. 96	0. 96
洛龙河	0. 56	0. 53	0. 55	0. 56	0. 54	0. 55	0. 53	0. 52	0. 53	0. 52	0. 54
大清河	0. 39	0. 40	0. 40	0. 38	0. 40	0. 40	0. 39	0. 41	0. 38	0. 41	0. 40
老运粮河	0. 30	0. 33	0. 30	0. 34	0. 32	0. 31	0. 30	0. 31	0. 29	0. 33	0. 31
船房河	0. 71	0. 69	0. 69	0. 69	0. 70	0. 70	0. 71	0. 68	0. 71	0. 70	0. 70
东大河	0. 43	0. 43	0. 43	0. 42	0. 41	0. 42	0. 42	0. 43	0. 40	0. 43	0. 42
白鱼河	0. 67	0. 66	0. 68	0. 69	0. 69	0. 67	0. 68	0. 69	0. 67	0. 68	0. 68
古城河	0. 75	0. 75	0. 73	0. 77	0. 74	0. 73	0. 75	0. 75	0. 77	0. 71	0. 75

续表

河流	插值 1	插值 2	插值 3	插值 4	插值 5	插值 6	插值 7	插值 8	插值 9	插值 10	均值
五甲宝象河	0.77	0.77	0.78	0.77	0.76	0.79	0.77	0.76	0.76	0.77	0.77
六甲宝象河	0.94	0.94	0.94	0.94	0.94	0.94	0.94	0.94	0.94	0.94	0.94
南冲河	0.74	0.73	0.72	0.73	0.74	0.71	0.73	0.73	0.73	0.73	0.73
淤泥河	0.60	0.61	0.62	0.59	0.64	0.65	0.64	0.61	0.64	0.62	0.62
柴河	0.64	0.65	0.65	0.64	0.66	0.65	0.63	0.67	0.68	0.64	0.65
海河	0.60	0.52	0.57	0.59	0.54	0.59	0.55	0.59	0.54	0.52	0.56
盘龙江	0.50	0.49	0.53	0.53	0.51	0.52	0.51	0.51	0.48	0.53	0.51

表 5.7 和表 5.8 分别给出了滇池 17 条入湖河流 TP 模型的回归系数的期望值估计和标准误估计。其结果的计算方法与分析过程与 TN 模型类似，唯一差别在于主要的回归系数 a_0 要低于 TN 模型，而 a_1 与 TN 模型相当。在给定了回归模型系数后，很容易就能够计算出滇池入湖河流瞬时污染负荷对数值的期望值。

表 5.7　滇池 17 条入湖河流 TP 模型的回归系数期望值估计

Table 5.7　Estimation of regression coeficients of the best TP model for inflow rivers in Lake Dianchi

河流	a_0	a_1	a_2	a_3	a_4	a_5	a_6
茨巷河	2.744	1.191	0.028	−0.139	−0.005	−0.289	−0.047
新宝象河	4.663	1.130	−0.290	0.014	−0.074	—	—
新运粮河	3.113	0.946	−0.490	−0.214	−0.122	—	—
洛龙河	2.326	1.304	−0.020	−0.202	0.024	−0.197	−0.047
大清河	6.334	0.976	−0.017	−0.177	−0.117	−0.099	−0.028
老运粮河	5.001	1.015	−0.116	−0.272	−0.074	—	—
船房河	5.354	0.923	0.179	0.112	0.050	−0.296	−0.063
东大河	2.050	0.719	0.245	−0.482	−0.359	−0.211	—
白鱼河	2.418	1.130	0.100	0.184	0.163	−0.026	−0.060
古城河	3.011	0.502	0.287	−0.174	0.029	−0.227	−0.018
五甲宝象河	−0.075	1.442	−0.056	−0.204	—	—	—
六甲宝象河	0.777	1.001	−0.156	—	—	—	—
南冲河	2.487	0.440	0.160	0.085	0.113	−0.348	−0.053
淤泥河	3.016	1.116	−0.286	—	—	—	—

续表

河流	a_0	a_1	a_2	a_3	a_4	a_5	a_6
柴河	3. 562	0. 834	0. 013	0. 079	0. 091	-0. 215	-0. 043
海河	6. 009	0. 615	-0. 314	-0. 306	0. 102	-0. 154	-0. 053
盘龙江	5. 620	0. 885	-0. 222	-0. 066	—	—	—

表 5.8　滇池 17 条入湖河流 TP 模型的回归系数标准误估计

Table 5. 8　Estimation of regression coefficients stand error of the best TP model for inflow rivers in Lake Dianchi

河流	a_0	a_1	a_2	a_3	a_4	a_5	a_6
茨巷河	0. 236	0. 216	0. 046	0. 194	0. 124	0. 034	0. 014
新宝象河	0. 161	0. 130	0. 127	0. 143	0. 034	—	—
新运粮河	0. 174	0. 039	0. 139	0. 145	0. 035	—	—
洛龙河	0. 199	0. 208	0. 167	0. 203	0. 152	0. 042	0. 017
大清河	0. 393	0. 641	0. 269	0. 118	0. 107	0. 030	0. 014
老运粮河	0. 083	0. 158	0. 090	0. 088	0. 024	—	—
船房河	0. 166	0. 403	0. 418	0. 126	0. 096	0. 027	0. 014
东大河	0. 163	0. 285	0. 130	0. 242	0. 188	0. 057	—
白鱼河	0. 231	0. 099	0. 078	0. 155	0. 155	0. 042	0. 017
古城河	0. 187	0. 327	0. 112	0. 094	0. 095	0. 025	0. 010
五甲宝象河	0. 512	0. 266	0. 034	0. 030	—	—	—
六甲宝象河	0. 172	0. 030	0. 039	—	—	—	—
南冲河	0. 131	0. 348	0. 104	0. 113	0. 111	0. 029	0. 015
淤泥河	0. 091	0. 103	0. 035	—	—	—	—
柴河	0. 176	0. 330	0. 112	0. 132	0. 142	0. 031	0. 013
海河	0. 181	0. 218	0. 229	0. 111	0. 097	0. 033	0. 013
盘龙江	0. 216	0. 093	0. 093	0. 083	—	—	—

5. 3　瞬时污染负荷估算

5. 3. 1　滇池入湖河流瞬时负荷估计

对于滇池 17 条可识别的入湖河流，在确定其模型结构之后，分别对其进行回归分析，计算出预测的污染负荷的期望值 $\ln\hat{L}_i = \hat{\beta}^{\mathrm{T}}X_i = X_i^{\mathrm{T}}(X^{\mathrm{T}}X)^{-1}X^{\mathrm{T}}Y$ 、方差 $\hat{\sigma}^2_{\ln L_i} = X_i^{\mathrm{T}}(X^{\mathrm{T}}X)^{-1}X_i\hat{\sigma}^2$ 和误差方差 $\hat{\sigma}^2 = Y^{\mathrm{T}}[I - X^{\mathrm{T}}(X^{\mathrm{T}}X)^{-1}X^{\mathrm{T}}]Y$ ，然后根据这些结果计算 L_i 的最大似然估计量及其方差：

$$\begin{cases}\hat{L}_i = \exp(\hat{\beta}^{\mathrm{T}}X_i)g_m\left[\dfrac{m+1}{2m}(\hat{\sigma}^2 - \hat{\sigma}^2_{\ln L_i})\right] \\ \operatorname{var}(\hat{L}_i) = \exp(2\hat{\beta}^{\mathrm{T}}X_i)\left[\exp(2\hat{\sigma}^2_{\ln L_i})G_m\left(\dfrac{\hat{\sigma}^2 - \hat{\sigma}^2_{\ln L_i}}{2}\right) - \exp(\hat{\sigma}^2)\right]\end{cases} \tag{5.1}$$

结合式（5.1）和式（2.74）可以对滇池入湖河流 TN 和 TP 瞬时负荷的置信区间进行估计，结果如图 5.2 和图 5.3 所示，图中实线表示瞬时污染负荷的估计值，虚线表示其置信水平为 95% 的置信区间。从图 5.2 中可以看出，在这 17 条

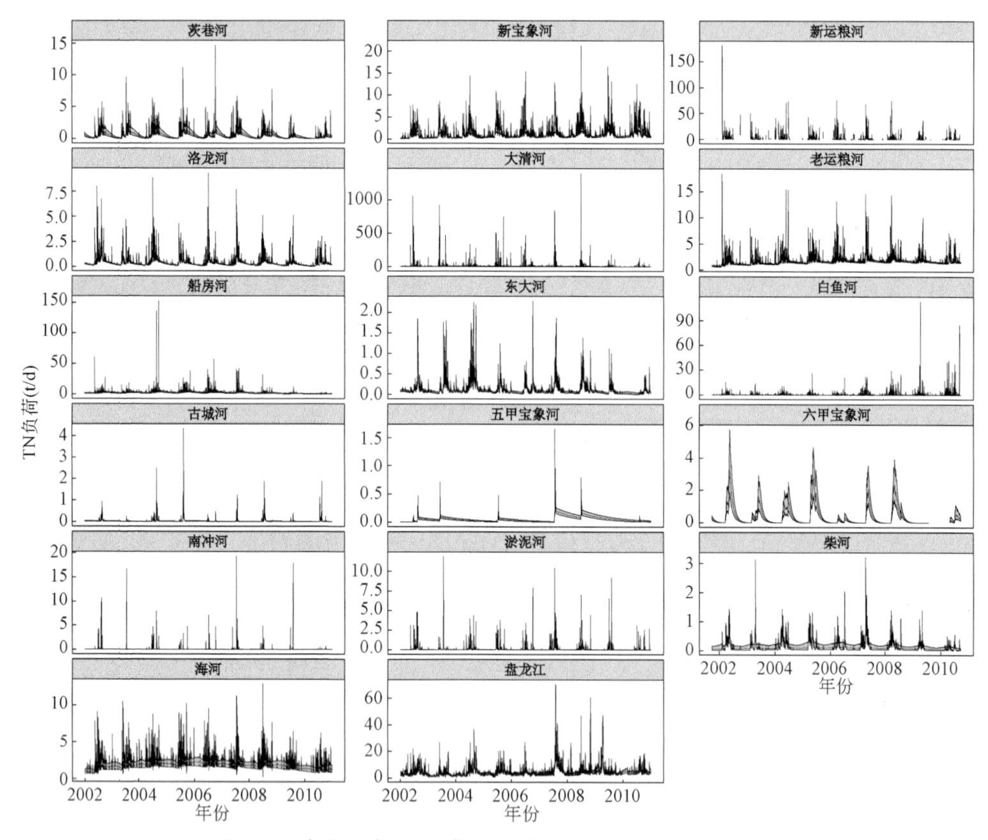

图 5.2　滇池入湖河流瞬时 TN 负荷均值与置信区间估计

Figure 5.2　Mean and confidence intervals of instantaneous TN load estimation for 17 inflow rivers of Lake Dianchi

河流中，除了大清河、船房河、六甲宝象河和海河的置信区间比较大外，其余河流的置信区间范围都相对比较窄。这说明采用 LOADEST 模型对滇池可识别的河流 TN 和 TP 瞬时负荷的估计相对可靠（至少在数量级上是比较准确的）。置信区间的形状与瞬时负荷估计值的形状几乎是一致的，原因是置信区间的计算相当于是在速率曲线估计值上乘了一个比例系数，而最小方差无偏估计量也是在速率曲线上乘以了一个校正因子，所以本质上它们都是对同一数值的修正。当然，如果瞬时负荷为 0 时，这 3 个数都为 0，那么 3 条曲线将重合。

图 5.3 给出了 TP 瞬时负荷的估计值与置信区间，图中 17 条入湖河流中的洛龙河、大清河、船房河、白鱼河等河流的置信区间范围都比较大，其余的河流置信区间相对较小，但整体上比 TN 瞬时负荷的置信区间要大，说明 TP 拟合的不

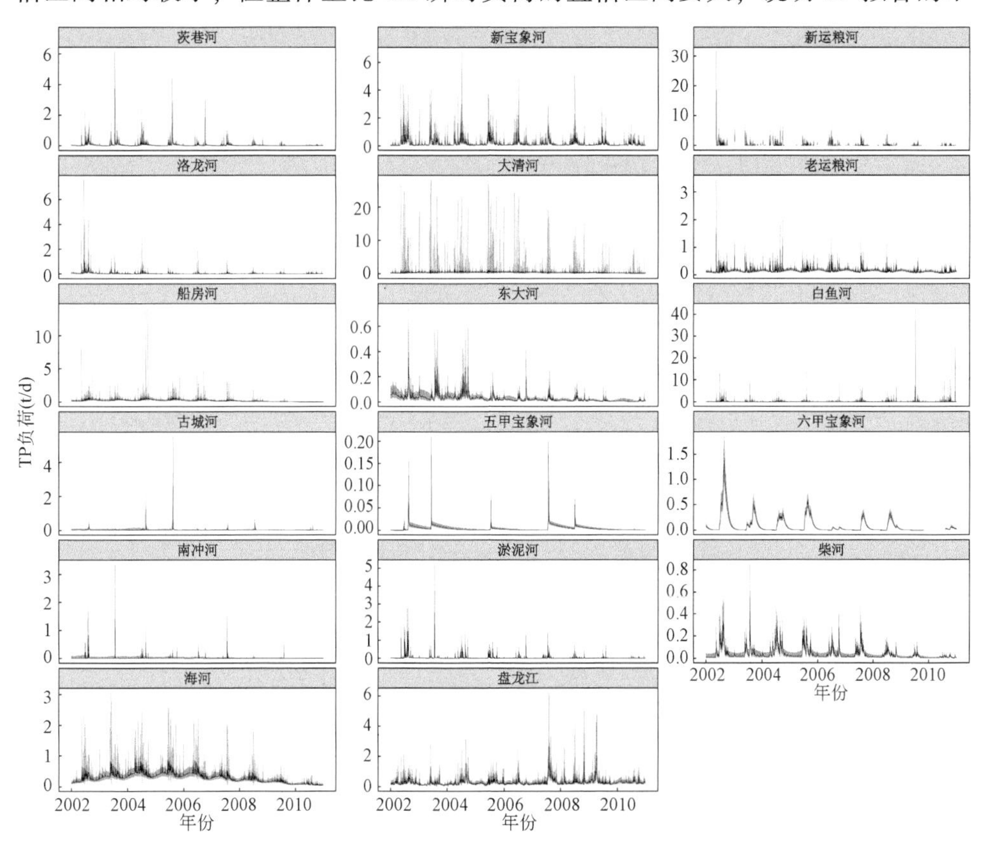

图 5.3　滇池入湖河流瞬时 TP 负荷均值与置信区间估计

Figure 5.3　Mean and confidence intervals of instantaneous TP load estimation for 17 inflow rivers of Lake Dianchi

确定性要高于 TN 的不确定性。这点可以从前面关于 17 条河流回归方程可决系数的比较上看出来。

置信区间是回归曲线上某一点的响应值均值的不确定性范围，而预测区间则是这一点在有随机误差干扰下的真实值的不确定性范围，因此预测区间在区间范围上要大于甚至远大于置信区间的范围。因此一般在分析回归效果时，只给出置信区间的值，而在预测未知结果时，才给出预测区间的值。本书结合式（5.1）和式（2.75）对滇池入湖河流 TN 和 TP 瞬时负荷的预测区间进行估计，得到的结果如图 5.4 和图 5.5 所示。

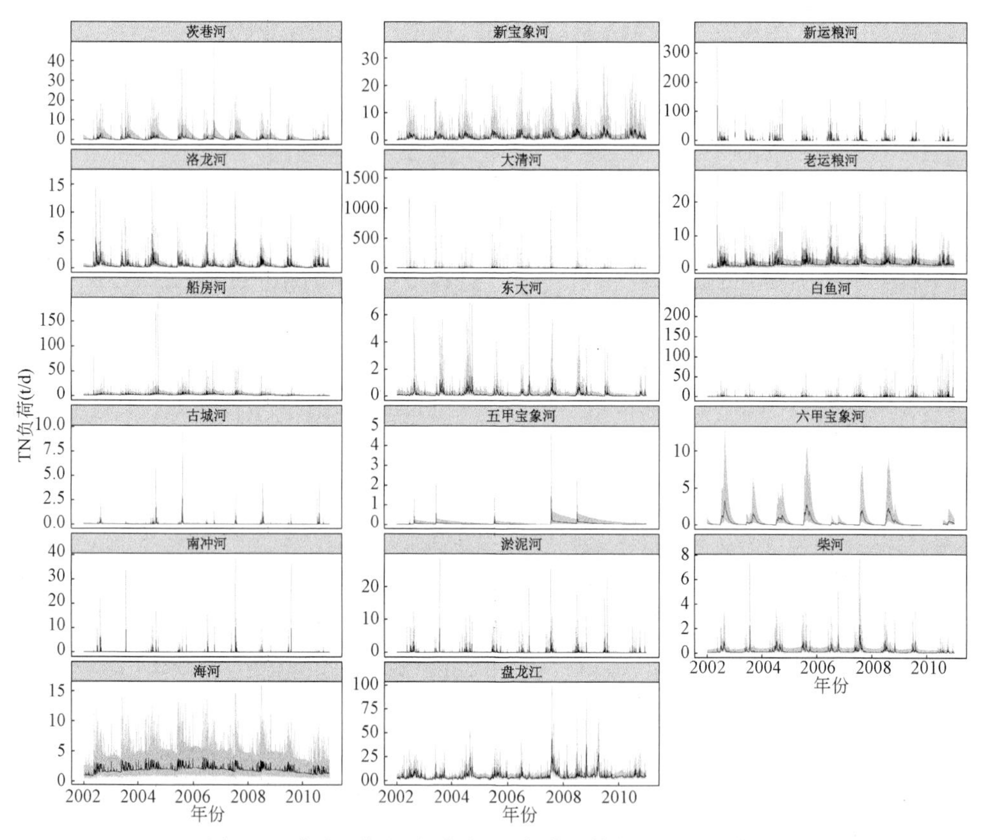

图 5.4　滇池入湖河流瞬时 TN 负荷均值与预测区间估计

Figure 5.4　Mean and prediction intervals of instantaneous TN load estimation for 17 inflow rivers of Lake Dianchi

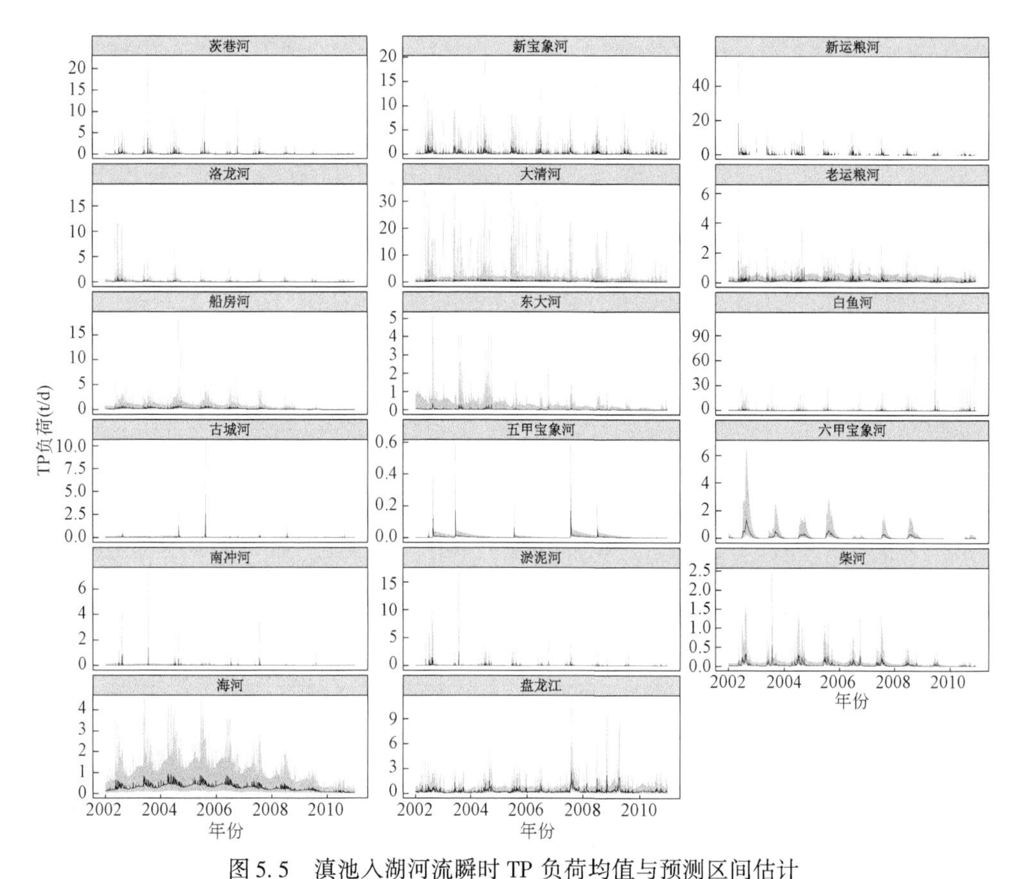

图 5.5 滇池入湖河流瞬时 TP 负荷均值与预测区间估计

Figure 5.5 Mean and prediction intervals of instantaneous TP load estimation for 17 inflow rivers of Lake Dianchi

图 5.4 和图 5.5 中各个曲线的含义与置信区间的相同，但整体上看，预测区间都显著大于置信区间。尽管如此，但还是可以发现一些河流的预测区间并不十分离谱，如对 TN 而言，新运粮河、洛龙河、老运粮河、盘龙江这几条河流的预测区间就相对较窄，说明这些河流的预测准确性优于其他河流，其不确定性小于其他河流；对于 TP 而言，整体上的预测区间都显得比较大，其中新运粮河、老运粮河、柴河、盘龙江略优于其他河流。

5.3.2 滇池入湖河流水质反算

在得到了滇池 17 条入湖河流 TN、TP 瞬时负荷估计值及其置信区间后，可以采用

$$C_i = \frac{L_i}{Q_i} \tag{5.2}$$

来对瞬时 TN 和 TP 的浓度进行反算。这样做一方面可以从另一个角度检查 TN、TP 瞬时负荷的拟合效果，另一方面也能够看出采用 LOADEST 模型估算出来的负荷的可靠性。图 5.6 和图 5.7 分别给出了 TN 和 TP 浓度的反算结果，图 5.6 和图

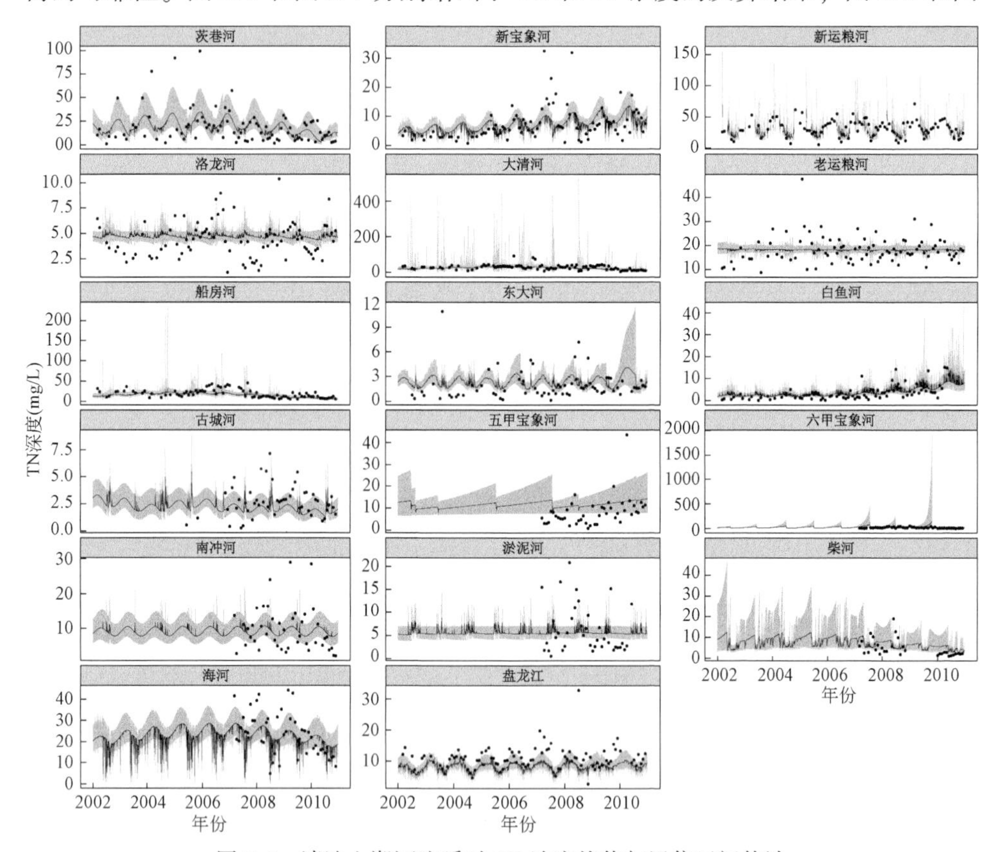

图 5.6 滇池入湖河流瞬时 TN 浓度均值与置信区间估计

Figure 5.6 Mean and confidence intervals of instantaneous TN concentration estimation for 17 inflow rivers of Lake Dianchi

5.7 中实线表示浓度的期望值，虚线表示其置信水平为95%的置信区间，散点表示实测值。从图5.6中可以看出，对于所有的河流表征TN浓度期望值的实线都贯穿于散点中，其变化趋势与散点的变化趋势几乎是一致的。如茨巷河在2008年以后TN浓度有明显的下降趋势，而白鱼河在2008年以后则表现出一定的上升趋势。这说明通过这种方式估算的结果在一定程度上是可靠的。而由虚线代表的置信区间则并非像其理论上所表现的那样覆盖95%的散点，而一般情况下只能覆盖50%左右的散点（当然也有高于50%的，如茨巷河）。对于这个情况的出现，可能有两方面的因素：一种可能是置信区间的近似能力不够，因为从理论上讲本书所采用的置信区间是存在一定偏差的，这种偏差可能对小样本比较敏感；另一种可能是因为缺失值的存在导致了相对较高的不确定性，而这种不确定性在

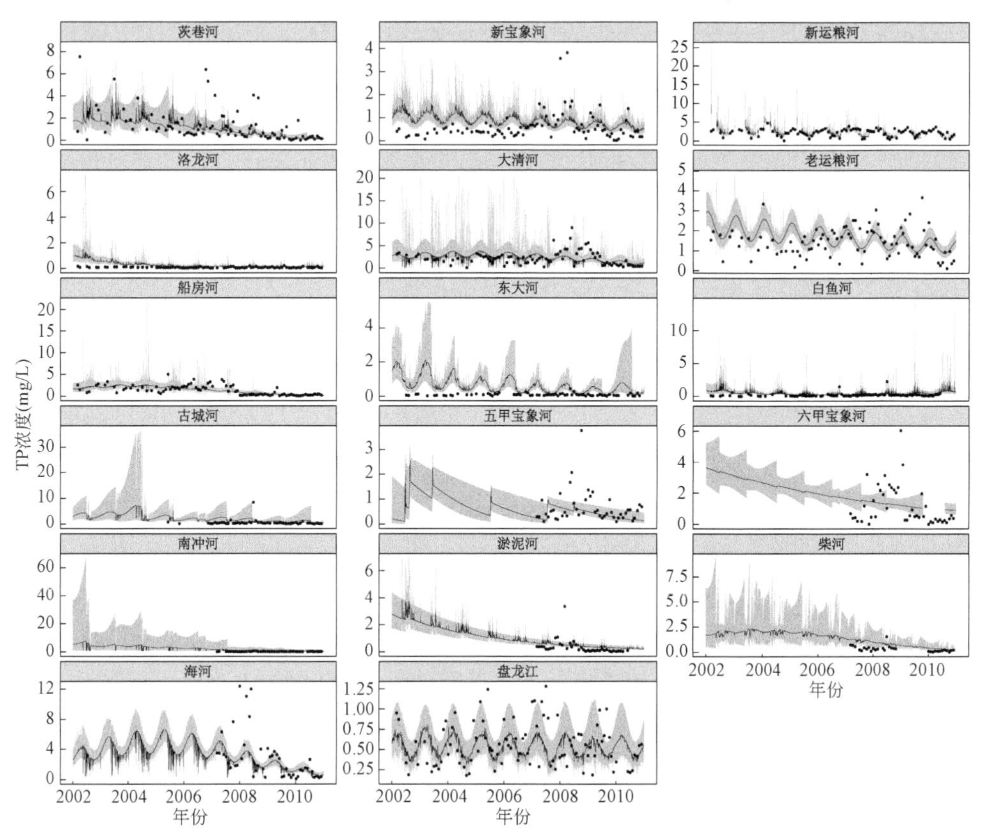

图5.7　滇池入湖河流瞬时TP浓度均值与置信区间估计

Figure 5.7　Mean and confidence intervals of instantaneous TP concentration estimation for 17 inflow rivers of Lake Dianchi

用一般的区间估计方法进行估计时被低估了。整体上看，大部分河流 TN 浓度的期望值水平都是趋于对这些散点的平均，但仍有少部分河流还是显现出系统性的偏差。如东大河，大部分的散点都分布在实线之下，说明对该条河流低浓度值处的水质估计效果不好。再如盘龙江，大部分点都位于实线之上，说明对该条河流高浓度值处的水质估计效果不好。

对于 TP 而言，从图 5.7 中可以看出，其总体特征与 TN 类似，但拟合效果并非像之前瞬时负荷的拟合效果那样有着明显的差异。这说明仅仅只看置信区间来判断一个模型的模拟效果是不够的，而浓度反算则能够有效地填补这样的缺陷。值得一提的是，由于 TN 和 TP 的估计是独立进行的，所以其效果并非总是一致的。如盘龙江，在 TN 浓度的估计中存在着系统性的高估，而在 TP 的估计中则没有表现出这样的趋势，反而区域平均化了。

5.4 升尺度分析

5.4.1 月均值及其置信区间

滇池入湖河流 TN、TP 负荷月均值及其置信区间估计包括两个部分：①可识别河流的月均值及其置信区间的估计；②不可识别河流的月均值及其置信区间的估计。

5.4.1.1 可识别河流

对于可识别河流而言，我们能够得到其逐日的瞬时负荷估计值，这时便可以直接采用上面关于对数正态回归的升尺度分析方法进行计算。滇池 17 条可识别的入湖河流 TN、TP 负荷月均值及其置信区间的计算结果如图 5.8 和图 5.9 所示。从图 5.8 和图 5.9 中可以看出，采用升尺度分析方法计算得到的 TN、TP 负荷月均值大体都呈现出一种周期性的变化，每年都有一个峰值，并且峰值大约出现在雨季。这说明滇池入湖河流雨季的污染负荷明显高于旱季的污染负荷。而在区间估计上，大多数河流月均值 95% 置信水平下的置信区间十分接近于均值，这与正态分布随机变量均值的标准差为每个随机变量标准差的 $1/\sqrt{n}$（n 为用于平均的样本量）这一性质是一致的，尽管此处的分布为对数正态分布。还有一部分河流的置信区间范围仍然很广，其中最显著的一条河流就是大清河。而从前面的分析中可以看出，大清河在瞬时负荷、浓度反算上的置信区间范围都比较大，说明对大清河的估计可能存在较大偏差。这点也可以从大清河 TN、TP 回归方程的可决系数看出，对于 TN，$R^2=0.56$；对于 TP，$R^2=0.40$。

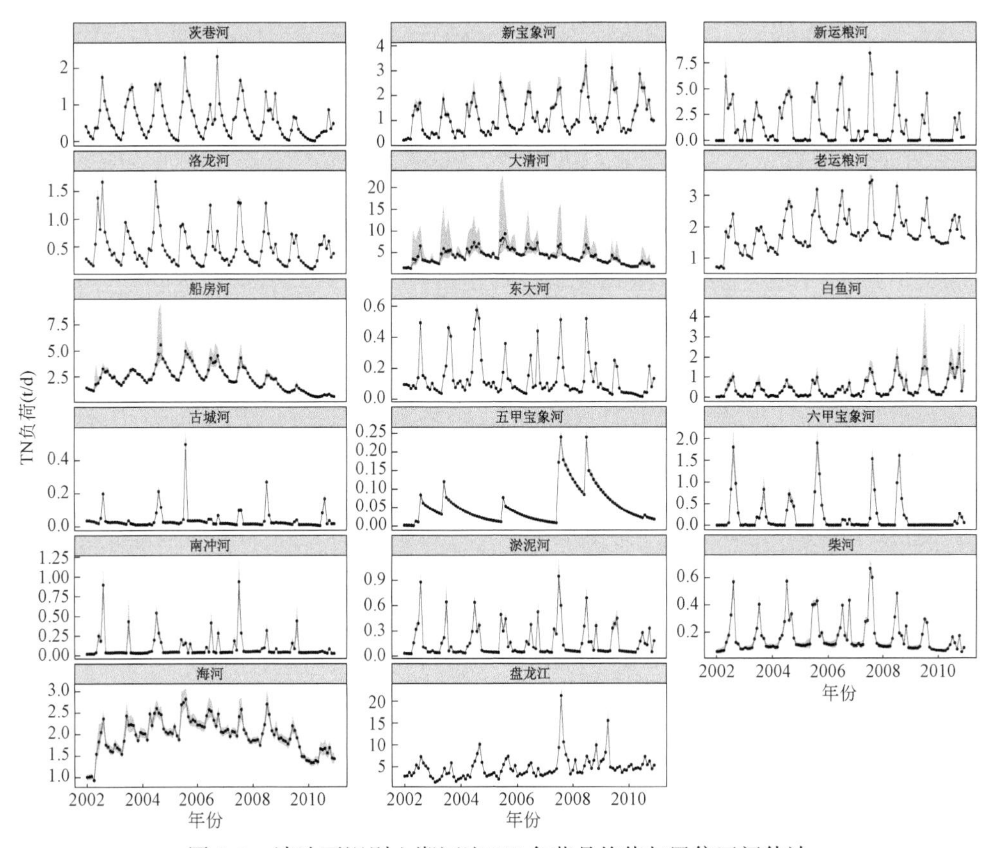

图 5.8　滇池可识别入湖河流 TN 负荷月均值与置信区间估计

Figure 5.8　Mean and confidence intervals of monthly average TN load estimation for 17 distinguishable inflow rivers of Lake Dianchi

5.4.1.2　不可识别河流

对于不可识别河流，我们得到的数据只是 10 个插值样本，由每个插值样本可以计算出相应的 TN、TP 瞬时负荷，数据的频率为一月一次。这时我们假定这个月的月均值能够由这个值代替，当然在计算的过程中乘以了第 4 章中所用到的校正因子。而置信区间的估计则有两种情况：①对于有观测值的月份，置信区间的宽度为 0，与观测值完全重叠；②对于为缺失值的月份，置信区间即为缺失值

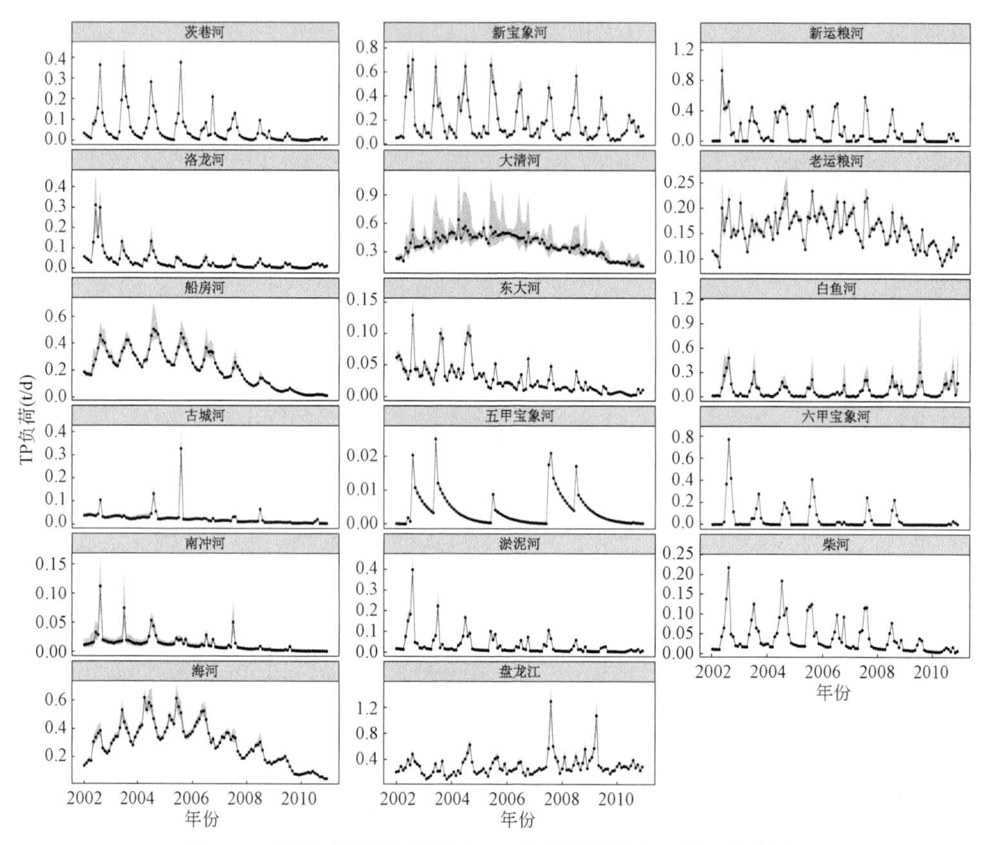

图 5.9 滇池可识别入湖河流 TP 负荷月均值与置信区间估计

Figure 5.9 Mean and confidence intervals of monthly average TP load estimation for 17 distinguishable inflow rivers of Lake Dianchi

的置信区间。尽管理论上讲，这种方法只是一种十分粗略的近似，并且假设条件和计算原理与可识别河流完全不同，但是出于实际应用的目的，本书还是将两种方法的结果都计算出来了，并在估算流域总的污染负荷量时将二者进行了简单的加和，以反映流域污染负荷总输入量的状况与变化趋势。滇池 12 条不可识别的入湖河流 TN、TP 负荷月均值及其置信区间的计算结果如图 5.10 和图 5.11 所示。从图 5.10 和图 5.11 可以看出，不可识别河流 TN、TP 负荷月均值及其置信区间的形状与可识别河流的完全不一样，周期性没有被显现出来，但波动性却被放大了。从理论上说，如果假定这些数据满足正态分布时，其标准差被放大了$\sqrt{n}$ 倍（n 为用于平均的样本量）。因此不可识别河流 TN、TP 负荷月均值及其置信区间的可靠性是比较差的。但从另外一个方面来说，所插补的数据基本能够保证不偏离观测值的分布，这点也说明统计上这些结果也是有意义的，至少均值的可靠性会得到比较大的提升。

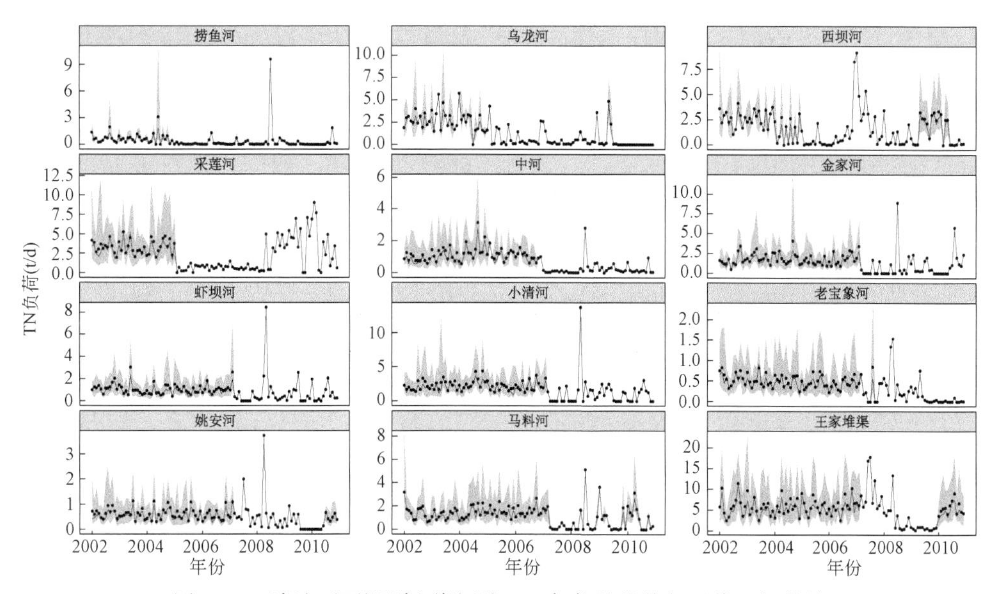

图 5.10　滇池不可识别入湖河流 TN 负荷月均值与置信区间估计

Figure 5.10　Mean and confidence intervals of monthly average TN load estimation for non-distinguishable inflow rivers of Lake Dianchi

5.4.2　年均值及其置信区间

滇池入湖河流 TN、TP 负荷年均值及其置信区间进行估计包括两个部分：①可识别河流的年均值及其置信区间的估计；②不可识别河流的年均值及其置信区间的估计。

5.4.2.1　可识别河流

可识别的滇池入湖河流 TN、TP 负荷年均值及其置信区间的计算方法完全与月均值及其置信区间一致，结果如图 5.12 和图 5.13 所示。从图 5.12 和图 5.13 可以看出，除了新宝象河外，其余 16 条河流 TN、TP 负荷年均值的变化趋势基本是一致的。这 16 条河流中，在 2002 ~ 2010 年整体上呈现先上升后下降趋势的

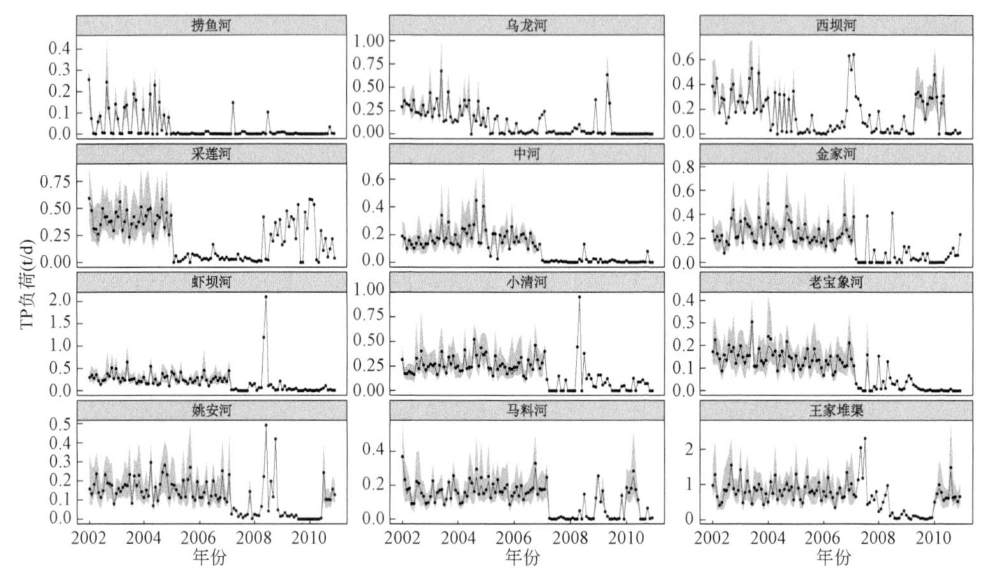

图 5. 11　滇池不可识别入湖河流 TP 负荷月均值与置信区间估计

Figure 5. 11　Mean and confidence intervals of monthly average TP load estimation for non-distinguishable inflow rivers of Lake Dianchi

有茨巷河、新运粮河、洛龙河、大清河、老运粮河、船房河、东大河、海河，说明这些河流通过近 10 年的水污染治理工作，其污染负荷的治理工作取得了明显的成效。整体上呈现出不断震荡与波动但基本上已经稳定的河流有古城河、五甲宝象河、六甲宝象河、南冲河、淤泥河、柴河、盘龙江，说明这些河流的污染负荷势头已经被控制下来了。而对于白鱼河和新宝象河，在 TN 负荷上都有上升的趋势，而 TP 的污染负荷已经被控制下来了。

5. 4. 2. 2　不可识别河流

不可识别的滇池入湖河流 TN、TP 负荷年均值及其置信区间的计算是建立在不可识别入湖河流 TN、TP 负荷月均值及其置信区间的基础上的，通过分别对 TN、TP 负荷月均值按年取平均来估算其年均值，置信区间的上下限也是通过分别对上下限的月均值按年取平均得到的。对于不含缺失值的数据，其置信区间的上下限与估计值重叠，而对于含有缺失值的数据，其上下限被分离开了。不可识别的滇池入湖河流 TN、TP 负荷年均值及其 95% 置信水平下的置信区间计算结果如图 5. 14 和图 5. 15 所示。对比图 5. 14 和图 5. 15 可以发现，对于每条不可识别

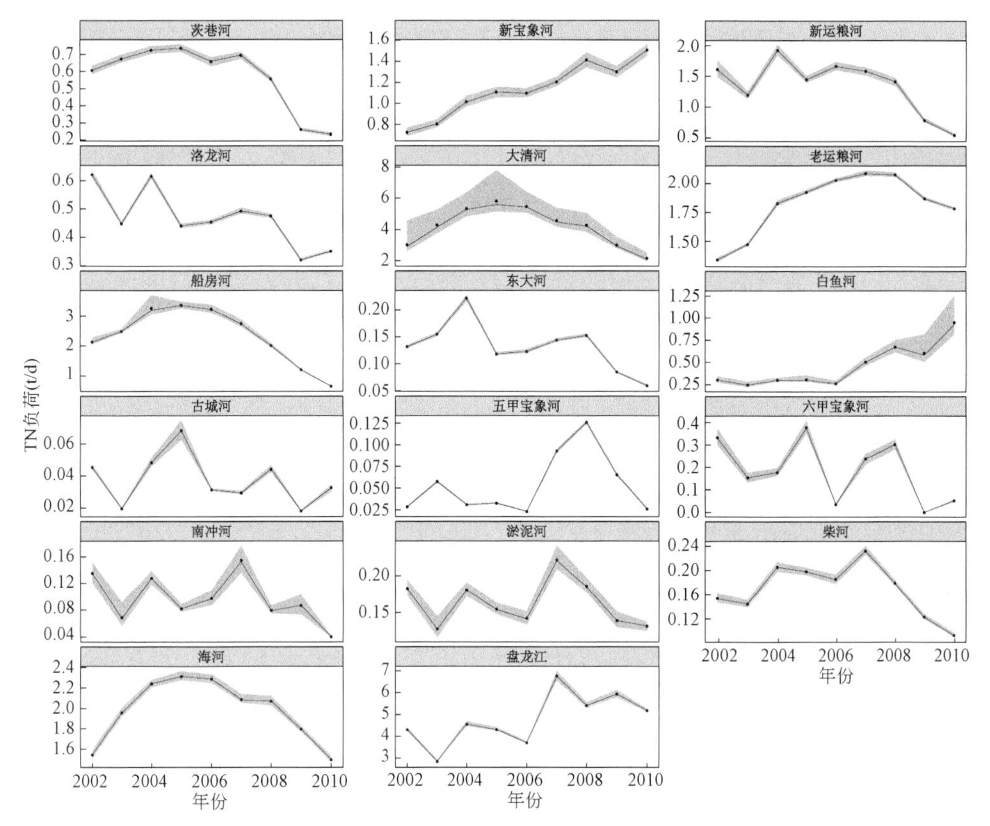

图 5.12　滇池可识别入湖河流 TN 负荷年均值与置信区间估计

Figure 5.12　Mean and confidence intervals of annual average TN load estimation for 17 distinguishable inflow rivers of Lake Dianchi

的入湖河流，其相应的 TN、TP 负荷年均值的变化趋势十分相似。因此，在分析时可以直接对其总体特征进行说明。这些河流中，乌龙河、老宝象河、姚安河表现出较为明显的下降趋势，而其他河流的年均入湖负荷基本稳定，但呈现出一定的波动性。

5.5　总入湖污染负荷估算

LOADEST 模型最终的计算结果是以月总污染负荷或者年总污染负荷进行表达的。为了摸清滇池入湖河流历年来对滇池 TN、TP 污染负荷的输入量，本书分别计算了滇池入湖河流历年来的 TN 和 TP 的月总入湖污染负荷、年总入湖污染

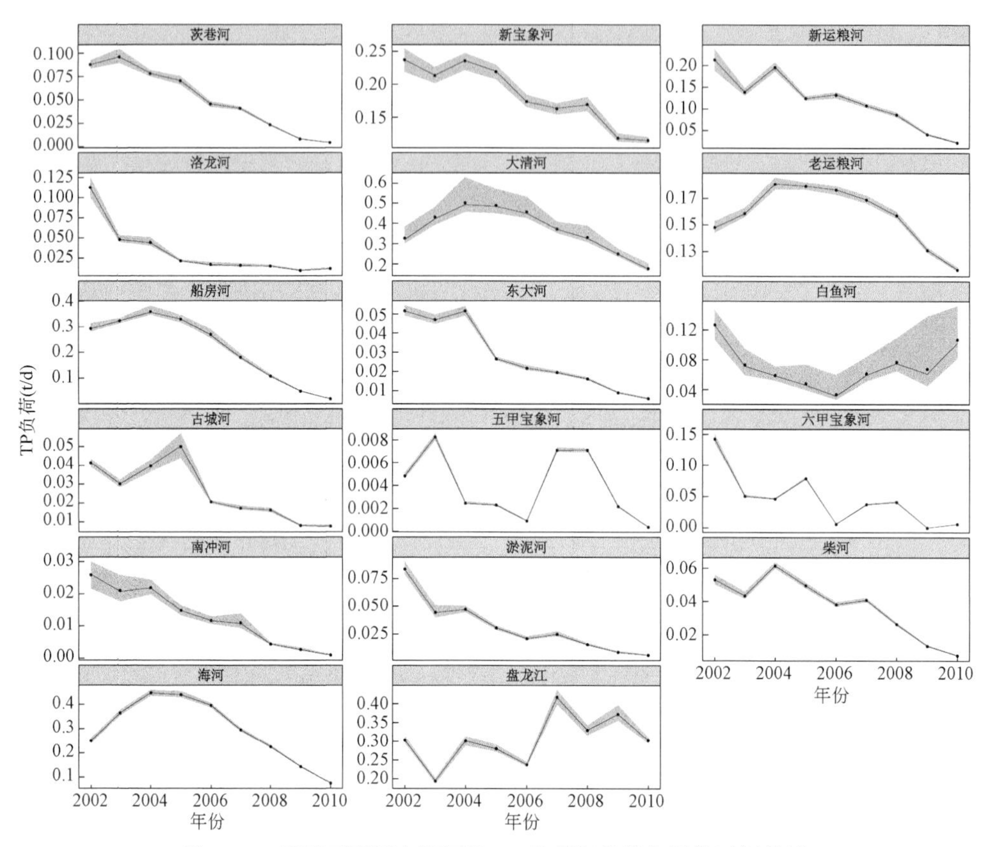

图 5.13 滇池可识别入湖河流 TP 负荷年均值与置信区间估计

Figure 5.13 Mean and confidence intervals of annual average TP load estimation for 17 distinguishable inflow rivers of Lake Dianchi

负荷、各入湖河流污染负荷年均值。对于 TN、TP 污染负荷总量月均值和年均值以及各入湖河流污染负荷年均值的估算，可以直接通过对各条河流的月均入湖负荷进行累加和汇总计算出来，而它们的置信区间估计在理论上仍然是十分困难的，因为涉及多源数据、未知分布、不同假设和处理方式等多种因素的共同作用。这时，可以采用第 4 章中所用到的简单处理方法，即直接对这些置信区间进行汇总然后分别构造出月总入湖污染负荷、年总入湖污染负荷、各入湖河流污染负荷年均值的置信区间的上下限。尽管采用这种方式估计置信区间是不准确的，但通过这种方式估算出来的置信区间范围理论上应大于真实的范围，在一定意义上是属于一种比较保守的估计方法。

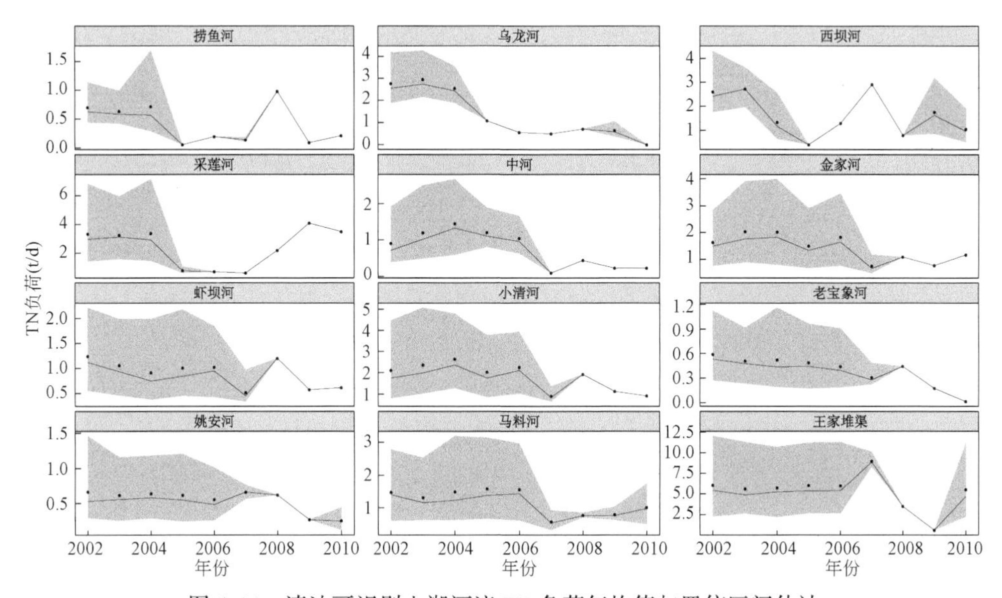

图 5.14 滇池可识别入湖河流 TN 负荷年均值与置信区间估计

Figure 5.14 Mean and confidence intervals of annual average TN load estimation for non-distinguishable inflow rivers of Lake Dianchi

5.5.1 月总入湖污染负荷估算

滇池入湖河流历年来逐月 TN、TP 总入湖污染负荷估算的结果如图 5.16 和图 5.17 所示，图中粗实线表示均值、细实线表示中位数，虚线表示置信区间的上下限。从数值上看，滇池月总入湖污染负荷中，TN 平均约为 1500t/月，TP 平均约为 150t/月。从趋势上看，TN 周期性变化下的总趋势并不十分明显，而 TP 周期性的变化下则显示出逐年降低的总趋势。从置信区间上看，在 95% 的置信水平下，自 2007 ~ 2009 年的置信区间比较窄而其他年份的置信区间都比较宽。这说明这 3 年的数据量是比较大的，监测信息比较完备，而其他年份数据信息量相对较稀缺。因为从前面的计算过程中可以发现，对于不可识别的河流在均值的估计上，置信区间很大程度取决于该值是否缺失，如果不缺失，那么置信区间将与均值点重合；而对于可识别的河流，一般情况下均值的置信区间范围都很小。综合这两种因素可知，这里的置信区间基本上是由于数据缺失所造成的。

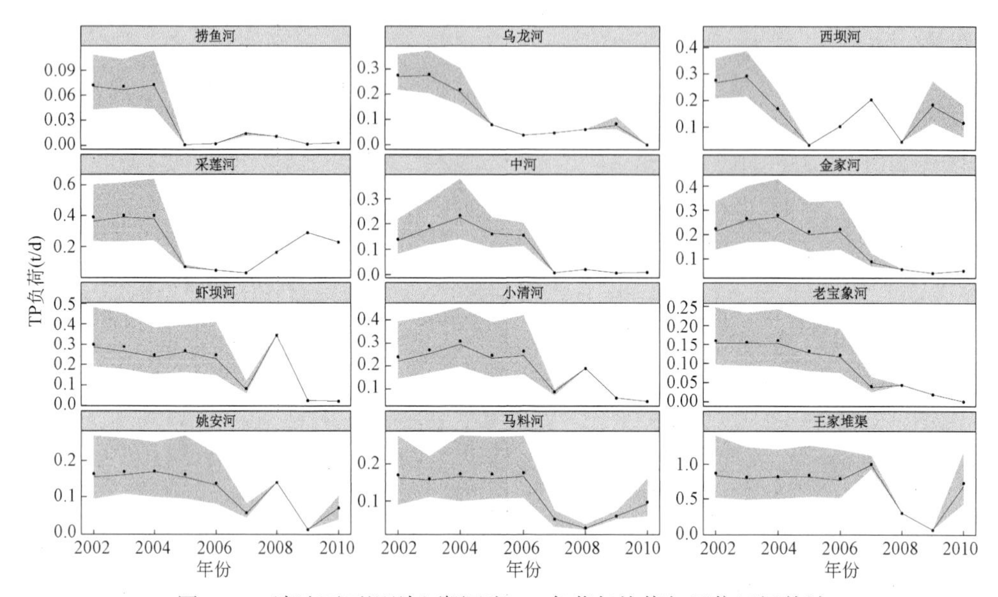

图5.15 滇池不可识别入湖河流TP负荷年均值与置信区间估计

Figure 5.15 Mean and confidence intervals of annual average TP load estimation for non-distinguishable inflow rivers of Lake Dianchi

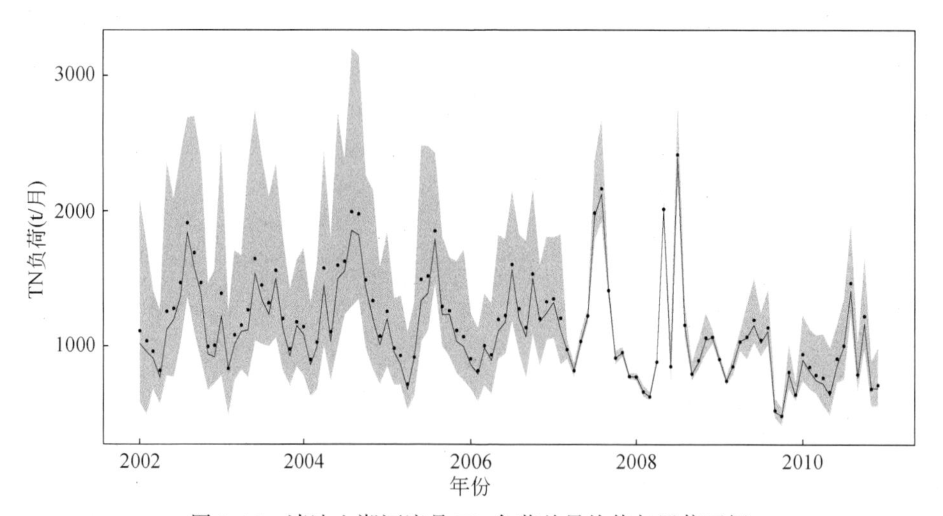

图5.16 滇池入湖河流月TN负荷总量均值与置信区间

Figure 5.16 Mean and confidence intervals of monthly total TN load estimation for inflow rivers of Lake Dianchi

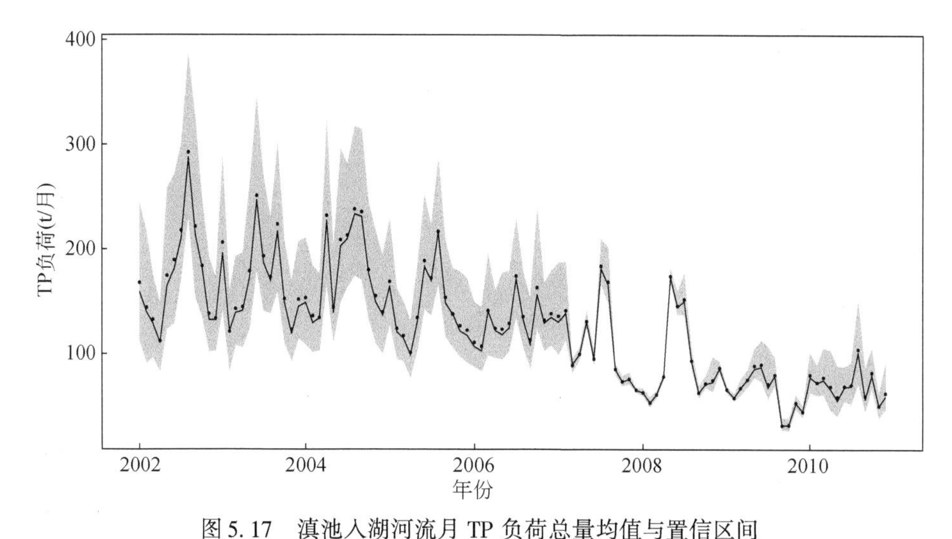

图 5.17　滇池入湖河流月 TP 负荷总量均值与置信区间

Figure 5.17　Mean and confidence intervals of monthly total TP load estimation for inflow rivers of Lake Dianchi

5.5.2　年总入湖污染负荷估算

滇池入湖河流历年来逐年 TN、TP 总入湖污染负荷估算的结果如图 5.18 和图 5.19 所示，图中各条曲线的含义与月总入湖污染负荷估算时一致。从图 5.18 和图 5.19 中可以清楚地看出滇池流域从 2002 ~ 2010 年逐年 TN、TP 总入湖污染负荷量。从数值上看，2002 ~ 2010 年 TN 的数值变化范围为 1.0 万 ~ 2.0 万 t/a，TP 的数值变化范围为 0.05 万 ~ 0.25 万 t/a。从趋势上看，TN 逐年的变化趋势并不十分明显，在 2007 年之前基本上保持一条水平线，而 2007 年之后有所下降，2009 年又与 2010 年基本持平。TP 逐年的变化趋势可以分为 3 段：第 1 段是 2002 ~ 2004 年，总入湖污染负荷量基本维持在 0.2 万 t/a 的水平；第 2 段是 2004 ~ 2009 年，总入湖污染负荷量逐年直线下降，最终达到略低于 0.1 万 t/a 的水平；第 3 段则是 2009 ~ 2010 年，入湖污染负荷总量又一次持平（略有上升）。之所以会出现这样的结果，很重要的一个原因是 2009 ~ 2010 年昆明市遇到了比较严重的旱情，降雨量的减少导致冲刷至滇池的污染负荷量减少。

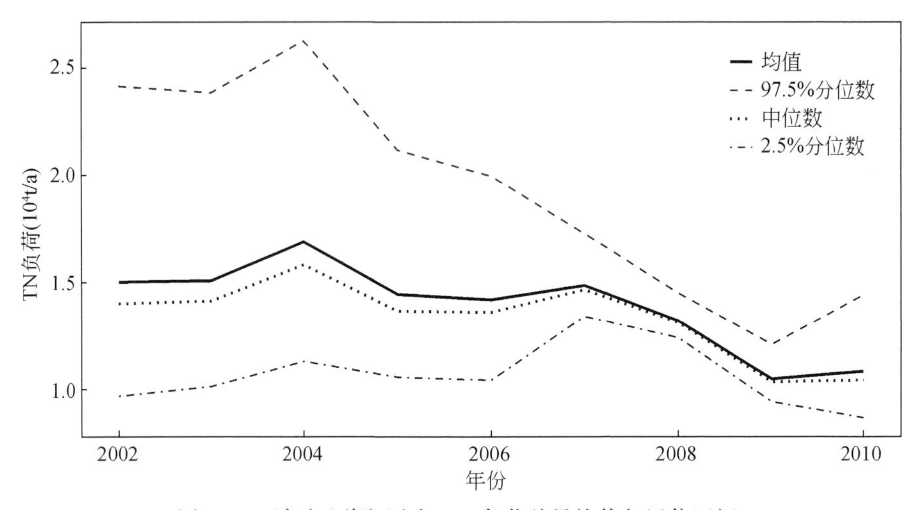

图 5.18　滇池入湖河流年 TN 负荷总量均值与置信区间

Figure 5.18　Mean and confidence intervals of annual total TN load estimation for inflow rivers of Lake Dianchi

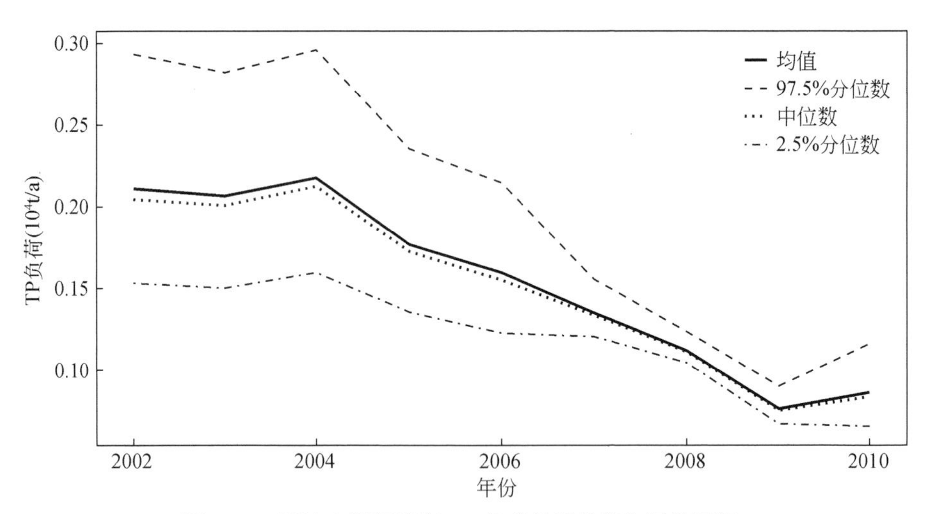

图 5.19　滇池入湖河流年 TP 负荷总量均值与置信区间

Figure 5.19　Mean and confidence intervals of annual total TP load estimation for inflow rivers of Lake Dianchi

5.5.3 各入湖河流污染负荷年均值估算

滇池各入湖河流 TN、TP 污染负荷年均值估算结果如图 5.20 和图 5.21 所示。从图 5.20 和图 5.21 中可以看出，TN 负荷量贡献高的河流一般 TP 负荷贡献量也高（虾坝河除外）。在本书分析的 29 条入湖河流中，污染负荷贡献量最高的 3 条河流分别是大清河、盘龙江和王家堆渠，次之的河流有老运粮河、船房河、海河、采莲河。从置信区间的范围上看，图中排在盘龙江之前的入湖河流置信区间都比较小（大清河除外），而盘龙江之后的入湖河流置信区间都比较大。其原因是盘龙江之前的河流（包括盘龙江）都是可识别河流，而盘龙江之后的河流都是不可识别河流。从前面的分析中可知可识别河流在置信区间估计上是低于有缺失值的不可识别河流的。另外，不可识别河流的污染负荷量比可识别河流的污染负荷量要显得高一些（平均意义上），而不可识别河流的不确定性要高于可识别的河流。从第 4 章中不可识别河流的流量估算要高于多年平均值可以推知，在负荷估算上不可识别河流的负荷是存在高估的，这点可以从图中王家堆渠 TN、TP 负荷过高的估计看出。这一结果是在已经用多年平均流量校准后的结果，说明用月中某一天的瞬时污染负荷量代替全月每天的瞬时污染负荷量是存在较大风险的。可见，前面关于滇池入湖河流历年来的 TN、TP 月总入湖污染负荷和年总入湖污染负荷是极有可能被高估的。而要从根本上解决这个问题，则需要其他研究

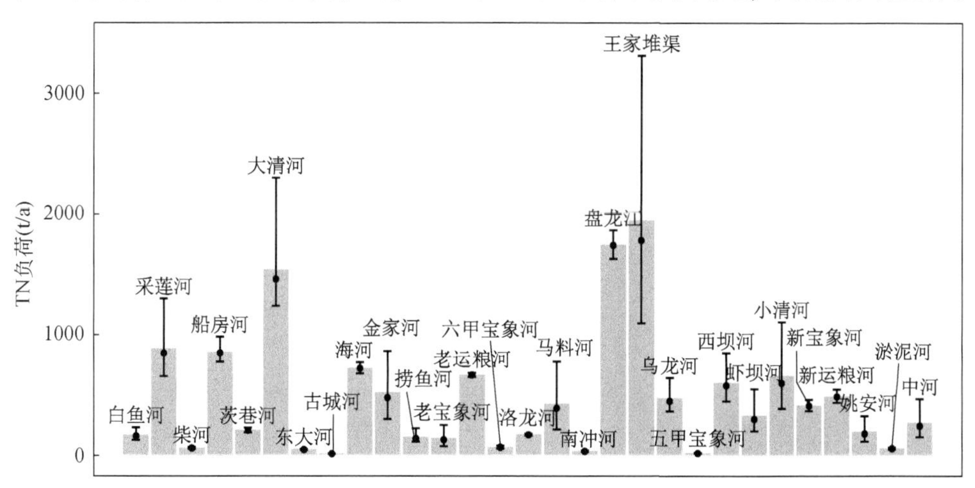

图 5.20　各入湖河流 TN 负荷年均值与置信区间

Figure 5.20　Mean and confidence intervals of annual average TN load estimation for each inflow rivers of Lake Dianchi

资料以及加强对不可识别河流的水质、流量监测来突破。

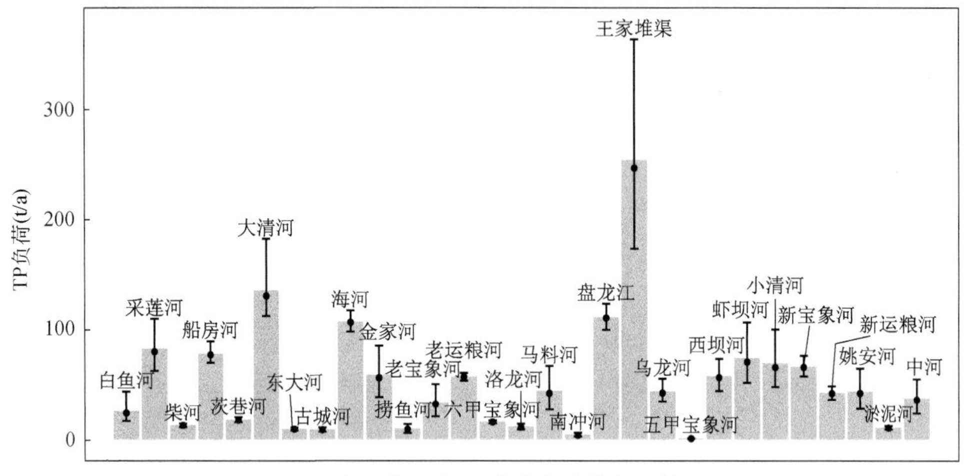

图 5.21 各入湖河流 TP 负荷年均值与置信区间

Figure 5.21 Mean and confidence intervals of annual average TP load estimation for each inflow rivers of Lake Dianchi

5.6 小结

本章是本书的落脚点，旨在估算出滇池有监测数据支撑的 29 条入湖河流分别在年、月、日 3 种尺度上的 TN、TP 入湖污染负荷量。依据第 4 章提供的可识别河流的逐日流量数据，在经过 EMB 算法对缺失数据进行多重插补生成 10 个子样本集后，采用 LOADEST 模型建立了日流量数据对数值、十进制时间与 TN、TP 瞬时污染负荷之间的关系，给出了针对对数变换下的污染负荷的最小方差无偏估计量及相应的置信区间与预测区间，反算了各条河流 TN、TP 瞬时浓度及置信区间。在此基础上依据本书提出的针对对数正态回归的升尺度方法，来计算各条可识别河流月均及年均 TN、TP 污染负荷量及相应的置信区间，同时采用简单的替代方法计算了不可识别河流月均及年均 TN、TP 污染负荷量及相应的置信区间。根据这些计算结果，分别计算了滇池入湖河流历年来的 TN、TP 月总入湖污染负荷、年总入湖污染负荷、各入湖河流污染负荷年均值。通过对这些数据进行不同时间、空间尺度上的比较最终发现针对不可识别河流计算出污染负荷结果可能存在高估，从而使得最终 TN、TP 的月、年总入湖污染负荷有所高估。而解决这一问题的方法，就是利用其他资料辅助分析或者加强对不可识别河流的水质、水量监测。

6 结论与展望

6.1 研究结论

入湖河流是衔接湖泊流域陆域复合生态系统和湖泊水生生态系统的纽带，湖泊的水质恶化与水生生态系统退化主要是由于湖泊流域陆域上的点源和非点源污染负荷通过入湖河流的传输进入了湖体而造成的，因而从根本上进行湖泊水质改善和水生态恢复需要控制入湖河流传输到湖泊的污染负荷量。实践证明，以流域为控制尺度，在湖泊流域内采用总量控制的手段能够有效地降低入湖河流的污染负荷量，但需要解决的一个首要问题就是对入湖河流污染负荷量的估算。在一段时间内，通过河流入湖断面的污染负荷量等于污染物瞬时浓度与瞬时流量在这段时间上的累加。如果我们能够获得某种污染物的瞬时浓度和与之对应的瞬时流量序列，就能很容易地通过简单地计算得到某段时间内的污染负荷通量。然而，这一要求是很难满足的，因为例行的水质监测在时间尺度往往与流量观测不一致，同时在空间尺度上也不一定完全匹配。这一问题的一般解法是：在有连续的流量观测条件下，通过建立污染物的瞬时负荷量与流量的回归关系来对未知的瞬时负荷量的期望值进行估算。如果观测的流量值中存在着部分的缺失，则需要通过流域水文模型建立降雨量与河流径流量之间的关系实现对流量的模拟。当降雨量数据也存在缺失时，同样也需要通过建立降雨量与时间变量或者其他气象变量的关系实现对缺失值的预测。以上过程是通过模拟的方法解决模型中数据缺失的问题。这种方法要求采用多个模型耦合来实现对缺失值的预测，并且要求最上游的模型的输入条件没有缺失值。然而，实际上我们并不能保证输入数据一定是连续的，而不包含任何缺失值。解决输入条件中缺失值的常规处理方法往往会导致结果出现偏差，而这种偏差甚至往往被我们的研究所忽视。为了解决以上这些问题，本书以滇池流域入湖负荷量估算为研究目标，将基于模拟与基于统计的缺失数据处理方法相结合，先采用 EMB 算法对模拟模型的输入、输出条件中的缺失值进行插补，然后分别采用 GLM 流域降雨模拟模型预测滇池流域部分雨量站缺失的降雨数据，采用 IHACRES 流域水文模拟模型模拟滇池流域各条入湖河流的流量，采用 LOADEST 污染负荷估算模型估算滇池各条入湖河流瞬时负荷进而计算出其月负荷和年负荷。通过研究，得到了以下结论。

6.1.1 流域模拟中缺失数据处理方法

流域模拟模型一般可以抽象成 $y=\eta(x;\ \theta)+\varepsilon$，$x$ 为模型输入，y 为模型输出，θ 为模型参数，η 为模型结构，ε 为模型误差。采用流域模拟模型进行流域水环境规划管理时需要进行 4 个方面的研究，包括模拟、估值、预测、决策。这 4 个方面的研究本质上就是固定模型的某一部分而推知其他部分的相关属性：模拟与预测都是固定 x、θ 和 η 来推知 y 的期望值与方差；估值就是固定 x、y 和 η 来推知 θ 的期望值与方差；决策就是固定 y、θ 和 η 来推知 x 的最优值。估值与决策是模拟与预测的反问题。一般模型输入 x 与模型输出 y 都是有观测值的，然而并不能保证观测值都是连续无缺失的，这时通常意义上求取模型参数 θ 的最大似然估计法就变得困难起来。针对流域模拟中的缺失数据处理问题，本书认为可以从模拟和统计两个方面分别对单调型和随机型数据缺失进行处理。基于模拟的缺失数据处理方法要求模型的输入条件是完全已知而输出结果可以是部分缺失的，因而在研究流域入湖污染负荷估算的时候需要将降雨模拟模型、水文模拟模型和负荷估算模型进行耦合。为此本书选择了 GLM 流域降雨模拟模型、IHACRES 流域水文模拟模型、LOADEST 污染负荷估算模型进行缺失数据估计。然而，在现实中往往会遇到输入与输出同时存在缺失数据的问题，这时就需要采用基于统计的缺失数据处理方法。缺失数据的统计处理方法一般为最大似然法和多重插补方法，二者都是建立在 MAR 假设上的。最大似然法分为直接的最大似然法和通过迭代计算的 EM 算法，通过最大似然法只能得到缺失值的期望值因而难以评估由于缺失而产生的不确定性。常见的多重插补方法包括 DA 算法、EMB 算法和 MICE 算法，其主要思想是首先计算缺失值的后验分布，其次从后验分布中抽取多个完整的样本分别进行统计分析，最后将分析的结果进行综合。基于模拟和基于统计的缺失数据处理方法可以统一在完全贝叶斯方法的框架下。完全贝叶斯方法是将建模过程与缺失值插补过程结合起来，同时对缺失值的后验分布与模型参数的后验分布进行计算，因而从某种意义上讲是将缺失值看成了模型的参数。这种方法的优势在于能够直观地处理 NMAR 假设，同时避免了因插值过程与模型分析过程分离而可能产生的偏差，劣势在于计算过程等效于大大地增加了待估模型参数的数量，从而增大了计算的时间复杂度和空间复杂度，不适用于大规模计算。由于流域模型一般结构都比较复杂，将缺失值插补与模型参数估计相结合的计算方法很难实现，因此本书最终选用多重插补方法中的 EMB 算法与 GLM 流域降雨模拟模型、IHACRES 流域水文模拟模型、LOADEST 污染负荷估算模型相结合来处理流域入湖污染负荷估算中的数据缺失问题。

6.1.2 数据缺失下滇池流域降雨模拟

滇池流域的雨量站数量并不多，并且部分雨量站含有缺失数据。因此如果要准确的进行水文模拟，这些含有缺失数据的雨量站的信息也需要被利用起来。这时就需要进行数据缺失下滇池流域降雨模拟。降雨量数据是半连续性数据，即数据可以分解为连续的数值和非连续的状态值。对降雨量进行模拟时要采用二阶段模型：首先进行降雨事件模拟，其次在发生降雨事件的条件下对降雨量大小进行估算。对于降雨事件模拟，由于响应变量为二分类变量，故采用 Logistic 回归模型进行预测。对于降雨量估算模型，由于降雨量的分布一般是右偏分布，这时可以采用 Γ 分布对其进行拟合，然后以自然对数为连接函数构造 GLM 模型进行预测。因此，整体上降雨模拟二阶段模型采用的都是 GLM 模型。在建立滇池流域降雨模拟二阶段模型时，本书主要以流域气象数据为协变量，采用方差膨胀因子大于 5 作为多重共线性的判断标准，对这些协变量进行逐步筛选，初选出 MRH、NTR、RR、DHT、HWS、MWS、DR、DLP、DHWS 这 9 个指标。然后将这些气象变量作为初始的协变量，利用 EMB 算法对这些协变量中缺失的观测值进行多重插补，得到 5 个完整的数据样本集。由于缺失数据的比例很小，最高的 3 个变量 NTR、DR 和 RR 的缺失比例分别为 1.8%、1.6%、1.5%，而插补样本间的差异也不大，所以取其均值得到一个用于分析的数据样本集。接着利用这个数据样本集和年的离散值与日的傅里叶级数变换值，分别进行 Logistic 回归和对数正态线性回归。这里对数正态线性回归是对 GLM 模型的一种近似，在本书中用以分析残差的分布。回归结果表明：采用 Logistic 回归得到的 ROC 曲线的 AUC 指标值为 0.88，拟合效果比较好；而采用对数正态线性回归得到的观测值的对数与预测值的对数回归直线与理论直线差异很大，拟合效果欠佳，然而其残差分布的正态性却很好。为提高拟合精度，分别采用 SVM、CART 和 NN 等机器学习算法来与 Logistic 回归和对数正态线性回归进行比较，结果表明 SVM 拟合效果均是最好的，但 GLM 与之差异不大，依据“奥卡姆剃刀原理”选择 GLM 作为最终模型。

在采用机器学习算法没有提高对降雨量估计的情况下，本书提出用 EMB 缺失值多重插补的方法来填补降雨量中的数据空白。然后比较插补前后 GLM 回归的结果发现二者具有同样的效果，说明缺失值的插补值具有很好的替代效果。此外，采用“过插补”分析、插值均值概率密度与观测值概率密度的比较分析这两种方法验证了模型假设的满足程度。最终，比较了分别采用 GLM 和 EMB 得到的预测结果，发现无论是期望值还是置信区间，EMB 算法的结果都明显优于 GLM 计算的结果。

6.1.3 数据缺失下滇池流域水文模拟

本书选用 IHACRES 模型作为滇池流域水文模拟的工具，其原因在于 IHACRES 模型在模拟过程中所用到的数据仅仅是流域降雨量数据和潜在蒸散发数据或者气温数据。而滇池流域降雨量数据和气温数据，通过第 3 章的处理与估计，已经得到了连续时间序列数据。这时，只需要选择 IHACRES 的模型结构，就可以进行水文模拟了。IHACRES 模型结构比较简单，主要由土壤水分计算模块和单位线计算模块两个部分构成。土壤水分计算模块有 CWI 和 CMD 两类计算方法，单位线计算模块又包括 ARMAX、EXPUH 等计算方法。本书在计算中采用 CMD 和 EXPUH 进行计算，原因在于 CMD 比 CWI 具有更直观的物理意义，而 EXPUH 则相对简单成熟并且被广泛应用。对于滇池流域，可用的雨量站仅有 15 个，而有监测数据的河流共有 31 条，为此本书利用雨量站点位来构造泰森多边形并计算每个雨量站在各个子流域上的覆盖面积，通过面积加权来确定各个子流域的平均雨量。同一子流域下的河流共享相同的平均雨量，而所有的河流共享同一个气温序列数据。由于河流流量数据含有大量缺失值，本书初步使用有观测的那些数据来估算 2001 ~ 2010 年的年平均径流量，其结果为 11.9 亿 m^3，而滇池多年入湖径流量为 9.9 亿 m^3，这说明对原始数据集本身有一定的高估。在进行 IHACRES 模型参数率定时，选用 Nash-Sutcliffe 效率系数作为目标函数，以 2001 年作为模型预热期，2002 ~ 2010 年作为模型参数率定期，在初步对含有大量缺失值的 31 条河流流量序列进行参数率定时，老盘龙江和大观河由于观测数据太少不足以支撑分析而没有得到率定的结果，其余 29 条中有 15 条满足 Nash-Sutcliffe 效率系数在 0.25 以上，而相对偏差在 50% 以内。另外有 14 条河流不能被模型识别，其中包括滇池流域最大的一条河流盘龙江。为了提升河流的可识别性，本书通过 EMB 算法对 31 条河流流量的月值进行多重插补得到 5 个数据样本集，并分别对这 5 个样本集进行参数率定，结果仅有海河在部分插值数据中能够被识别出来。同时，利用盘龙江上游水文站的数据，通过建立上下游流量对数值的线性回归关系，估算了盘龙江入湖流量值。最终可识别的河流提高到 17 条，而不可识别的河流还剩 12 条，另外 2 条无数据支撑的河流不在考虑范围内。对于不可识别的河流，本书采用缺失值的插补值来作为其月流量的近似估计。由于原始样本本身是有偏的，故乘以一个偏差系数来缩小与真实值的差距。在此基础上，依次计算了滇池入湖河流月均入湖流量、逐月总入湖流量、逐年总入湖流量及各条入湖河流年均入湖流量和各自 95% 置信水平下的置信区间。

6.1.4 数据缺失下滇池入湖负荷估算

滇池 29 条入湖河流中，有 17 条是能被 IHACRES 模型所识别的，这些河流能够模拟出逐日的流量数据。在此基础上，本书采用 LOADEST 模型来建立这 17 条入湖河流瞬时 TN 和 TP 的污染负荷与入湖流量之间的回归关系，同时估算滇池 17 条可识别河流 TN 和 TP 的月污染负荷和年污染负荷以及相应的置信区间。而对于不可识别的 12 条河流，本书利用 EMB 算法插补出的数据样本集来进行估算。以每月的那个数值作为该月的平均值进行估算，这样可以得到 12 条河流 TN 和 TP 的月污染负荷和年污染负荷以及相应的置信区间。采用 LOADEST 模型计算需要解决两个主要的问题：对数正态回归点估计问题和区间估计问题。对于前者，LOADEST 模型分别采用 MLE、AMLE 和 LAD 这 3 种方式来得到对数正态回归中响应变量的无偏估计值，其中 MLE 主要采用的是 Finney 的最小方差线性无偏估计量的方法，而 AMLE 和 LAD 则分别针对有删失数据和分布非正统或未知情况下的近似无偏估计方法。本书对瞬时污染负荷的均值和方差估算的 MLE 方法进行了推导，同时给出了缺失数据多重插补 EMB 算法下的 MLE 方法计算步骤。由于 LOADEST 模型在区间估计方面并没有做过多的研究，为此本书通过比选 4 种近似估算方法后最终选择了改进的 Cox 方法进行区间估计。为了评估计算结果的拟合效果，本书在瞬时负荷计算的基础上对滇池入湖河流 TN 和 TP 浓度进行反算，并对比其与观测值的差异。结果表明，大多数入湖河流 95% 的置信区间大约只能覆盖 50% 浓度值，但其趋势基本与观测数据吻合，说明拟合的准度较好但精度不够高。另外，本书还对滇池 17 条可识别的入湖河流进行升尺度计算。这个过程也需要解决两个关键的问题，即对数正态回归中响应变量累积和的点估计与区间估计问题。为解决这两个问题，本书提出了采用非参数 Bootstrap 方法进行点估计与区间估计的计算步骤。与此不同的是，另外 12 条不可识别的入湖河流采用了简单而保守的直接累加法进行计算。基于以上方法，本书最终计算出滇池29条入湖河流TN和TP的月污染负荷和年污染负荷及相应的置信区间、滇池TN和TP逐月和逐年的总入湖污染负荷量及相应的置信区间、滇池各条入湖河流污染负荷年均值及相应的置信区间。

6.2 主要研究特色

本书针对数据缺失下滇池流域入湖污染负荷估算的问题，分别从方法和应用两个方面进行研究，具有如下特色。

（1）构建了结合GLM、IHACRES、LOADEST模拟模型与EMB统计算法的流域模拟中的缺失数据处理方法体系

数据缺失是流域模拟中经常遇到的问题，一般可以通过模拟的手段来解决响应变量中的数据缺失问题。然而，输入变量中也常常存在数据缺失的问题。针对这个问题，本书提出了将流域模拟模型串接，从而用上一个模拟的输出作为下一个模型输入来解决模型输入中数据缺失的问题，并针对流域入湖污染负荷估算提出了基于GLM降雨模拟、IHACRES水文模拟和LOADEST负荷估算的模型体系。这种方法的弊端有两点：①最上游的模型的输入不能有数据缺失；②不能衡量由于数据缺失所带来的不确定性。为了使模型更加灵活和有效，本书系统地研究了基于统计的缺失数据处理方法，并在此基础上选择EMB多重插补方法来处理本书研究中的数据缺失问题。最终形成了以EMB统计算法为数据处理基础，以GLM、IHACRES、LOADEST模拟模型为核心计算平台的流域模拟中的缺失数据处理方法体系。

（2）实现了缺失数据下滇池主要入湖河流不同时空尺度的降雨模拟、水文模拟、负荷估算及其不确定性分析

在本书提出的流域模拟中缺失数据处理方法体系的指导下，本书分别对滇池流域各个子流域降雨量、各条入湖河流流量模拟和各条入湖河流瞬时TN、TP负荷估算进行研究。关于降雨模拟，本书采用GLM降雨模拟模型分别对降雨事件发生与否进行预测和对发生降雨事件时的雨量值进行估计，并用EMB算法解决了后者在估计中的不准确性问题；关于水文模拟，本书以各个子流域降雨量为输入条件，以NSE为模型参数率定的目标函数，并在NSE>0.25和RB<0.5的阈值条件下通过IHACRES水文模拟模型计算出15条可识别河流的逐日流量模拟数据，还通过EMB算法和辅助资料参照法提高了模型的识别性；关于负荷，本书在利用EMB算法处理缺失数据的条件下，利用LOADEST负荷估算模型得到日尺度下的入湖负荷量的估计值与置信区间，同时还提出了对数正态线性回归响应变

量升尺度置信区间的非参数 Bootstrap 的方法以解决月尺度和年尺度下的入湖负荷量及其置信区间的估算问题。最终实现了缺失数据下滇池主要入湖河流不同时空尺度的降雨模拟、水文模拟、负荷估算及其不确定性分析。

6.3 研究展望

缺失数据是流域模拟中经常遇到但又必须考虑的问题，本书将基于缺失数据多重插补的 EMB 算法与 GLM 降雨模拟模型、IHACRES 水文模拟模型、LOADEST 负荷估算模型结合起来，构建了用于解决滇池流域大量数据缺失条件下的 TN、TP 入湖污染负荷估算的模型与方法体系，并最终得到了 29 条入湖河流的月污染负荷和年污染负荷的估计值及其置信区间。尽管本书完成了研究设计的初衷，即解决了缺失数据下滇池入湖污染负荷估算的问题，但在计算细节上仍然存在以下问题值得进一步探讨。

1）在 GLM 降雨模拟中，降雨事件的预测相对比较准确，而发生降雨事件时的降雨量却无法准确地用 GLM 模型进行模拟预测，本书仅仅用 EMB 算法多重插补的结果进行了替代。该方法虽然能够很好地对数据进行填补，但该方法仅仅只能处理缺失数据，并不能真正的实现模拟与预测。因此，如果要研究各个因素对降雨量的影响并基于这种影响实现对未来降雨量预测，必须通过建立一个适当的模型来解决这个问题。如果仍然采用 GLM 模型进行模拟预测，可以考虑对相关变量进行特征空间映射（如核函数变换等），或者采用诸如广义相加模型（generalized addictive model，GAM）等变量平滑处理方法，或者考虑其他因素与降雨量的关系从而选择那些对降雨量的预测有更大作用的解释变量作为预测变量。当然，这些方法的准确性还需要进行仔细地探讨和认真地比较。

2）在 IHACRES 水文模拟中，本书为了降低整个模拟过程的时间和空间复杂度，对 IHACRES 模型选用了固定的模型结构，即非线性损失模块采用 CMD 方法和线性演算模块采用 EXPUH 方法，在这种条件下采用 NSE>0.25 和 RB<0.5 为识别标准识别出了 15 条入湖河流。这种方法虽然能够得到数据缺失下的滇池入湖河流日径流量估计值，但却无法得到该流量值的置信区间。解决这一问题的最直接方法是采用 GLUE 方法先进行参数的不确定性分析，然后将参数的不确定性最终传递到输出结果的不确定性上。事实上，GLUE 方法本质上并不是一种严格的统计学方法，与基于严格统计学方法得到的缺失数据多重插补方法在结合上仍然还需要进一步探讨。本书没有选用 GLUE 方法进行置信区间估计除了这个原因外，更多的是从计算成本上进行考虑的，因为在初步研究过程中曾尝试过 GLUE

方法，但发现在现有条件下无法在论文所接受的时间范围内得到计算结果，更不用说对这些结果进行有效性评估，以及对多重插补样本进行结果综合。当然，在模型的结合上，仍然有很多理论上及应用上都值得探讨的地方。

3）在 LOADEST 负荷估算中，本书较为详细地推导了基于 MLE 的对数正态线性回归响应变量的最小方差线性无偏估计量的方法，与基于改进的 Cox 方法来对这一估计量的置信区间进行估计的方法。因而，点估计的问题得到了比较圆满的解决，而区间估计的问题仍然只是一种有偏的近似，在原理上仍然有进一步扩展的空间。此外，本书在对污染负荷进行升尺度的研究中提出了用非参数 Bootstrap 方法来进行置信区间的估计，这一方法的有效性仍然需要得到进一步证实。对于不可识别的 12 条河流的 TN、TP 污染负荷估计，本书采用简单地用一个月中某一天的数据代替这一个月的平均值的方法进行计算。该方法本质上讲是一个比较粗略的方法，因此计算的结果可能存在一定的偏差，而解决方法则依赖于更有效的水文模拟技术。

总之，本书虽然解决了缺失数据下滇池流域 TN、TP 入湖污染负荷的估算问题，但是在估算的不确定性分析上仍然做得比较粗略，仅仅在固定输入条件的情形下单独分析了 IHACRES 水文模拟模型、LOADEST 负荷估算模型的估计值的置信区间，而没有形成一个不确定性在各个模型中不断放大的传递链，因此对由缺失数据所带来的不确定性的评估上是存在低估的。而真正解决这个问题的方法，就在于将 GLM 降雨模拟模型、IHACRES 水文模拟模型、LOADEST 负荷估算模型整合到一个完整的框架体系中，采用诸如完全贝叶斯方法的模型参数及缺失数据的估值体系进行模拟预测的无缝对接。当然，这样一个过程的计算时间和空间复杂度是相当大的，在现有条件下可能无法进行。另外，如果要考虑这些模型自身结构上的不确定性，就需要对每个模型提出多个（或无穷个）备选的模型结构，那么模型的计算量将在原来的基础上扩大相当大的倍数，最终也会导致模型的计算变得不可行。可见，在缺失数据处理上，如何降低模型计算的复杂度，将是未来进行缺失数据下流域模拟与预测时所要解决的一个重要问题。

参考文献

[1] Yang Y, Wang C, Guo H, et al. An integrated SOM- based multivariate approach for spatiotemporal patterns identification and source apportionment of pollution in complex river network. Environmental Pollution, 2012, 168 (0): 71-79.

[2] Gabriel K R, Neumann J. A Markov chain model for daily rainfall occurrence at Tel Aviv. Quarterly Journal of The Royal Meteorological Society, 1962, 88 (375): 90-95.

[3] Stern R D, Coe R. A Model fitting Analysis of Daily Rainfall Data. Journal of the Royal Statistical Society. Series A, 1984, 147 (1): 1-34.

[4] Green J R. A Model for Rainfall Occurrence. Journal of the Royal Statistical Society. Series B (Methodological), 1964, 26 (2): 345-353.

[5] Coe R, Stern R D. Fitting models for daily rainfall. Journal of Applied Meteorology, 1982, 21: 1024-1031.

[6] Mehrotra R. A comparison of three stochastic multi-site precipitation occurrence generators. Journal of Hydrology, 2006, 331: 280-292.

[7] Rolda J. Stochastic daily precipitation models: 1. A comparison of occurrence processes. Water Resources Research, 1982, 18 (5): 1451-1459.

[8] Yan Z, Bate S, Chandler R, et al. An Analysis of Daily Maximum Wind Speed in Northwestern Europe Using Generalized Linear Models. Journal of Climate, 2002, 15 (15): 2073-2088.

[9] Yan Z, Bate S, Chandler R E, et al. Changes in extreme wind speeds in NW Europe simulated by generalized linear models. Theoretical and Applied Climatology, 2006, 83: 121-137.

[10] Yang C, Chandler R E, Isham V S, et al. Simulation and downscaling models for potential evaporation. Journal of Hydrology, 2005, 302: 239-254.

[11] Chandler R E. On the use of generalized linear models for interpreting climate variability. Environmetrics, 2005, 16 (May): 699-715.

[12] Sharma A, Lall U. A nonparametric approach for daily rainfall simulation. Mathematics and Computers in Simulation, 1999, 48 (4-6): 361-371.

[13] Wilks D S, Wilby R L. The weather generation game: a review of stochastic weather models. Progress in Physical Geography, 1999, 23 (3): 329-357.

[14] 李聪颖，刘少华，左其亭．加权马尔可夫链预测模型的优化方法及应用．华北水利水电学院学报，2010，(04)：21-24.

[15] 刘宝琛，傅鹤林，李亮．降雨量预测理论模型及其工程应用研究．中国铁道科学，2002，(04)：64-68.

[16] 王龙，仲远见，李靖．改进马尔可夫链降雨量预测模型的应用．济南大学学报（自然科学版），2009，(04)：402-405.

[17] 张国栋，宋星原．基于 WA-SVM 组合模型的流域月降雨量预测研究．长江科学院院报，

2007，(05)：23-26.
[18] 王晓艳，李宏伟，杨国为．基于改进遗传算法的BP网络在降雨量预测中的应用．青岛大学学报（工程技术版)，2010，(01)：10-14.
[19] 宋星原，张国栋．基于WA-SVM的流域降雨序列预测研究及应用．中国农村水利水电，2007，(05)：1-3，8.
[20] Crawford N H，Linsley R K. Digital Simulation in Hydrology：Stanford Watershed Model IV//Technical Report 39，Civil Engineering Deptartment. California：Stanford University，1966.
[21] Fleming G. Computer simulation techniques in hydrology. New York：Elsevier，1975.
[22] Sugawara M. Tank model and its application to Bird Creek，Wollombi Brook，Bikin River，Kitsu River，Sanaga River and Nam Mune. Tokyo：National Research Center for Disaster Prevention，1974.
[23] Feldman A D. HEC models for water resources system simulation：Theory and experience. Advances in hydroscience，1981，12：297-423.
[24] Sittner W T，Schauss C E，Monro J C. Continuous hydrograph synthesis with an API-type ydrologic model. Water Resources Research，1969，5（5)：1007-1022.
[25] Huber W C，Dickinson R E，Barnwell T O. Storm Water Management Model，Version 4：User's Manual. Environmental Research Laboratory，Office of Research and Development，US Environmental Protection Agency，1988.
[26] Burnash R J，Ferral R L，McGuire R A. A Generalized Streamflow Simulation System，Conceptual Modeling for Digital Computers. Calif：U. S. Dept. of Commerce，National Weather Service，Silver Springs，Md.，and State of California，Dept. of Water Resources，Sacramento，1973.
[27] 赵人俊．降雨径流流域模型中的水源划分问题．水文，1981，(03)：27-30.
[28] Jakeman A，Littlewood I，Whitehead P. Computation of the instantaneous unit hydrograph and identifiable component flows with application to two small upland catchments. Journal of Hydrology，1990，117：275-300.
[29] Singh V P，Woolhiser D A. Mathematical modeling of watershed hydrology. Journal of Hydrologic Engineering，2002，7（4)：270-292.
[30] 吕允刚，杨永辉，樊静，等．从幼儿到成年的流域水文模型及典型模型比较．中国生态农业学报，2008，(5)：1331-1337.
[31] Freeze R A，Harlan R L. Blueprint for a physically-based，digitally-simulated hydrologic response model. Journal of Hydrology，1969，9（3)：237-258.
[32] Abbott M B，Bathurst J C，Cunge J A，et al. An introduction to the european hydrological system-systeme hydrologique europeen，she. 1. history and philosophy of a physically-based，distributed modeling system. Journal of Hydrology，1986，87（1-2)：45-59.
[33] Abbott M B，Bathurst J C，Cunge J A，et al. An introduction to the european hydrological

system-systeme hydrologique europeen, she .2. structure of a physically-based, distributed modeling system. Journal of Hydrology, 1986, 87 (1-2): 61-77.

[34] 熊立华，郭生练．分布式流域水文模型．北京：中国水利水电出版社，2004.

[35] 王波，张天柱．辽河流域非点源污染负荷估算．重庆环境科学，2003 (12): 132-133, 142.

[36] 张玉珍，洪华生，陈能汪，等．水产养殖氮磷污染负荷估算初探．厦门大学学报（自然科学版），2003，(02): 223-227.

[37] 蔡明，李怀恩，庄咏涛，等．改进的输出系数法在流域非点源污染负荷估算中的应用．水利学报，2004，(07): 40-45.

[38] 胥彦玲，秦耀民，李怀恩，等．SWAT 模型在陕西黑河流域非点源污染模拟中的应用．水土保持通报，2009，(04): 114-117, 219.

[39] 何泓杰．基于 HSPF 模型的流溪河流域非点源污染负荷估算．广州：华南理工大学硕士学位论文，2011.

[40] 洪华生，黄金良，张珞平，等．AnnAGNPS 模型在九龙江流域农业非点源污染模拟应用．环境科学，2005，(04): 63-69.

[41] 李娜，盛虎，何成杰，等．基于统计模型 LOADEST 的宝象河污染物通量估算．应用基础与工程科学学报，2012，(03): 355-366.

[42] Crawford C G. Estimation of suspended-sediment rating curves and mean suspended-sediment loads. Journal of Hydrology, 1991, 129 (1-4): 331-348.

[43] Draper N R, Smith H. Applied regression analysis (wiley series in probability and statistics). New York: John Wiley and Sons, 1998.

[44] Cohn T, Caulder D, Gilroy E. The validity of a simple statistical model for estimating fluvial-constituent loads: an empirical study involving nutrient loads entering Chesapeake Bay. Water Resources Research, 1992, 28 (9): 2353-2363.

[45] Judge G G, Hill R C, Griffiths W E, et al. Introduction to the Theory and Practice of Econometrics (2nd ed.). New York: John Wiley, 1988.

[46] Little R. Calibrated Bayes, for Statistics in General, and Missing Data in Particular. Statistical Science, 2011, 26 (2): 162-174.

[47] Allison P D. Missing Data. Thousand Oaks, CA: Sage, 2001.

[48] Chandler R E. Analysis of rainfall variability using generalized linear models: A case study from the west of Ireland. Water Resources Research, 2002, 38 (10): 1192.

[49] Yang C, Chandler R E, Isham V S, et al. Spatial-temporal rainfall simulation using generalized linear models. Water Resources Research, 2005, 41 (11): W11415.

[50] Kenabatho P K, McIntyre N R, Chandler R E, et al. Stochastic simulation of rainfall in the semiarid Limpopo basin, Botswana. International Journal of Climatology, 2012, 32 (7): 1113-1127.

[51] Young P. Top- down and data- based mechanistic modelling of rainfall- flow dynamics at the catchment scale. Hydrological Processes, 2003, 2217 (September 2002): 2195-2217.

[52] Weiler M. How does rainfall become runoff? A combined tracer and runoff transfer function approach. Water Resources Research, 2003, 39 (11): 1315.

[53] Post D, Jakeman A. Relationships between catchment attributes and hydrological response characteristics in small Australian mountain ash catchments. Hydrological Processes, 1998, 10 (March 1995): 877-892.

[54] Post D, Jakeman A. Predicting the daily streamflow of ungauged catchments in SE Australia by regionalising the parameters of a lumped conceptual rainfall-runoff model. Ecological Modelling, 1999, 123: 91-104.

[55] Perrin C, Michel C, Andréassian V. Improvement of a parsimonious model for streamflow simulation. Journal of Hydrology, 2003, 279 (1-4): 275-289.

[56] Hansen D, Ye W, Jakeman A. Analysis of the effect of rainfall and streamflow data quality and catchment dynamics on streamflow prediction using the rainfall- runoff model IHACRES. Environmental Software, 1996, 11: 193-202.

[57] Whitehead P, Young P, Hornberger G. A systems model of stream flow and water quality in the bedford-ouse river-1. stream flow modelling. Water Research, 1979, 13 (12): 1155-1169.

[58] Jakeman A, Hornberger G. How much complexity is warranted in a rainfall-runoff model? Water Resources Research, 1993, 29 (8): 2637-2649.

[59] Ye W, Bates B, Viney N. Performance of conceptual rainfall- runoff models in low- yielding ephemeral catchments. Water Resources Research, 1997, 33 (1): 153-166.

[60] Evans J, Jakeman A. Development of a simple, catchment-scale, rainfall-evapotranspiration-runoff model. Environmental Modelling & Software, 1998, 13: 385-393.

[61] Croke B, Jakeman A. A catchment moisture deficit module for the IHACRES rainfall- runoff model. Environmental Modelling & Software, 2004, 19: 1-5.

[62] Crooks S M, Naden P S. CLASSIC: a semi- distributed rainfall- runoff modelling system. Hydrology and Earth System Sciences, 2007, 11 (1): 516-531.

[63] Andrews F T, Croke B F W, Jakeman A J. An open software environment for hydrological model assessment and development. Environmental Modelling and Software, 2011, 26 (10): 1171-1185.

[64] Allen G R, Liu G. IHACRES Classic: Software for the Identification of Unit Hydrographs and Component Flows. Ground Water, 2011, 49 (3): 305-308.

[65] Croke B, Letcher R, a. J. Jakeman. Development of a distributed flow model for underpinning assessment of water allocation options in the Namoi River Basin, Australia. Journal of Hydrology, 2006, 319 (1-4): 51-71.

[66] Jakeman A, Post D, Beck M. From data and theory to environmental model: the case of

rainfall runoff. Environmetrics, 1994, 5 (June): 297-314.
[67] Herron N, Croke B. IHACRES-3S-A 3-store formulation for modelling groundwater-surface water interactions // Anderssen R S, Braddock R D, L. T. H. International Congress on Modelling and Simulation (MODSIM 2009) . Australia: Newham, Modelling and Simulation Society of Australia and New Zealand Inc. , 2009. 3081-3087.
[68] Finney D. On the distribution of a variate whose logarithm is normally distributed. Supplement to the Journal of the Royal Statistical Association, 1941, 7 (2): 155-161.
[69] Cohn T, Delong L. Estimating constituent loads. Water Resources Research, 1989, 25 (5): 937-942.
[70] Bradu D, Mundlak Y. Estimation in lognormal linear models. Journal of the American Statistical Association, 1970, (March 2013): 37-41.
[71] Shenton L, Bowman K. Maximum likelihood estimation in small samples. London: Charles Griffin and Co. , 1977.
[72] Powell J L. Least absolute deviations estimation for the censored regression model. Journal of Econometrics, 1984, 25: 303-325.
[73] Buchinsky M. Changes in the U. S. Wage Structure 1963-1987: Application of Quantile Regression. Econometrica, 1994, 62 (2): 405-458.
[74] Duan N. Smearing estimate: a nonparametric retransformation method. Journal of the American Statistical Association, 1983, 78 (383): 605-610.
[75] Withers C S, Nadarajah S. Unbiased estimates for a lognormal regression problem and a non-parametric alternative. Metrika, 2010, 75 (2): 207-227.
[76] Likš J. Variance of the MVUE for lognormal variance. Technometrics, 1980, 22 (2): 253-258.
[77] Longford N T. Inference with the lognormal distribution. Journal of Statistical Planning and Inference, 2009, 139 (7): 2329-2340.
[78] Shen H, Zhu Z. Efficient mean estimation in log-normal linear models. Journal of Statistical Planning and Inference, 2008: 1-34.
[79] El-Shaarawi A, Viveros R. Inference About the Mean in Log-Regression with Environmental Applications. Environmetrics, 1997, 8 (June): 569-582.
[80] Parkin T, Meisinger J. Evaluation of statistical estimation methods for lognormally distributed variables. Soil Science Society of America Journal, 1988, 52: 323-329.
[81] Evans I, Shaban S. A note on estimation in lognormal models. Journal of the American Statistical Association, 1974, 69 (347): 779-781.
[82] Land C. Confidence intervals for linear functions of the normal mean and variance. The Annals of Mathematical Statistics, 1971, 42 (4): 1187-1205.
[83] Land C. An evaluation of approximate confidence interval estimation methods for lognormal

means. Technometrics, 1972, 14 (1): 145-158.

[84] Angus J. Bootstrap one-sided confidence intervals for the log-normal mean. The Statistician, 1994, 43 (3): 395-401.

[85] Zhou X H, Gao S. Confidence intervals for the log-normal mean . Statistics in Medicine, 1997, 16 (7): 783-90.

[86] Zou G, Huo C, Taleban J. Simple confidence intervals for lognormal means and their differences with environmental applications. Environmetrics, 2009, (August 2007): 172-180.

[87] Wu J, Wong a C M, Jiang G. Likelihood-based confidence intervals for a log-normal mean. Statistics in Medicine, 2003, 22 (11): 1849-1860.

[88] Withers C S, Nadarajah S. Confidence intervals for lognormal regression and a nonparametric alternative. Journal of Statistical Computation and Simulation, 2011, (March 2013): 1-16.

[89] Armstrong B. Confidence intervals for arithmetic means of lognormally distributed exposures. The American Industrial Hygiene Association, 1992, (April 2013): 37-41.

[90] El-Shaarawi A H, Lin J. Interval estimation for log-normal mean with applications to water quality. Environmetrics, 2007, 18 (1): 1-10.

[91] Acock A C. Working With Missing Values. Journal of Marriage and Family, 2005, 67 (November): 1012-1028.

[92] Little R, Rubin D. Statistical analysis with missing data. (2nd ed.) Hoboken, NJ: Wiley-Interscience, 2002.

[93] Rubin D. Inference and missing data. Biometrika, 1976, 63 (3): 581-592.

[94] Graham J, Donaldson S. Evaluating interventions with differential attrition: the importance of nonresponse mechanisms and use of follow-up data. Journal of Applied Psychology, 1993, 78 (1):119-128.

[95] Rubin D B. Multiple imputations in sample surveys-a phenomenological bayesian approach to non response//ASA Proceedings of the Section on Survey Research Methods. 1978: 20-28.

[96] Buuren S v. Flexible imputation of missing data. [S. l.]: Chapman & Hall/CRC, 2012.

[97] Harel O, Zhou X h. Multiple imputation: Review of theory, implementation and software. Statistics in Medicine, 2007, 26 (January): 3057-3077.

[98] Schafer J L, Graham J W. Missing data: Our view of the state of the art. Psychological Methods, 2002, 7 (2): 147-177.

[99] Schafer J. Multiple imputation: a primer. Statistical Methods in Medical Research, 1999, 8: 3-15.

[100] Zhang P, Healthcare P C, Road T, et al. Multiple Imputation: Theory and Method. International Statistical Review/Revue, 2003, 71 (3): 581-592.

[101] Rubin D B. Multiple Imputation After 18+ Years. Journal of American Statistical Association, 1996, 91 (434): 473-489.

[102] Lee K J, Carlin J B. Multiple imputation for missing data: fully conditional specification versus multivariate normal imputation. American journal of epidemiology, 2010, 171 (5): 624-32.

[103] Fichman M, Cummings J N. Multiple Imputation for Missing Data: Making the most of What you Know. Organizational Research Methods, 2003, 6 (3): 282-308.

[104] Schafer J L, Olsen M K. Multiple imputation for multivariate missing-data problems: a data analyst's perspective. Multivariate Behavioral Research, 1998, 33 (4): 545-571.

[105] Orton N J H, Ipsitz S R L. Multiple Imputation in Practice: Comparison of Software Packages for Regression Models With Missing Variables. The American Statistician, 2001, 55 (3): 244-254.

[106] Blackwell M, Honaker J, King G. Multiple Overimputation: A Unified Approach to Measurement Error and Missing Data, 2012 (working paper) .

[107] Horton N J, Kleinman K P. Much ado about nothing: A comparison of missing data methods and software to fit incomplete data regression models. The American Statistician, 2007, 61 (1):79-90.

[108] Tanner M A, Wong W H. The Calculation of Posterior Distributions by Data Augmentation. Journal of American Statistical Association, 1987, 82 (398): 528-540.

[109] Ibrahim J G, Chen M H, Lipsitz S R, et al. Missing-Data Methods for Generalized Linear Models. Journal of the American Statistical Association, 2005, 100 (469): 332-346.

[110] Ibrahim J G. Missing data methods in longitudinal studies: a review. Test, 2011, 18 (1): 1-41.

[111] Dyk D V, Meng X. The art of data augmentation. Journal of Computational and Graphical Statistics, 2001, 10 (1): 1-50.

[112] Honaker J, King G. What to Do about Missing Values in Time-Series Cross-Section Data. American Journal of Political Science, 2010, 54 (2): 561-581.

[113] Honaker J, King G, Blackwell M. Amelia II: A Program for Missing Data. Journal of Statistical Software, 2011, 45 (7): 1-47.

[114] Dempster A, Laird N, Rubin D. Maximum likelihood from incomplete data via the EM algorithm. Journal of the Royal Statistical Society. Series B (Methodological), 1977, 39 (1): 1-38.

[115] Azur M J, Stuart E A, Frangakis C, et al. Multiple imputation by chained equations: what is it and how does it work? International Journal of Methods in psychiatric Research, 2011, 20 (1): 40-49.

[116] van Buuren S, Groothuis-oudshoorn K. mice: Multivariate Imputation by Chained Equations in R. Journal of Statistical Software, 2011, 45 (3): 1-67.

[117] White I R, Royston P, Wood A M. Multiple imputation using chained equations: Issues and

guidance for practice. Statistics in Medicine, 2011, 30 (4): 377-399.

[118] Mason A, Richardson S, Best N. Two-pronged Strategy for Using DIC to Compare Selection Models with Non-Ignorable Missing Responses. Bayesian Analysis, 2012, 7 (1): 109-146.

[119] Spiegelhalter D J. Bayesian graphical modelling: a case- study in monitoring health outcomes. Journal of the Royal Statistical Society: Series C (Applied Statistics), 2002, 47 (1): 115-133.

[120] Spiegelhalter D J, Best N G, Carlin B P, et al. Bayesian measures of model complexity and fit. Journal of the Royal Statistical Society: Series B (Statistical Methodology), 2002, 64 (4): 583-639.

[121] Sriwongsitanon N, Taesombat W. Estimation of the IHACRES Model Parameters for Flood Estimation of Ungauged Catchments in the Upper Ping River Basin. Kasetsart Journal: Nature Science, 2011, 931: 917-931.

[122] Brooks S, Gelman A. General methods for monitoring convergence of iterative simulations. Journal of Computational and Graphical Statistics, 1998, 7 (4): 434-455.

[123] Molitor N t J, Jackson C, Richardson S, et al. Using Bayesian graphical models to model biases in observational studies and to combine multiple data sources: Application to low birth-weight and water disinfection by-products. Journal of the Royal Statistical Society: Series A (Statistics in Society).

[124] Chun K. Statistical Downscaling of Climate Model Outputs for Hydrological Extremes. 2010.

[125] Toews M W, Whitfield P H, Allen D M. Seasonal statistics: The 'seas' package for R. Computers & Geosciences, 2007, 33 (7): 944-951.

[126] Kenabatho K P. Hydrological and water resources modelling under uncertainty and climate change: An application to the Limpopo basin, Botswana., 2011 (January).

[127] Dye P, Croke B. Evaluation of streamflow predictions by the IHACRES rainfall-runoff model in two South African catchments. Environmental Modelling & Software, 2003, 18 (8-9): 705-712.

[128] Little R, Rubin D. Statistical analysis with missing data. Vol. 4. New York: Wiley New York, 1987.

[129] Efron B. Bootstrap methods: another look at the jackknife. The annals of Statistics, 1979, 7 (1): 1-26.

[130] Efron B. Nonparametric standard errors and confidence intervals. Canadian Journal of Statistics, 1981, 9 (2): 139-158.

[131] Efron B. The jackknife, the bootstrap and other resampling plans Efron. B. conference series in applied mathematics. Society of Industrial and Applied Mathematics, 1982.

[132] Metropolis N, Rosenbluth A, Rosenbluth M, et al. Equation of state calculations by fast computing machines. The journal of Chemical Physics, 1953, 21: 1087-1902.

[133] Hastings W. Monte Carlo sampling methods using Markov chains and their applications. Biometrika, 1970, 57 (1): 97-109.

[134] Geman S, Geman D. Stochastic relaxation, Gibbs distributions, and the Bayesian restoration of images. Pattern Analysis and Machine Intelligence, IEEE Transactions on, 1984, (6): 721-741.

[135] Gelfand A, Smith A. Sampling-based approaches to calculating marginal densities. Journal of the American Statistical Association, 1990, 85 (410): 398-409.

[136] Gelman A, Rubin D B. Inference from iterative simulation using multiple sequences. Statistical Science, 1992, 7 (4): 457-472.

[137] Gelman A, Carlin J B, Stern H S, et al. Bayesian data analysis. 2nd ed. Boca Raton: Chapman and Hall, 2004.

附　　录

1.1　三种经典算法

1.1.1　EM 算法

1.1.1.1　EM 算法的原理与步骤

EM 算法最先是由 Dempster、Laird 和 Rubin 在 1977 年提出的，主要用以解决含有不完全数据或者缺失数据的样本的统计推断问题[114]。这里，不完全数据和缺失数据是两个不同的概念，其中前者表示数据受到一些未观测的潜在变量的控制，而后者表示数据本身存在着缺失值。这里假定完全数据样本集为 $Y=(X, Z)$，其中 X 为已经观测到的随机变量，Z 为未观测或者缺失值的随机变量（这里为了简化上下标体系，在术语上与之前不同，但基本上可以认为 $X=Y_{\text{obs}}$，$Z=Y_{\text{mis}}$）。对于变量 X，一般通过求其似然函数 $L(\theta \mid X)$ 的最大值来对参数进行估值。但如果数据中含有缺失值或者为不完全数据时，似然函数的求解就会变得比较困难。这时，我们可以作如下分解：

$$L(\theta \mid X)=f_X(x \mid \theta)=\frac{f_Y(y \mid \theta)}{f_{Z \mid X}(z \mid x, \theta)}=\frac{L(\theta \mid Y)}{f_{Z \mid X}(z \mid x, \theta)} \tag{1.1}$$

两边同时取对数，令 $l(\theta \mid X)=\log L(\theta \mid x)$，可以得到：

$$l(\theta \mid X)=l(\theta \mid Y)-\log f_{Z \mid X}(z \mid x, \theta) \tag{1.2}$$

由于 Z 的存在使得 X 和 Y 都存在着一定的随机性，所以将上式对两边同时取条件期望，有

$$E_{Z \mid X, \theta}[l(\theta \mid X)]=E_{Z \mid X, \theta}[l(\theta \mid Y)]-E_{Z \mid X, \theta}[\log f_{Z \mid X}(z \mid x, \theta)] \tag{1.3}$$

令

$$Q(\theta \mid \theta^{(t)}) = E_{Z \mid X, \theta^{(t)}}[l(\theta \mid Y)] \tag{1.4}$$

$$H(\theta \mid \theta^{(t)}) = E_{Z \mid X, \theta^{(t)}}[\log f_{Z \mid X}(z \mid x, \theta)] \tag{1.5}$$

取 $\theta = \theta^{(t)}$，可以计算

$$\begin{aligned} & H(\theta^{(t)} \mid \theta^{(t)}) - H(\theta \mid \theta^{(t)}) \\ &= \int f_{Z \mid X}(z \mid x, \theta^{(t)}) \log f_{Z \mid X}(z \mid x, \theta^{(t)}) \mathrm{d}z \\ &\quad - \int f_{Z \mid X}(z \mid x, \theta^{(t)}) \log f_{Z \mid X}(z \mid x, \theta) \mathrm{d}z \\ &= - \int f_{Z \mid X}(z \mid x, \theta^{(t)}) \log \frac{f_{Z \mid X}(z \mid x, \theta)}{f_{Z \mid X}(z \mid x, \theta^{(t)})} \mathrm{d}z \\ &\geqslant - \log \int f_{Z \mid X}(z \mid x, \theta) \mathrm{d}z \\ &= 0 \end{aligned} \tag{1.6}$$

可见，对于任意的 $\theta = \theta^{(t+1)}$，都有 $H(\theta^{(t+1)} \mid \theta^{(t)}) \leqslant H(\theta^{(t)} \mid \theta^{(t)})$。这时如果要极大化 $E_{Z \mid X, \theta}[l(\theta \mid X)]$，只需要在 θ 的迭代过程中满足 $Q(\theta^{(t+1)} \mid \theta^{(t)}) \geqslant Q(\theta^{(t)} \mid \theta^{(t)})$，就可以保证 $E_{Z \mid X, \theta^{(t)}}[l(\theta^{(t+1)} \mid X)] \geqslant E_{Z \mid X, \theta^{(t)}}[l(\theta^{(t)} \mid X)]$，即迭代的方向朝着 $E_{Z \mid X, \theta}[l(\theta \mid X)]$ 不断增大的方向进行。按照这种迭代方式进行计算，$E_{Z \mid X, \theta}[l(\theta \mid X)]$ 将最终收敛到其最大值处。基于以上思想，EM 算法一般由以下步骤构成：①E 步，计算 $Q(\theta \mid \theta^{(t)}) = E_{Z \mid X, \theta^{(t)}}[l(\theta \mid Y)]$；②M 步，计算 $\theta^{(t+1)} = \arg\max_{\theta} Q(\theta \mid \theta^{(t)})$；③依次迭代下去直到达到收敛条件。[①]

对于指数族分布函数 $f(y \mid \theta) = c_1(y)\, c_2(\theta) \exp[\theta^{\mathrm{T}} s(y)]$，EM 算法可以用一种更简洁的形式表达。这里 θ 为自然参数向量，$s(y)$ 为关于样本 y 的一个充分统计量向量函数，$c_1(y)$ 和 $c_2(\theta)$ 分别是可以分解出来的关于样本 y 和 θ 的非负函数。这时，EM 算法的 E 步可以写成：

$$\begin{aligned} Q(\theta \mid \theta^{(t)}) &= E_{Z \mid X, \theta^{(t)}}[l(\theta \mid Y)] \\ &= \int f_{Z \mid X}(z \mid x, \theta^{(t)}) \log\{c_1(y)\, c_2(\theta) \exp[\theta^{\mathrm{T}} s(y)]\} \mathrm{d}z \\ &= k + \log c_2(\theta) + \int \theta^{\mathrm{T}} s(y)\, f_{Z \mid X}(z \mid x, \theta^{(t)}) \mathrm{d}z \end{aligned} \tag{1.7}$$

① 收敛条件一般取 $(\theta^{(t+1)} - \theta^{(t)})^{\mathrm{T}}(\theta^{(t+1)} - \theta^{(t)})$ 或者 $\| Q(\theta^{(t+1)} \mid \theta^{(t)}) - Q(\theta^{(t)} \mid \theta^{(t)}) \|$ 小于某个给定值（如 10^{-6}）。

式中，$k=\log c_1(y)$ 为与 θ 无关的项。为了最大化 $Q(\theta \mid \theta^{(t)})$，令 $\mathrm{d}Q(\theta \mid \theta^{(t)})/\mathrm{d}\theta = 0$，可以得到

$$\frac{c_2'(\theta)}{c_2(\theta)} + \int s(y) f_{Z \mid X}(z \mid x, \theta^{(t)}) \mathrm{d}z = 0 \tag{1.8}$$

由于 $\int f(y \mid \theta) \mathrm{d}y = 1$，将其两边同时对 θ 求导可以得到

$$\int \frac{\mathrm{d}f(y \mid \theta)}{\mathrm{d}\theta} \mathrm{d}y = 0 \tag{1.9}$$

即

$$\int \{ c_1(y)\ c_2'(\theta) \exp[\theta^{\mathrm{T}} s(y)] + c_1(y)\ c_2(\theta) \exp[\theta^{\mathrm{T}} s(y)] s(y) \} \mathrm{d}y = 0$$

整理可得

$$\frac{c_2'(\theta)}{c_2(\theta)} + E[s(Y) \mid \theta] = 0 \tag{1.10}$$

结合表达式（1.8）和表达式（1.10）可以得到：

$$E[s(Y) \mid \theta] = \int s(y) f_{Z \mid X}(z \mid x, \theta^{(t)}) \mathrm{d}z = E_{Z \mid X, \theta^{(t)}}[s(Y) \mid X, \theta^{(t)}] \tag{1.11}$$

可见，在 M 步主要是通过求解式（1.11）来实现 θ 的更新，在这个过程中，只需将 $\theta^{(t)}$ 替换成 $\theta^{(t+1)}$ 即可。因此指数族分布函数的 EM 算法可以定义如下：①E步，计算 $s^{(t)} = E_{Z \mid X, \theta^{(t)}}[s(Y) \mid X, \theta^{(t)}]$；②M 步，求解 $E[s(Y) \mid \theta^{(t+1)}] = s^{(t)}$ 中 $\theta^{(t+1)}$ 的值；③依次迭代下去直到达到收敛条件。

由于多元正态分布也是指数族分布的一个成员，那么在完全数据样本集服从多元正态分布的条件下，即 $Y=(y_1, \cdots, y_n)^{\mathrm{T}} \sim N_p(\mu, \Sigma)$，可以令 $s(Y)=(\bar{Y}, S)$，其中 $\bar{Y} = \frac{1}{n}\sum_{i=1}^{n} y_i$，$S = \frac{1}{n}\sum_{i=1}^{n}(y_i - \bar{Y})(y_i - \bar{Y})^{\mathrm{T}}$，那么在 E 步时根据事先给定的 $\theta^{(t)} = (\mu^{(t)}, \Sigma^{(t)})$，求出给定 $(X, \theta^{(t)})$ 条件下的 $(\bar{Y}, S)$，然后在 M 步中令 $\theta^{(t+1)} = (\mu^{(t+1)}, \Sigma^{(t+1)}) = (\bar{Y}, S)$ 即可。

1.1.1.2 多元正态分布下的 EM 算法求解

当完全数据样本集在服从多元正态分布的条件下进行 EM 算法计算时，最关键的一步就是求出 $E_{Z \mid X, \theta^{(t)}}[Z \mid X, \theta^{(t)}]$，即给定 $(X, \theta^{(t)})$ 条件下的缺失值 Z 的期望值填入缺失的位置，然后估算出 $(\bar{Y}, S)$。这相当于给定 $\theta^{(t)}$ 下，作 Z 对

X 的回归，那么一个重要的工作就是求出当前的回归系数与常数项。这里可以采用消元算子（sweep operator）和逆消元算子（reverse sweep operator）对对称矩阵通过消元计算来进行回归系数与常数项的求解①。

对于多元正态分布 $N_p(\mu, \Sigma)$，其协方差矩阵 Σ 为对称阵，为了将参数能够用一个矩阵进行表达并且方便计算，通常可以将其写成增广矩阵（augmente matrix）的形式：

$$A = \begin{bmatrix} -1 & \mu^{\mathrm{T}} \\ \mu & \Sigma \end{bmatrix} \quad \begin{matrix} k = 0 \\ k = 1, \cdots, p \end{matrix} \tag{1.12}$$

这时，通过消元算法可以求取剩下变量关于消去的变量的条件分布（相当于做回归）。为了保持消元算法的对称性 $A^{\mathrm{T}} = A$，将消元算子构造成如下形式：

$$B = \mathrm{swp}[k]A \Rightarrow \begin{cases} b_{kk} = -\dfrac{1}{a_{kk}} \\ b_{kj} = b_{jk} = \dfrac{a_{kj}}{a_{kk}}, & j \neq k \\ b_{ij} = b_{ji} = a_{ij} - \dfrac{a_{ik}\, a_{kj}}{a_{kk}}, & i \neq k,\ j \neq k \end{cases} \tag{1.13}$$

同时构造出逆消元算子：

$$B = \mathrm{rsw}[k]A \Rightarrow \begin{cases} b_{kk} = -\dfrac{1}{a_{kk}} \\ b_{kj} = b_{jk} = -\dfrac{a_{kj}}{a_{kk}}, & j \neq k \\ b_{ij} = b_{ji} = a_{ij} - \dfrac{a_{ik}\, a_{kj}}{a_{kk}}, & i \neq k,\ j \neq k \end{cases} \tag{1.14}$$

可以证明，消元算子和逆消元算子满足以下性质：

$$\mathrm{swp}[k, j]A = \mathrm{swp}[k]\mathrm{swp}[j]A = \mathrm{swp}[j, k]A$$

$$\mathrm{rsw}[k]\mathrm{swp}[k]A = A = \mathrm{swp}[k]\mathrm{rsw}[k]A$$

为了说明消元算子和逆消元算子在求取剩下变量关于消去的变量的条件分布的过程，这里给出了一个关于二元正态分布的简单应用例子：假设存在二元正态分布 (X_1, X_2)，其参数 $\theta = (\mu_1, \mu_2, \sigma_{11}, \sigma_{12}, \sigma_{22})^{\mathrm{T}}$，将其写成如下增广协方差矩阵的形式：

---

① Little R, Rubin D. Statistical analysis with missing data. Vol. 4. New York: Wiley New York, 1987.

$$\theta^* = \begin{bmatrix} -1 & \mu_1 & \mu_2 \\ \mu_1 & \sigma_{11} & \sigma_{12} \\ \mu_2 & \sigma_{12} & \sigma_{22} \end{bmatrix} \tag{1.15}$$

如果对第一个变量 X_1 进行消元，可以做如下的计算：

$$\text{swp}[1]\,\theta^* = \begin{bmatrix} -1-\dfrac{\mu_1^2}{\sigma_{11}} & \dfrac{\mu_1}{\sigma_{11}} & \mu_2-\dfrac{\mu_1\sigma_{12}}{\sigma_{11}} \\ \dfrac{\mu_1}{\sigma_{11}} & -\dfrac{1}{\sigma_{11}} & \dfrac{\sigma_{12}}{\sigma_{11}} \\ \mu_2-\dfrac{\mu_1\sigma_{12}}{\sigma_{11}} & \dfrac{\sigma_{12}}{\sigma_{11}} & \sigma_{22}-\dfrac{\sigma_{12}^2}{\sigma_{11}} \end{bmatrix} \tag{1.16}$$

对于式（1.16），等式右边矩阵的最后一列的 3 个数分别表示：X_2 对 X_1 回归的截距、斜率和残差的方差，即

$$\begin{aligned}(X_2 \mid X_1) &\sim N\left(\frac{\sigma_{12}}{\sigma_{11}}X_1+\left(\mu_2-\frac{\mu_1\sigma_{12}}{\sigma_{11}}\right),\ \sigma_{22}-\frac{\sigma_{12}^2}{\sigma_{11}}\right) \\ &= N(\mu_{2\cdot1},\ \sigma_{22\cdot1})\end{aligned} \tag{1.17}$$

可见，通过对 X_1 进行消元，可以得到 X_2 的条件期望值对 X_1 的回归，结果如下：

$$\mu_{2\cdot1} = \beta_{21\cdot1}X_1 + \beta_{20\cdot1} \tag{1.18}$$

其中

$$\begin{cases} \beta_{20\cdot1} = \mu_2 - \dfrac{\mu_1\sigma_{12}}{\sigma_{11}} \\ \beta_{21\cdot1} = \dfrac{\sigma_{12}}{\sigma_{11}} \\ \sigma_{22\cdot1} = \sigma_{22} - \dfrac{\sigma_{12}^2}{\sigma_{11}} \end{cases} \tag{1.19}$$

通过这种方法，我们可以求出 $E_{Z\mid X,\ \theta^{(t)}}[Z \mid X,\ \theta^{(t)}]$，进而计算（$\bar{Y}$，$S$），然后可以采用 EM 算法对缺失参数进行估算。

如果缺失数据模式为单调缺失数据模式，那么可以通过更加简单的方式直接避开缺失值而对原始参数进行最大似然估计，方法如下：将式（1.19）代入到式（1.18）中，并且将左上角的 2 × 2 子矩阵写成如下含有消元算子的表达形式：

$$\text{swp}[1]\,\theta^* = \begin{bmatrix} \text{swp}[1]\begin{bmatrix} -1 & \mu_1 \\ \mu_1 & \sigma_{11} \end{bmatrix} & \begin{matrix}\beta_{20\cdot1} \\ \beta_{21\cdot1}\end{matrix} \\ \begin{matrix}\beta_{20\cdot1} & \beta_{21\cdot1}\end{matrix} & \sigma_{22\cdot1} \end{bmatrix} \tag{1.20}$$

根据消元算子和逆消元算子的性质，可以得到

$$\theta^* = \mathrm{rsw}[1]\begin{bmatrix} \mathrm{swp}[1] & \begin{bmatrix} -1 & \mu_1 \\ \mu_1 & \sigma_{11} \end{bmatrix} & \begin{matrix} \beta_{20\cdot 1} \\ \beta_{21\cdot 1} \end{matrix} \\ & \begin{matrix} \beta_{20\cdot 1} & \beta_{21\cdot 1} \end{matrix} & \sigma_{22\cdot 1} \end{bmatrix} \tag{1.21}$$

以上步骤表明，在 X_2 部分缺失的情况下，可以根据删除缺失值后的（X_1，X_2）所构造增广协方差矩阵估算出（$\beta_{20\cdot 1}$，$\beta_{21\cdot 1}$，$\sigma_{22\cdot 1}$）的值，然后再根据式（1.21）逐级估算出增广协方差矩阵 θ^* 中 θ 的各个参数。

1.1.2　Bootstrap 方法

Bootstrap 方法是一类非参数的 Monte Carlo 方法，是 Efron 在 1979 年首次提出，并在 1981 和 1982 年的工作中进一步发展而来的方法[129-131]。其核心思想是将原来的样本看成是一个有限总体，从中随机有放回地进行重抽样得到一系列子样本，用来估计总体的特征并对抽样总体作出统计推断。在经典的统计学框架下，如果我们要研究的统计模型的概率密度为 $f(x)$，那么其分布函数 $F(x) = \int f(x)\mathrm{d}x$。当分布函数 $F(x)$ 已知时，我们感兴趣的特征参数 θ 可以写成关于 F 的一个函数，即 $\theta = t(F)$ 这种形式，如 θ 表示期望值，则 $\theta = \int x\mathrm{d}F(x)$。但在很多情况下 $F(x)$ 是未知的，我们只能得到服从独立同分布 $F(x)$ 的随机变量 X_1，…，X_n，这个时候，同样可以通过经验分布函数 $F_n(x)$ 来对 $F(x)$ 进行估计。设 x_1，…，x_n 是 X_1，…，X_n 的一个样本观测值，将其按照从小到大的顺序排列成 $x_{(1)} \leqslant x_{(2)} \leqslant \cdots \leqslant x_{(n)}$，则 $F_n(x)$ 的定义如下：

$$F_n(x) = \begin{cases} 0, & x \leqslant x_{(1)} \\ k/n, & x_{(k)} < x \leqslant x_{(k+1)} \\ 1, & x > x_{(n)} \end{cases} \tag{1.22}$$

那么 θ 的估计值可以表示为

$$\hat{\theta} = t(F_n) = \int x\mathrm{d}\,F_n(x) = \frac{1}{n}\sum_{i=1}^{n} X_i \tag{1.23}$$

令 $X = \{X_1, \cdots, X_n\}$ 为一个数据集，那么统计推断问题可以抽象成对统计量 $r(X, F)$ 的推断。如果检验统计量 $r(X, F) = [t(F_n) - t(F)]/s(F_n)$，这里 $s(F_n)$ 为估计 $t(F_n)$ 的标准差的函数。如果 $r(X, F)$ 的分布不好处理或者未知，我们不妨从 $F(x)$ 进行估计 $F_n(x)$ 中抽取 n 个 i. i. d. 样本 X_1^*，…，X_n^*，使得每

个样本 X_j^* 满足：

$$P(X_j^* = x_i) = \frac{1}{n}, \quad i = 1, \cdots, n \tag{1.24}$$

即从 x_1，…，x_n 中有放回的进行抽样，那么 $X_1^*, \cdots, X_n^* \overset{\text{i.i.d.}}{\sim} U(x_1, \cdots, x_n)$。这时可以生成新的数据集 $X^* = \{X_1^*, \cdots, X_n^*\}$，称为伪数据集。通过考虑由伪数据集 X^* 生成的 $r(X^*, F_n)$ 的分布来估计 $r(X, F)$ 的分布的方法就称为 Bootstrap 方法。这种方法通过从总体分布 F 中的抽样 X 的经验分布 F_n 来估计 F，然后从 F_n 中随机有放回地重抽样得到 X^*，用 X^* 的经验分布 F_n^* 来估计 F_n，从而形成 $F_n^* \to F_n \to F$ 这样一个逼近过程。

1.1.2.1 非参数 Bootstrap 与参数 Bootstrap

非参数 Bootstrap 方法的基本思想比较简单，即通过随机生成 m 个独立同分布的伪数据集 $X_i^* = \{X_{i1}^*, \cdots, X_{in}^*\}$，$i = 1, \cdots, m$，来得到 m 个 $r(X_i^*, F_n)$ 的值，用来估计 $r(X, F)$ 的分布。易知 X_i^* 服从多元均匀分布。

参数 Bootstrap 方法则是在知道 $X_1, \cdots, X_n \overset{\text{i.i.d.}}{\sim} F(x \mid \theta)$ 的条件下，首先根据 $X_1, \cdots, X_n$ 估算出参数 θ 的估计值 $\hat{\theta} = \hat{\theta}(X_1, \cdots, X_n)$，从而得到分布函数的估计 $\hat{F}$，然后从 $\hat{F}$ 中抽取 m 个独立同分布的伪数据集 $X_i^* = \{X_{i1}^*, \cdots, X_{in}^*\}$，$i = 1, \cdots, m$，计算 m 个 $r(X_i^*, \hat{F})$ 的值用于估计 $r(X, F)$ 的分布。

1.1.2.2 Bootstrap 偏差估计

假设 $\theta = t(F)$，通过参数法或者非参数法得到的分布函数的估计为 $\hat{F}$，那么参数 θ 的估计为 $\hat{\theta} = t(\hat{F})$，这个时候偏差可以定义为：$r(X, F) = t(\hat{F}) - t(F) = \hat{\theta} - \theta$。由于参数 θ 往往是未知的，所以真实的偏差 $r(X, F)$ 往往很难计算。但在 Bootstrap 框架下，真实的分布函数可以用其估计 $\hat{F}$ 替代，而数据集 X 可以用伪数据集 X^* 替代，这个时候可以得到 Bootstrap 偏差为 $r(X^*, \hat{F}) = E[t(\hat{F}^*)] - t(\hat{F}) = \bar{\theta}^* - \hat{\theta}$。式中，$E[t(\hat{F}^*)] = \frac{1}{n}\sum_{i=1}^{n} t(\hat{F}_i^*)$；$i$ 为抽取的伪数据集 X_i^* 的下标，$i = 1, \cdots, m$。

1.1.2.3 基于 Bootstrap 方法的回归分析

对于回归问题 $y_i = \beta^{\mathrm{T}} X_i + \varepsilon_i$，$i = 1, \cdots, n$，$\varepsilon_i \sim N(0, \sigma^2)$，有两种方法对回归系数 β 进行统计推断。

1）首先根据样本 (X, y) 估计出回归系数 β 的估计值 $\hat{\beta} = (X^{T}X)^{-1}X^{T}y$，然后计算出残差项 ε_i 的估计值 $\hat{\varepsilon}_i = y_i - \hat{\beta}^{T}X_i$，这里 $\hat{\varepsilon}_i$ 近似服从独立同分布，因此可以通过非参数 Bootstrap 或者参数 Bootstrap 的方法对 $\{\hat{\varepsilon}_i\}$ 序列进行重抽样，得到相应的伪残差序列 $\{\varepsilon_i^*\}$，进而可以计算 $y_i^* = \hat{\beta}^{T}X_i + \varepsilon_i^*$，然后就可以对一组伪样本 (X, y^*) 对回归系数 β 进行估值 $\beta^* = (X^{T}X)^{-1}X^{T}y^*$，这样可以反复获得伪残差序列 $\{\varepsilon_i^*\}$ 依次计算下去，最终得到一个回归系数 $\{\beta_i^*\}$，$i=1, \cdots, m$ 的序列用于估算 β 的分布。

2）如果样本 (X, y) 为随机样本，即 X 和 y 都是随机变量，这个时候可以对 (X_i, y_i)，$i=1, \cdots, n$ 进行成对抽样，得到一组伪样本 (X^*, y^*) 用其计算回归系数 β 的估计值 $\beta^* = (X^{*T}X^*)^{-1}X^{*T}y^*$，然后反复的生成伪样本 (X^*, y^*) 依次计算下去，最终得到一个回归系数 $\{\beta_i^*\}$，$i=1, \cdots, m$ 的序列用于估算 β 的分布。

1.1.3　MCMC 方法

MCMC 方法是一种通过利用 Markov 链的性质对那些只知道概率密度函数而其概率分布函数没有解析解或者解析解很难计算时的一种统计模拟计算方法。该方法被广泛地应用于贝叶斯统计推断中，用来生成满足贝叶斯后验概率分布的随机数进行统计推断。因此，MCMC 方法对于基于贝叶斯方法的缺失数据多重插补有着十分重要的作用。常见的 MCMC 方法主要有两种：Metropolis-Hastings 算法和 Gibbs 抽样方法。本小结将会对这两种方法的原理和计算步骤进行简要介绍，在此之前，首先对 Markov 链及其性质进行说明。

1.1.3.1　Markov 链及其性质

对于随机变量序列 $\{X^{(t)}\}$，这里 $t=0, 1, \cdots$，如果 $X^{(t)}=i$，i 为有限或者可列个数值中的一个且 $i \in S$，那么 i 表示 $X^{(t)}$ 在 t 时刻的状态，S 为状态空间。$\{X^{(t)}\}$ 的联合概率密度可以依据乘法公式写成如下形式：

$$
\begin{aligned}
P(X^{(0)}, X^{(1)}, \cdots, X^{(t)}) = & P(X^{(t)} \mid X^{(0)}=x^{(0)}, \cdots, X^{(t-1)}=x^{(t-1)}) \\
& \times P(X^{(t-1)} \mid X^{(0)}=x^{(0)}, \cdots, X^{(n-2)}=x^{(t-2)}) \\
& \times \cdots \times P(X^{(1)} \mid X^{(0)}=x^{(0)}) \times P(X^{(0)})
\end{aligned} \tag{1.25}
$$

如果对所有的 $t=0, 1, \cdots$，随机变量序列 $\{X^{(t)}\}$ 都满足：

$$
P(X^{(t)} \mid X^{(0)}=x^{(0)}, \cdots, X^{(t-1)}=x^{(t-1)}) = P(X^{(t)} \mid X^{(t-1)}=x^{(t-1)}) \tag{1.26}
$$

则随机变量序列 $\{X^{(t)}\}$ 具有 Markov 性，我们称 $\{X^{(t)}\}$ 为一条 Markov 链。

如果 i, $j \in S$，记 $p_{ij}^{(m)} = P(X^{(t+m)} = j \mid X^{(t)} = i)$，则 $p_{ij}^{(t)}$ 为 Markov 链 $\{X^{(t)}\}$ 的 m 步转移概率。记即 $p_{ij}^{(1)} = p_{ij}$，称为 Markov 链 $\{X^{(t)}\}$ 的 1 步转移概率。当 $p_{ij}^{(m)}$ 与时间 t 无关时，Markov链 $\{X^{(t)}\}$ 是时间齐次性的，反之则为时间非齐次性的。对于时间齐次性的 Markov 链，假设状态空间 $S = (1, \cdots, s)$，s 为正整数，记 $P = (p_{ij})_{s \times s}$，则 P 为转移概率矩阵，且 P 中的元素满足以下性质：

$$p_{ij} \geq 0, \ i, j \in S; \ \sum_{j \in S} p_{ij} = 1, \ i \in S \tag{1.27}$$

Markov 链的极限理论对于 MCMC 方法的研究有十分重要的指导意义，因此这里简单地提一下。

1）当 $t \to \infty$时，如果 $p_{ij} \to \pi_j$，π_j 为一个常数且 $\sum_j \pi_j = 1$，这时的 Markov 链是具有平稳性，且存在平稳分布 $\pi = (\pi_i)^{\mathrm{T}}$，使得 $\pi^{\mathrm{T}} P = \pi^{\mathrm{T}}$。如果一条时间齐次性的 Markov 链满足对于任意的 i, $j \in S$，有 $\pi_i p_{ij} = \pi_j p_{ji}$（细致平衡条件，detailed balance），那么此 Markov 链为可逆的，且 π 是其平稳分布。

2）不可约、非周期的 Markov 链的平稳分布是唯一的。这里，如果对于任意两个状态 (i, j)，都存在 $m>0$，使得 $P(X^{(t+m)} = j \mid X^{(t)} = i) > 0$，那么这条 Markov 链不可约。如果对于一个状态 i，使$p_{ii}^{(m)} > 0$ 的所有正整数 $m(m \geq 0)$ 的最大公约数为 1，那么这个 Markov 链是非周期的。

3）一个不可约、非周期的、有平稳分布 π 的 Markov 链具有遍历性：对任意一个函数 h，如果存在 $E_\pi[h(X)]$，当 $n \to \infty$时，$\bar{h}_n = \dfrac{1}{n} \sum_{t=1}^{n} h(X^{(t)}) \to E_\pi[h(X)]$，且 $\sigma_h^2 = \mathrm{var}[h(X)] < \infty$。

1.1.3.2 Metropolis-Hastings 算法

在进行 MCMC 抽样的过程中，Metropolis-Hastings 算法无疑是一个最为经典的且广泛地被用于构造 Markov 链使得其平稳分布为我们所需要抽样的分布的方法。它最初是由 Metropolis 等提出[132]，后经过 Hastings 的一般化后得到了我们今天所常用 Metropolis-Hastings 标准算法[133]。该算法主要步骤包括以下两步：第 1 步，从建议分布（proposal distribution）中抽取 $Y \sim q(y \mid x^{(t)})$；第 2 步，以一定概率 $\alpha(x^{(t)}, Y)$ 接受 $x^{(t+1)} = Y$，否则 $x^{(t+1)} = x^{(t)}$。

这里 $\alpha(x, y)$ 的计算方法如下：

$$\alpha(x, y) = \min\{1, r(x, y)\} \tag{1.28}$$

其中 $r(x, y)$ 称为 Metropolis-Hastings 比率，计算方法为

$$r(x, y) = \frac{\pi(y) q(x \mid y)}{\pi(x) q(y \mid x)} \tag{1.29}$$

从上面的计算过程不难看出，通过 Metropolis- Hastings 算法，我们得到的序列 $\{x^{(t)}\}$ 是一条Markov链，因为 $x^{(t+1)}$ 的获得仅依赖于 $x^{(t)}$ 。这里我们存在一个疑问：Metropolis- Hastings 算法得到的 Markov 链是否具有唯一的平稳分布，且平稳分布为我们所需要抽样的分布？为了解决这一问题，我们不妨设 $X^{(t)}=x$，$X^{(t+1)}=y$ ，那么根据 Metropolis- Hastings 算法的计算过程，从状态 $X^{(t)}=x$ 转移到状态 $X^{(t+1)}=y$ 的概率为

$$p(y\mid x)=q(y\mid x)\alpha(x,\ y) \tag{1.30}$$

不失一般性，假设 $\pi(y)q(x\mid y)\ >\ \pi(x)q(y\mid x)$ ，那么

$$\begin{aligned}\pi(x)p(y\mid x)&=\pi(x)q(y\mid x)\alpha(x,\ y)\\&=\pi(x)q(y\mid x)\end{aligned} \tag{1.31}$$

$$\begin{aligned}\pi(y)p(x\mid y)&=\pi(y)q(x\mid y)\alpha(y,\ x)\\&=\pi(y)q(x\mid y)\ \frac{\pi(x)q(y\mid x)}{\pi(y)q(x\mid y)}\\&=\pi(x)q(y\mid x)\end{aligned} \tag{1.32}$$

于是

$$\pi(x)p(y\mid x)=\pi(y)p(x\mid y) \tag{1.33}$$

满足细致平衡条件，即按照 Metropolis-Hastings 算法构造出来的 Markov 链是可逆的，其平稳分布为 $\pi\ (x)$，即为我们事先设定的需要抽样的概率密度函数。

需要说明的是，如果建议分布满足 $q(y\mid x)=q(y)$，那么由该建议分布可以产生一条独立链，$r\ (x,\ y)$ 可以简化成

$$r(x,\ y)=\frac{\pi(y)q(x)}{\pi(x)q(y)} \tag{1.34}$$

对于 Bayes 推断而言，可以通过构造一条独立链来产生满足其后验分布的随机数。假设参数 θ 的先验分布为 $p(\theta)$ ，抽样分布的似然函数为 $L(\theta\mid y)$ ，那么其后验分布 $p(\theta\mid y)=cp(\theta)L(\theta\mid y)$ ，c 为一个与 θ 无关的未知常数，一般很难计算。这个时候，如果我们取目标分布 $\pi(\theta)=p(\theta\mid y)$ ，建议分布 $q(\theta)=p(\theta)$ ，那么有

$$\begin{aligned}r(\theta^{(t)},\ \theta^{*})&=\frac{\pi(\theta^{*})q(\theta^{(t)})}{\pi(\theta^{(t)})q(\theta^{*})}\\&=\frac{cp(\theta^{*})L(\theta^{*}\mid y)p(\theta^{(t)})}{cp(\theta^{(t)})L(\theta^{(t)}\mid y)p(\theta^{*})}\\&=\frac{L(\theta^{*}\mid y)}{L(\theta^{(t)}\mid y)}\end{aligned} \tag{1.35}$$

可见，如果我们以先验分布为建议分布，那么 Metropolis- Hastings 比率就是

似然比。通过这种方法我们可以获得一条具有平稳分布的 Markov 链，且平稳分布为 Bayes 后验分布。

1.1.3.3　Gibbs 抽样方法

Gibbs 抽样是 MCMC 方法中最受到推崇的一种的一种方法，可以用来生成服从多维目标分布的随机数。它是 1984 年 Geman 和 Geman 在研究图像处理模型过程中提出来的[134]，后来又由 Gelfand 和 Smith 进行深入探讨后将 Gibbs 抽样方法应用到更加宽泛的统计学问题中[135]。Gibbs 抽样主要解决难以直接从多维分布函数的联合分布中抽样的问题，通过给定一个变量的抽样顺序及每个变量的初始值，依次从每个变量关于其他变量的条件分布中抽取该变量的一个观测值①，实现对每个变量进行一次更新（这个过程称为一次循环），多次循环后最终获得满足联合分布的随机数样本，可以用于统计推断。具体过程如下。

如果我们的目标分布为 $f(x)=f(x_1, \cdots, x_p)$，要得到满足 $f(x)$ 的随机数序列，首先假定 $X=(X_1, \cdots, X_p)\sim f(x_1, \cdots, x_p)$，并且有 $X_i \mid X_1=x_1, \cdots, X_{i-1}=x_{i-1}, X_{i+1}=x_{i+1}, \cdots, X_p=x_p$ 服从条件分布 $f(x_i \mid x_1, \cdots, x_{i-1}, x_{i+1}, \cdots, x_p)$，同时按照某种方式选出的初始值为 $x^{(0)}=(x_1^{(0)}, \cdots, x_p^{(0)})$，设通过 t 次迭代以后的结果为 $x^{(t)}=(x_1^{(t)}, \cdots, x_p^{(t)})$，那么可以通过以下迭代方式获得 $t+1$ 次的结果：

$$
\begin{aligned}
X_1^{(t+1)} &\sim f(x_1 \mid x_2^{(t)}, x_3^{(t)}, x_4^{(t)}, \cdots, x_p^{(t)}) \\
X_2^{(t+1)} &\sim f(x_2 \mid x_1^{(t+1)}, x_3^{(t)}, x_4^{(t)}, \cdots, x_p^{(t)}) \\
X_3^{(t+1)} &\sim f(x_3 \mid x_1^{(t+1)}, x_2^{(t+1)}, x_4^{(t)}, \cdots, x_p^{(t)}) \\
&\vdots \\
X_p^{(t+1)} &\sim f(x_p \mid x_1^{(t+1)}, x_2^{(t+1)}, x_3^{(t+1)}, \cdots, x_{p-1}^{(t+1)})
\end{aligned}
\tag{1.36}
$$

很容易看出，通过 Gibbs 抽样方法得到的序列为 Markov 链，这个时候我们更加关心的一个问题是 $X^{(t)}=(X_1^{(t)}, \cdots, X_p^{(t)})$ 的平稳分布是否满足 $f(x)=f(x_1, \cdots, x_p)$。如果我们记 $x_{-i}=(x_1, \cdots, x_{i-1}, x_{i+1}, \cdots, x_p)$，那么每一个 $X_i^{(t+1)}$ 抽样都来自于 $f(x_i \mid x_{-i}^{(t)})$，按照 Metropolis-Hastings 算法的思想，取建议分布 $q(x_i \mid x_{-i}^{(t)})=f(x_i \mid x_{-i}^{(t)})$，如果平稳分布为目标分布且记为 $\pi(x)=f(x_i, x_{-i})$，那么 Metropolis-Hastings 比率可以写成：

---

① 在上一个变量得到观测值后，需要对各个变量观测值序列进行更新，那么下一个变量抽取时将使用上一个变量更新后的观测值。

$$r(x_i^{(t)},\ x_i^*) = \frac{\pi(x^*)q(x_i^{(t)} \mid x_{-i}^*)}{\pi(x^{(t)})q(x_i^* \mid x_{-i}^{(t)})} \tag{1.37}$$

这里有 $x^* = (x_1^{(t)},\ \cdots,\ x_{i-1}^{(t)},\ x_i^*,\ x_{i+1}^{(t)},\ \cdots,\ x_p^{(t)})$，易知 $x_{-i}^* = x_{-i}^{(t)}$，那么表达式(1.37) 可以变成作进一步简化，即

$$\begin{aligned} r(x_i^{(t)},\ x_i^*) &= \frac{f(x_i^*,\ x_{-i}^{(t)})f(x_i^{(t)} \mid x_{-i}^{(t)})}{f(x_i^{(t)},\ x_{-i}^{(t)})f(x_i^* \mid x_{-i}^{(t)})} \\ &= \frac{f(x_{-i}^{(t)})f(x_i^* \mid x_{-i}^{(t)})f(x_i^{(t)} \mid x_{-i}^{(t)})}{f(x_{-i}^{(t)})f(x_i^{(t)} \mid x_{-i}^{(t)})f(x_i^* \mid x_{-i}^{(t)})} \\ &= 1 \end{aligned} \tag{1.38}$$

可见，Gibbs 抽样方法在一个循环内的每一步抽样都可以看成是一个采用建议分布为 $f(x_i \mid x_{-i}^{(t)})$，Metropolis-Hastings 比率为 1 的 Metropolis-Hastings 算法所进行的抽样，其最终收敛到平稳分布 $X = (X_1,\ \cdots,\ X_p)$ 的联合分布 $f(x) = f(x_1,\ \cdots,\ x_p)$。依据这个结果，我们可以构造一种内嵌 Metropolis-Hastings 算法的 Gibbs 抽样方法，以解决因 $f(x_i \mid x_{-i}^{(t)})$ 的分布函数难以解析解的形式表达而无法从中抽取样本的问题。

1.1.3.4　MCMC 方法收敛性

MCMC 方法收敛性判断是一个非常困难的事情，这个时候常常采用不同的初始值形成多个不同的链，通过比较链内和链间的差异来综合判断是否收敛。这个时候需要考虑两个问题：①MCMC 算法是在极限条件下才能收敛到目标分布的，但实际过程只是有限的迭代过程，因此链的运行长度需要我们判断；②由于迭代次数有限，结果往往容易受到初始值的影响，所以需要舍弃链的部分初始值，而链的初始期又称为预烧期。关于预烧期和运行长度，目前应用最广泛的是由 Gelman 和 Rubin 提出来的[136]：假设我们研究的随机变量为 X（为了分析过程简单，这里只考虑一元随机变量），通过 MCMC 方法生成了 $N(N \geq 2)$ 条链，且第 i 条链上第 t 次迭代得到的值为 $x_i^{(t)}$，舍去前 K 个值 $x_i^{(0)}$，…，$x_i^{(S-1)}$ 后的链长为 M。令 $x_i^{(K)}$，…，$x_i^{(K+M-1)}$ 的均值为 $\bar{x}_i = \frac{1}{M}\sum_{t=K}^{K+M-1} x_i^{(t)}$，总体均值为 $\bar{x} = \frac{1}{N}\sum_{i=1}^{N} x_i$，且链间方差为 $S_{\mathrm{B}}^2 = \frac{M}{N-1}\sum_{i=1}^{N}(\bar{x}_i - \bar{x})^2$，链内方差为 $S_{\mathrm{W}}^2 = \frac{1}{N}\sum_{i=1}^{N} s_i^2$，其中 $s_i^2 = \frac{1}{M-1}\sum_{t=K}^{K+M-1}(x_i^{(t)} - \bar{x}_i)^2$ 为第 i 条链内的方差。那么总方差为 $S_{\mathrm{T}}^2 = \frac{M-1}{M}S_{\mathrm{W}}^2 + \frac{1}{M}S_B^2$。记

$$R^2 = \frac{S_{\mathrm{T}}^2}{S_{\mathrm{W}}^2} = \frac{\frac{M-1}{M}S_{\mathrm{W}}^2 + \frac{1}{M}S_{\mathrm{B}}^2}{S_{\mathrm{W}}^2} = 1 + \frac{1}{M}\left(\frac{S_{\mathrm{B}}^2}{S_{\mathrm{W}}^2} - 1\right) \tag{1.39}$$

当 $M\to\infty$，$R\to 1$。如果所有的链都是平稳的，那么$S_{\mathrm{B}}^2 \approx S_{\mathrm{W}}^2$，则 $R\approx 1$。否则$S_{\mathrm{B}}^2 > S_{\mathrm{W}}^2$，$R>1$。在实际应用过程中，一般认为当 $R<1.2$ 时即可以认为所有的链都平稳了[137]。

此外，还可以通过样本路径图和样本自相关图来判断序列是否收敛。样本路径图是描述序列 $X^{(t)}$，$t=0, 1, \cdots$ 的实现 $x^{(t)}$ 的历史轨迹图，如果链混合得好，那么样本路径图将显示样本轨迹很快离开初始值的位置，并在目标函数分布域上强烈振动。样本自相关图是刻画样本在间隔 i 步时自相关系数 $r_i = E[(X^{(t)} - \bar{x})(X^{(t+i)} - \bar{x})]/\sigma^2$ 随着间隔 i 变化的轨迹图（这里 σ^2 为样本方差），如果链混合性好，那么样本自相关图很快就会衰减。

1.2 贝叶斯方法

1.2.1 贝叶斯定理

贝叶斯定理的基本思想是由 Bayes 在 1763 年首次提出，以解决当时概率论中广泛存在且尚未被解决的二项分布的“逆概率”问题。这一思想后来由 Laplace 独立地再次发现并对其进行数学化推广而形成了一个完整的统计学理论体系，即我们现在通常所看到的贝叶斯定理。以贝叶斯定理为基础的贝叶斯统计方法曾一度被数理统计学家认为是非科学的，因为其出发点在于将模型的参数理解为一个随机变量而非一个未知的确定数，所有的统计推断都是建立在参数的后验分布上的，而参数后验分布则依赖于参数的先验分布和参数的似然函数。贝叶斯统计方法最受到经典统计方法持有者（频率学派）诟病的地方就在于先验分布的选取，因为其选择很大程度上依赖于人的主观判断，因而具有随意性和非科学性。贝叶斯统计方法在实际应用过程中的另外一个缺陷在于后验分布的难以计算上，因此该方法在很长时间内都受到了统计学家的冷落，直到计算机技术飞速发展后，贝叶斯统计方法又重新受到了统计学家的青睐。一方面，可以通过 MCMC 方法来对贝叶斯后验概率分布进行高效地计算；另外一方面，由于无信息先验（non-informative prior）的选取可以使得参数的后验期望接近于其最大似然估计值，而采用这种方法计算频率学派所关心相关参数值甚至比经典的统计学方法计算的结果更为准确，所以从实用的角度出发，频率学派也并不十分在意于与贝叶斯学派在哲学意义上的分歧。对于流域水环境数据分析而言，无论是简单的经验公式法，还是复杂的分布式流域模型，其参数在很大程度上取决于人们的认知和对观测的拟合，从这个出发点看，贝叶斯方法无疑是适用的，并且对于环境数据分析中存在的小样本问题提供了很好的解决方法，此外还十分明晰地体现了参数的不确定性。因此，本书试图以贝叶斯统计方法为基本的理论指导，以完全贝叶斯方法为工具，构建一套针对流域模型缺失数据分析的研究方法。

这里，假设我们研究的模型为 H ①，其具有先验分布 $p(H)$ ，在该模型假设下我们获得到的观测数据为 D ，其条件分布为 $p(D \mid H)$ ，不依赖于模型假设的观测数据的分布为 $p(D)$ ，这里 $p(D) = \sum_{H \in H_s} p(D \mid H)p(H)$ ，其中 H_s 表示假设空间。这时，依据贝叶斯定理，我们可以得到如下的贝叶斯公式：

$$p(H \mid D) = \frac{p(D \mid H)p(H)}{p(D)} \tag{1.40}$$

这个简单的公式将先验信息 $p(H)$ 、总体信息 $p(D)$ 和抽样信息 $p(D \mid H)$ 综合起来得到模型假设的后验概率 $p(H \mid D)$ 。由于 $p(D)$ 是一个与 H 无关的常数，所以我们一般将式（1.40）写成如下形式：

$$p(H \mid D) \propto p(D \mid H)p(H) \tag{1.41}$$

对于流域模型（见式 2.2），假定模型结构 η 已经给定，那么模型假设 $H=(\varepsilon, \phi)$，观测数据 $D=(x, y)$，依据式（1.41）可以将式 2.2 写成贝叶斯公式的形式：

$$f(\theta, \phi \mid x, y) \propto L(\theta, \phi \mid x, y)f(\theta, \phi) \tag{1.42}$$

式中，$f(\theta, \phi \mid x, y)$ 为参数（ε, ϕ）的后验概率；$f(\theta, \phi)$ 为其先验概率；$L(\theta, \phi \mid x, y)$ 为其似然函数，又可以看成是样本（x, y）关于参数（ε, ϕ）的联合概率 $f(x, y \mid \theta, \phi)$ 。从贝叶斯统计的角度，样本（x, y）是固定的，而参数（ε, ϕ）是随机的，关于参数（ε, ϕ）的所有推断信息都包含在其似然函数 $L(\theta, \phi \mid x, y)$ 中。下面的讨论将主要围绕后验概率 $f(\theta, \phi \mid x, y)$ 和似然函数 $L(\theta, \phi \mid x, y)$ 展开。

1.2.2　贝叶斯图模型

关于贝叶斯方法，除了能够用精确的公式来表示变量之间的关系外，还可以

---

① 本书所说的模型假设是指模型的结构及其所依赖参数的假设空间，当模型的结构已经给定时，模型假设主要指的是参数的假设空间。

通过一个有向无环图（directed acyclic graph，DAG）的方法来表示它们之间的关系，这种表达方式又称为贝叶斯图模型。贝叶斯图模型由节点和有向边两个元素构成，其中节点表示所有的随机变量，包括输入数据和参数，而连接各个节点的有向边表示变量之间的概率关系。变量的联合概率分布根据链式法则可以写成下面的形式：

$$p(Y_1, \cdots, Y_n) = \prod_i p(Y_i \mid pa_G(Y_i)) \tag{1.43}$$

式中，$pa_G(Y_i)$ 为结点 Y_i 在图 G 中父节点所对应的随机变量。贝叶斯图模型又称为贝叶斯网络（bayesian network），它所依赖的核心概念是条件独立（conditional independence），即式（1.9）所表达的意义：在给定父节点的条件下，所有的子节点相互独立。两个变量（如 X 和 Y）在给定第 3 个变量 Z 的条件下是否独立，取决于 X 和 Y 之间的所有通路是否被 Z 所阻塞（block）。阻塞的概念依赖于变量 X 和 Y 与 Z 的连接关系，即顺连、分连和汇连（图 1）。我们更一般化地假定 Z 是一个不包含 X 和 Y 的变量集合，如果 X 和 Y 之间有一条通路满足以下条件之一：①存在一个顺连结点在 Z 中；②存在一个分连结点在 Z 中；③存在一个汇连结点且该结点与其子结点都不在 Z 中。那么变量 X 和 Y 被 Z 所阻塞，此时我们可以说 Z 有向分割（directed separate，d-separate）X 和 Y。当 Z 有向分割 X 和 Y 时，X 和 Y 在给定 Z 时条件独立，记作 $X \perp Y \mid Z$。

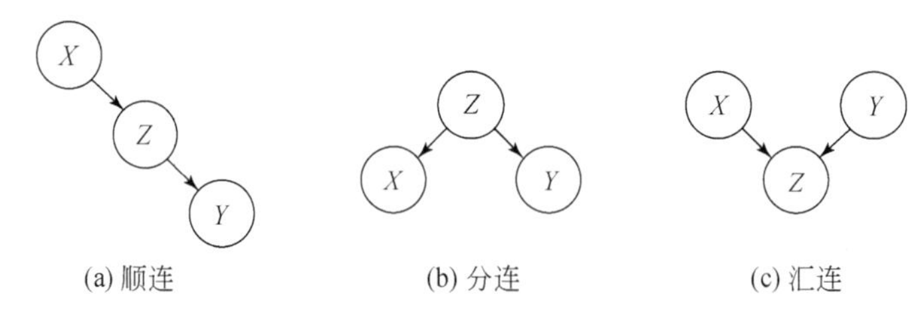

图 1　变量 X、Y、Z 的 3 种连接方式

Figure 1　Three connections of variables X, Y and Z

对于一般的统计模型 $Y_i \sim f(y \mid \theta)$，$i = 1, 2, \cdots, n$，我们可以得到如图 2 所示的贝叶斯图模型，根据条件独立的特性，可以得到如下表达式：

$$f(y_1, y_2, \cdots, y_n \mid \theta) = \prod_{i=1}^{n} f(y_i \mid \theta) \tag{1.44}$$

此时，对新增变量 Y_{n+1} 在给定（Y_1，Y_2，…，Y_n）的条件下进行预测时，我们可以写出如下的表达式：

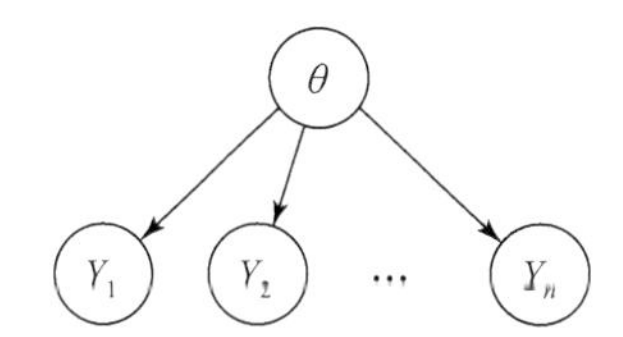

图 2　一般统计模型的贝叶斯图模型

Figure 2　Bayesian graphic model for generalized statistical model

$$\begin{aligned} f(y_{n+1} \mid y_1, y_2, \cdots, y_n) &= \int f(y_{n+1}, \theta \mid y_1, y_2, \cdots, y_n)\mathrm{d}\theta \\ &= \int f(y_{n+1} \mid y_1, y_2, \cdots, y_n, \theta) f(\theta \mid y_1, y_2, \cdots, y_n)\mathrm{d}\theta \\ &= \int f(y_{n+1} \mid \theta) f(\theta \mid y_1, y_2, \cdots, y_n)\mathrm{d}\theta \end{aligned} \tag{1.45}$$

其中从式（1.45）到式（1.46）之间的变换是依据变量 Y_{n+1} 在给定 θ 的条件下与（Y_1，Y_2，…，Y_n）独立的性质。式（1.35）表明我们在对新增变量 Y_{n+1} 进行预测时，需要先根据已有的观测信息（Y_1，Y_2，…，Y_n）估计出参数 θ 的后验分布，然后再根据 θ 的后验分布计算 Y_{n+1} 的分布。

对于流域模型（式 2.2），可以得到如图 3 所示的贝叶斯图模型，这个模型属于分层贝叶斯方法。这里 X 和 Y 都是观测变量，θ 和 ϕ 为模型参数，η 为连接函数（也是一个随机变量）。一般情况下，我们假定 X 为固定值，记作 $X = x$，根据条件独立的性质，可以得到如下表达式：

$$\begin{aligned} f(y \mid x, \eta, \theta, \phi) &\propto f(y, \eta, \theta, \phi \mid x) \\ &= f(y \mid \eta, \phi) f(\eta \mid \theta, x) f(\phi) f(\theta) \end{aligned} \tag{1.46}$$

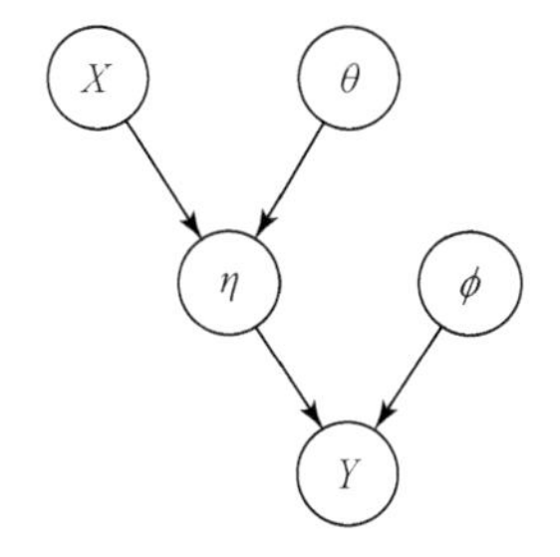

图 3　流域模型的贝叶斯图模型

Figure 3　Bayesian graphic model for water environmental model

但是参数 θ 和 ϕ 往往是未知的，所以我们需要根据已观测到的 X 和 Y（记作 x 和 y）来估计未知参数 θ 和 ϕ 的分布，即 $f(\theta,\ \phi \mid x,\ y)$。在这个条件下，对于新给定的观测 x'，可以对 y' 的分布进行预测：

$$
\begin{aligned}
f(y' \mid x',\ x,\ y) &= \iint f(y',\ \theta,\ \phi \mid x',\ x,\ y)\mathrm{d}\theta\mathrm{d}\phi \\
&= \iint f(y' \mid \theta,\ \phi,\ x')f(\theta,\ \phi \mid x,\ y)\mathrm{d}\theta\mathrm{d}\phi
\end{aligned}
\tag{1.47}
$$

1.2.3 贝叶斯统计推断

贝叶斯统计推断一般包括 4 个方面的内容：参数估值、假设检验、未知预测和模型比较，其根本依据在于未知参数后验分布，因为后验分布融合了先验信息、总体信息和样本信息。以下对这 4 个方面的内容进行论述。

1.2.3.1 参数估值

贝叶斯参数估值方法与经典统计学的参数估值方法不同之处在于对参数 θ 的理解上：经典统计学认为参数 θ 是一个未知的确定数，因此在参数估计上需要检验参数的估计值 $\hat{\theta}$ 是否满足无偏性（$E(\hat{\theta})=\theta$）、有效性（$\mathrm{var}(\hat{\theta}) \leqslant \mathrm{var}(\tilde{\theta})$，$\forall \tilde{\theta}$）和一致性（$\lim\limits_{n\to\infty}P(|\hat{\theta}-\theta| \geqslant \varepsilon)=0,\ \forall \varepsilon>0$）①，与之相伴的参数估计类型有点估计和区间估计，其中点估计是用样本的估计量作为总体参数的估计，包括矩估计法、最小二乘法和最大似然估计法等，区间估计则是在点估计的基础上给出满足一定置信水平时的区间范围，即置信区间，它表示在多大程度上能够确信这个区间包含真正的总体参数。而贝叶斯方法认为参数 θ 是随机的，样本 y 是固定的已知数，对参数 θ 的估计仅仅取决于所观测到的 y 的值，而不是所有的 y 的值，所以贝叶斯参数估值方法得到的是参数的后验分布 $f(\theta \mid y)$。由贝叶斯定理可知，参数的后验分布 $f(\theta \mid y)$ 正比于参数的似然函数 $L(\theta \mid y)$ 和参数的先验分布 $f(\theta)$，即

$$
f(\theta \mid y) \propto L(\theta \mid y)f(\theta) \tag{1.48}
$$

根据参数的后验分布 $f(\theta \mid y)$，我们可以计算出后验分布的众数、中位数或者期望值作为贝叶斯参数估值的点估计，分别称为最大后验估计、后验中位数估

---

① 估计值 $\hat{\theta}$ 是样本 y 的函数，在经典统计学中样本 y 是随机的，所以 $\hat{\theta}$ 是一个随机变量。

计和后验期望估计。计算参数后验分布通常采用 MCMC 方法，包括 Metropolis-Hastings 算法和 Gibbs 抽样方法（见附录1.1.3节）。对于贝叶斯区间估计，很容易根据参数的后验分布 $f(\theta \mid y)$ 得到在给定样本 y 和概率 $1-\alpha$ 条件下的双侧区间估计 $P(\hat{\theta}_L \leqslant \theta \leqslant \hat{\theta}_U) = 1-\alpha$（区间 $[\hat{\theta}_L, \hat{\theta}_U]$ 为参数 θ 在可信水平 $1-\alpha$ 下的贝叶斯可信区间）和单侧区间估计 $P(\theta \geqslant \hat{\theta}_L) = 1-\alpha$（$\hat{\theta}_L$为参数 θ 在可信水平 $1-\alpha$ 下的可信下限）或 $P(\theta \leqslant \hat{\theta}_U) = 1-\alpha$（$\hat{\theta}_L$为参数 θ 在可信水平 $1-\alpha$ 下的可信上限）。

1.2.3.2　假设检验

贝叶斯假设检验的方法比经典统计学的假设检验方法要简单得多，经典统计学假设检验往往包括以下步骤：①提出原假设H_0（$\theta \in \Theta_0$）和备择假设H_1（$\theta \in \Theta_1$）；②选择检验统计量 T（y）使得其在原假设H_0为真时的分布已知；③给定显著水平 α（$0<\alpha<1$，一般取0.05），确定拒绝域 W（或者 P 值）；④当样本观测值 y 落入拒绝域 W（或者 P 值小于显著水平 α）时，拒绝原假设H_0，接受备择假设H_1，否则保留原假设H_0。然而贝叶斯假设检验只需要在得到了参数的后验分布 $f(\theta \mid y)$ 后，计算原假设H_0和备择假设H_1的后验概率 $P(\theta \in \Theta_0 \mid y)$ 和 $P(\theta \in \Theta_1 \mid y)$，接受这两个概率中较大的那个假设。

1.2.3.3　未知预测

假设 y 为观测样本且 $y \overset{\text{i.i.d.}}{\sim} f(y \mid \theta)$，$f(\theta \mid y)$ 为参数 θ 的后验分布，在给定观测样本 y 的条件下，未知样本 y_{pred} 的分布可以通过如下表达式进行计算：

$$f(y_{\text{pred}} \mid y) = \int f(y_{\text{pred}} \mid y, \theta) f(\theta \mid y) \mathrm{d}\theta \tag{1.49}$$

由于 $y \overset{\text{i.i.d.}}{\sim} f(y \mid \theta)$，对于未知样本 y_{pred}，可知 y_{pred} 与 y 对于给定的 θ 条件独立，即 $f(y_{\text{pred}} \mid y, \theta) = f(y_{\text{pred}} \mid \theta)$，这时，未知样本 y_{pred} 的分布计算方法可以简化如下：

$$f(y_{\text{pred}} \mid y) = \int f(y_{\text{pred}} \mid \theta) f(\theta \mid y) \mathrm{d}\theta \tag{1.50}$$

1.2.3.4　模型比较

模型的比较建立在对模型的拟合优度的评价上的，一般可以以对数似然函数的某种变换作为模型拟合好坏的评价标准（如下面所提到的偏差），但采用这种评价方式得到的结果将是模型越复杂，拟合效果越好，这样就容易产生过拟合的状况。因此，模型的比较一般是在偏差的基础上加上一个惩罚项来约束模型的复杂度，如下面将要介绍的 AIC、BIC 和 DIC 准则。

1）偏差（deviance）：定义为在给定参数向量下的对数似然函数值的-2 倍加上某个可以消掉的常数。假设观测样本为 y ，其似然函数为 $L(\theta \mid y)$ ，其中 θ 为模型参数（一般取给定模型下的参数估计值 $\hat{\theta}$ ，如采用最大似然估计值或者采用贝叶斯后验均值等)，那么其偏差的计算公式如下：

$$D(\theta) = -2\log L(\theta \mid y) + C \tag{1.51}$$

这里，常数 C 为完全模型下的对数似然函数值的-2 倍，即 $C = -2\log L(\theta_s \mid y)$ ，式中，θ_s 为在完全模型下的参数估值（一般为最大似然估计值)，以下为了记法的简洁，将常数 C 忽略，得到 $D(\theta) = -2\log L(\theta \mid y)$ ，仍然称其为“偏差”。

2）AIC 准则（akaike information criterion）：定义为给定参数向量估计值下的偏差与参数个数的 2 倍的和，其中前者表示模型的拟合优度（goodness of fit)，后者表示的是模型的复杂程度，假定参数估计值为 $\hat{\theta}$ ，参数的个数为 p 时，AIC 的计算公式如下：

$$\mathrm{AIC} = D(\hat{\theta}) + 2p \tag{1.52}$$

在进行模型比较时，AIC 越小说明模型拟合效果越好。用 AIC 准则进行模型效果评估时，最大缺陷在于模型参数个数 p 需要事先确定，这点对于随机效应模型而言处理上比较麻烦。

3）BIC 准则（bayesian information criterion）：定义为给定参数向量估计值下的偏差与参数个数乘以样本量的对数值后的和，与 AIC 准则类似，但同时还考虑到样本量对于模型拟合效果的影响。假定参数估计值为 $\hat{\theta}$ ，参数的个数为 p ，样本量为 n 时，BIC 的计算公式如下：

$$\mathrm{BIC} = D(\hat{\theta}) + p\log n \tag{1.53}$$

BIC 是对 $-2\log f(y)$ 的一种近似，其中 $f(y) = \int f(y \mid \theta) f(\theta)\,\mathrm{d}\theta$ 。与 AIC 类似，BIC 越小说明模型拟合效果越好。

4）DIC 准则（deviance information criterion）：是对 AIC 准则的一种推广，采用参数的有效数目来代替参数实际数目的估计，能够避免 AIC 需要给定参数个数这个弊端，其表达式如下：

$$\mathrm{DIC} = D(\hat{\theta}) + 2p_D = \overline{D} + p_D \tag{1.54}$$

式中，$\hat{\theta}$ 为 θ 的后验期望值，$\hat{\theta} = \overline{\theta} = E_{\theta \mid y}[\theta]$ ，记 $D(\hat{\theta}) = \hat{D}$ 以简化标记；$\overline{D}$ 为$D(\theta)$ 的后验期望值，$\overline{D} = E_{\theta \mid y}[D(\theta)]$； $p_D = \overline{D} - \hat{D}$ ，为参数的有效数目，与 AIC 准则

中的 p 含义类似。与 AIC 类似，DIC 越小说明模型拟合效果越好。DIC 可能为负值，因为 $f(y \mid \theta)$ 可能大于 1，这个时候采用 DIC 进行模型比较时不会产生问题。但是如果 p_D 为负值说明产生了过度离散（over-dispersion）的问题。为解决这个问题，一般采用 $p_V = \text{var}_{\theta \mid y}[D(\theta)]/2$ 来代替 p_D。

彩　　图

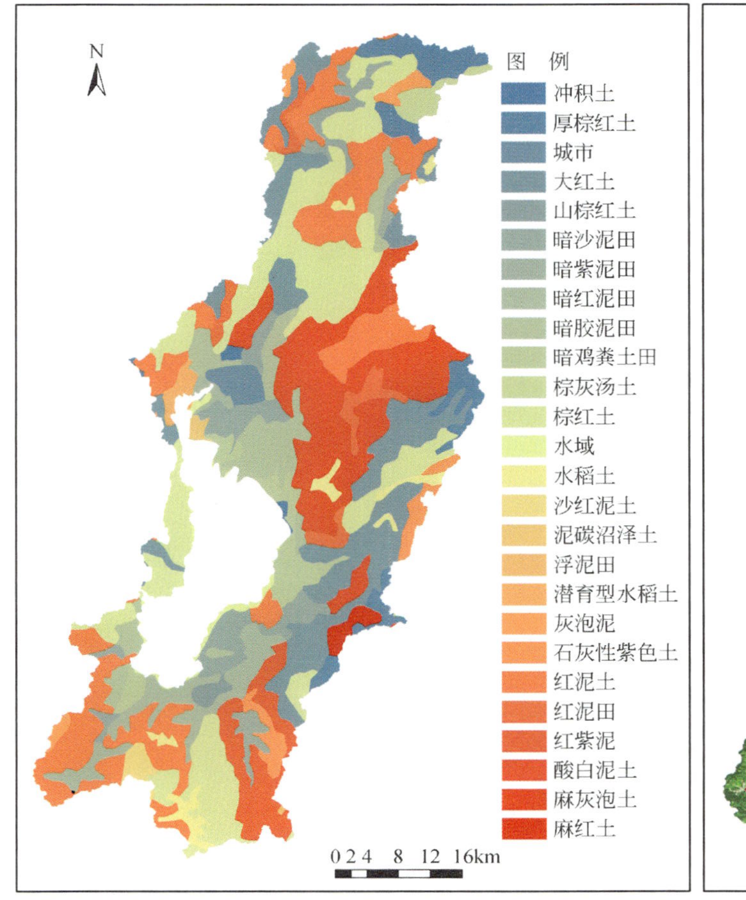

图 1 滇池流域土壤分布图

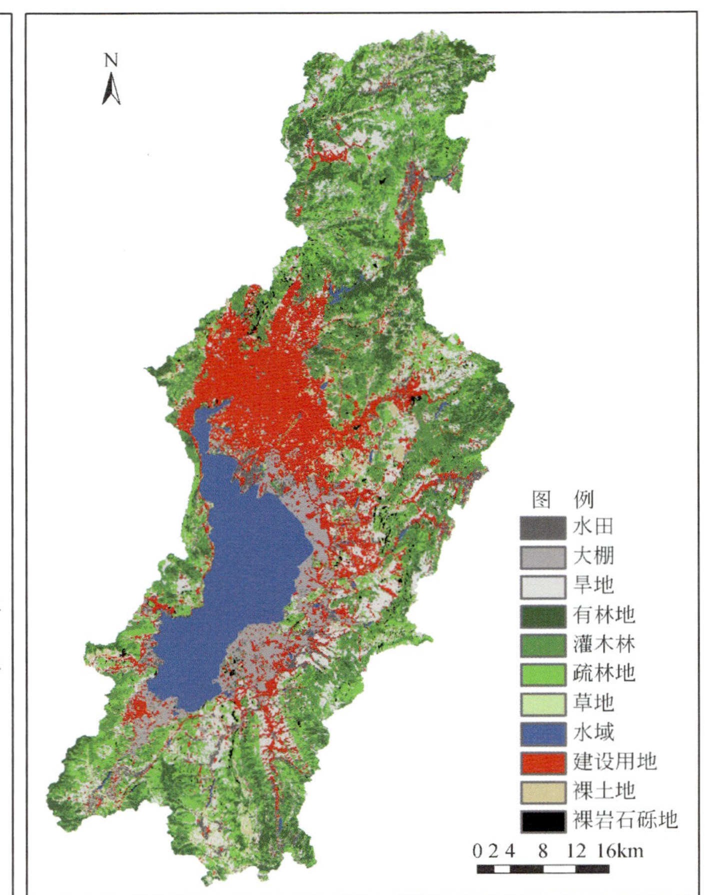

图 2 滇池流域现状年土地利用方式

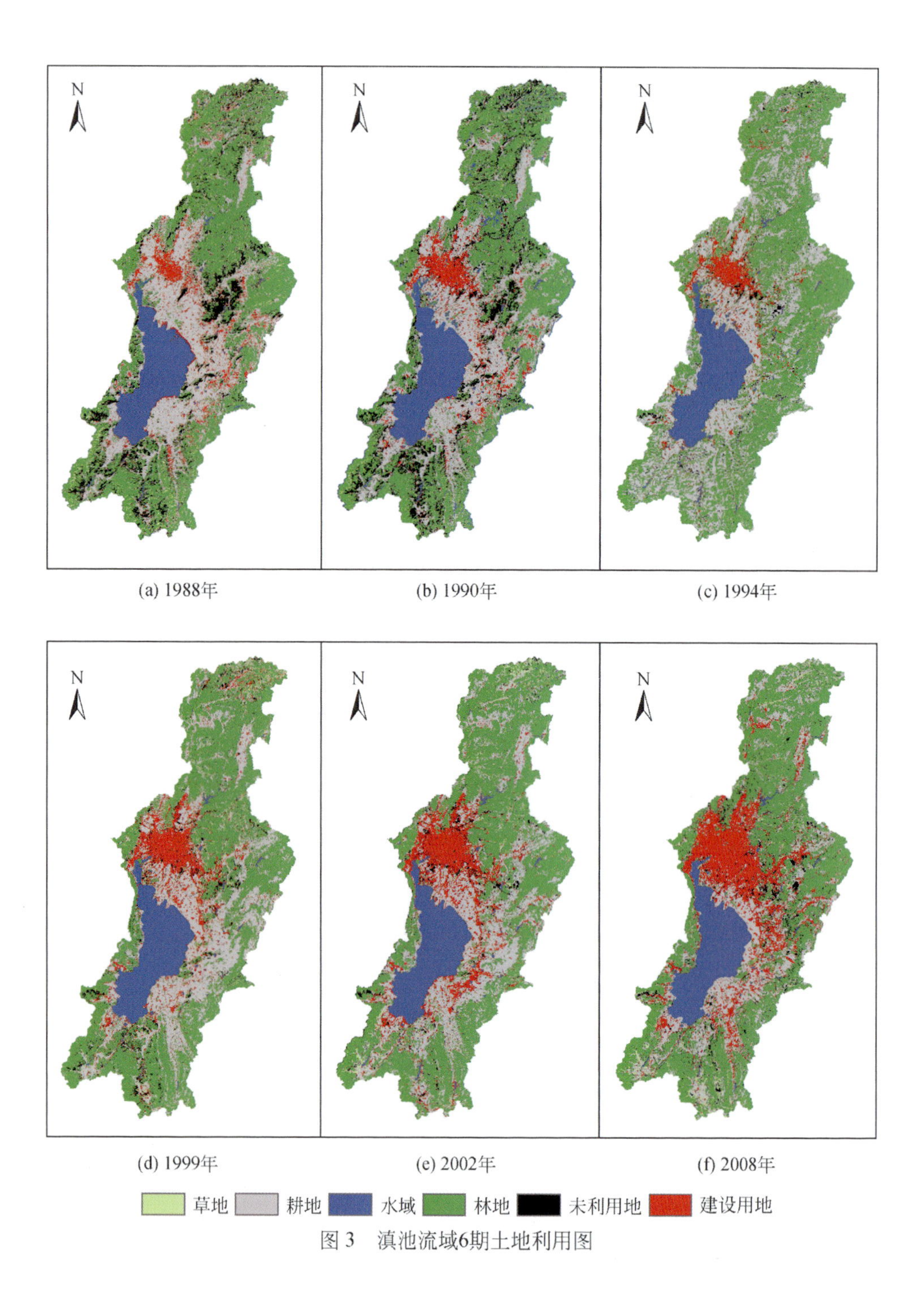

图 3　滇池流域6期土地利用图

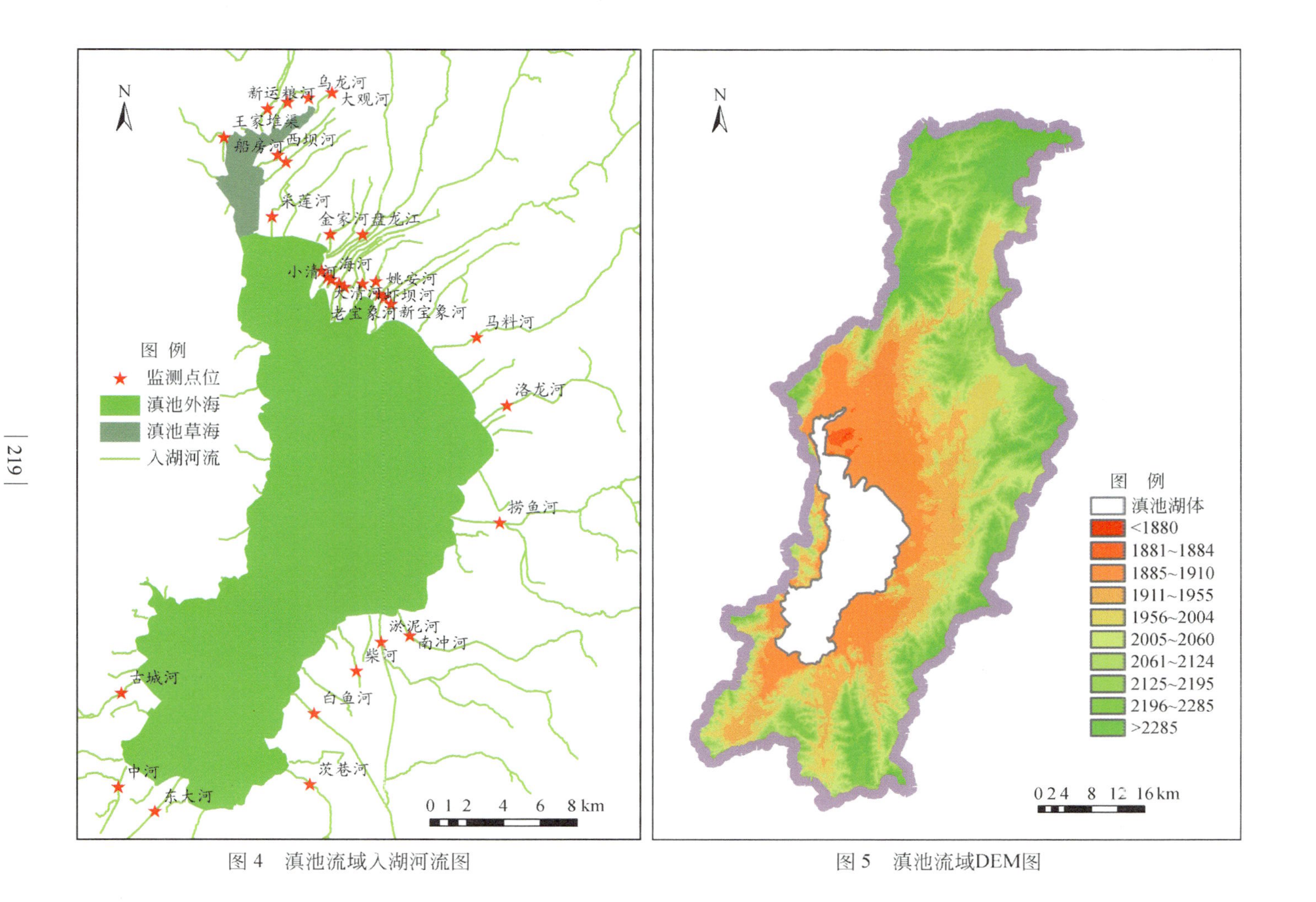

图 4 滇池流域入湖河流图

图 5 滇池流域DEM图

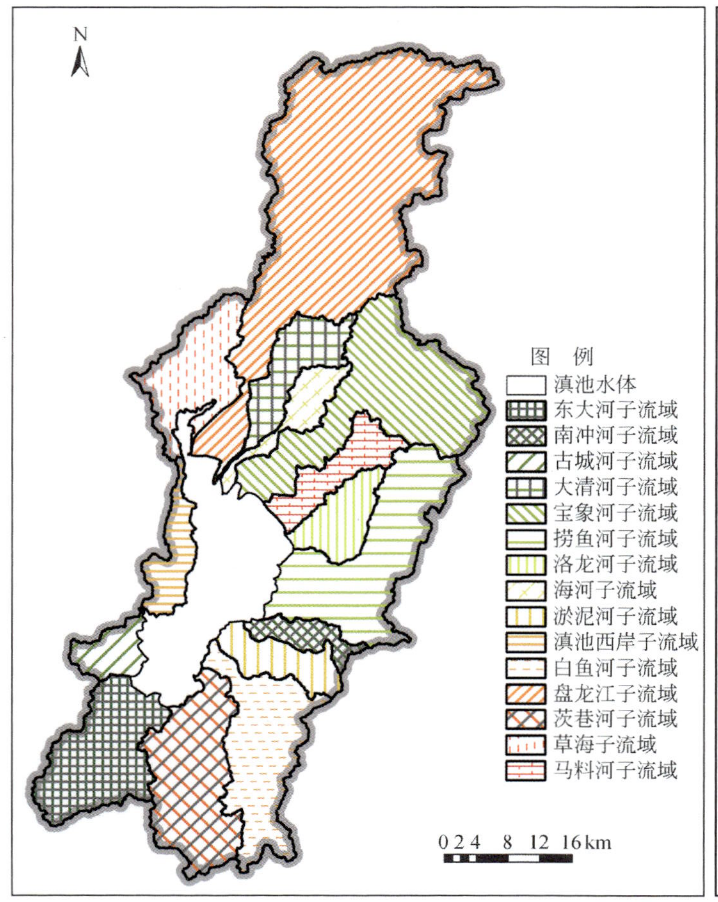

图 6 滇池流域子流域划分图

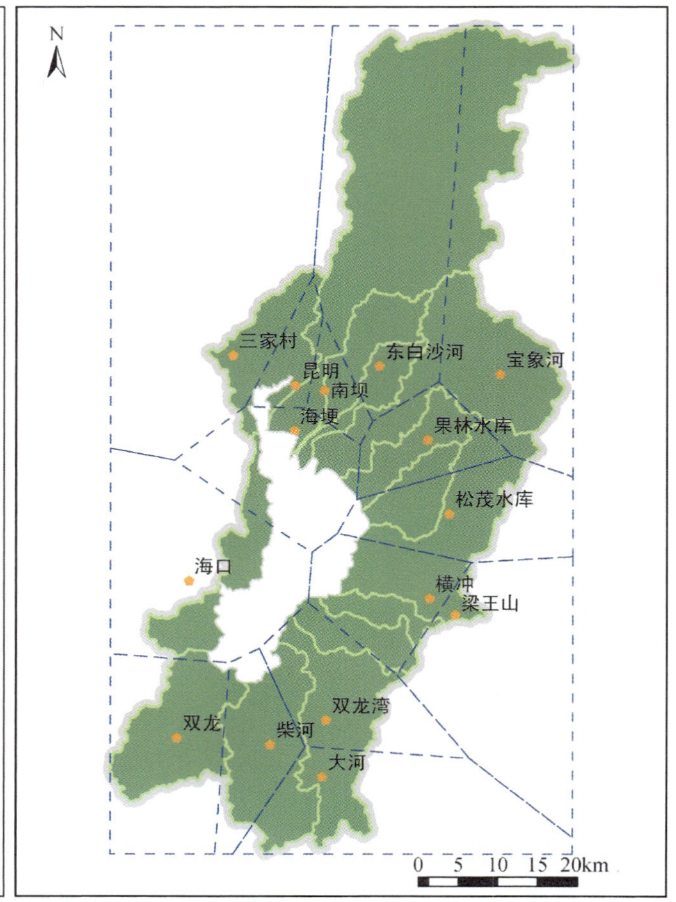

图 7 滇池流域雨量站划分